Introduction to Security Reduction ▪

安全归约导论

郭福春（Fuchun Guo）

[澳] 威利·苏西洛（Willy Susilo） 著

[澳] 穆 怡（Yi Mu）

蒋 芃 祝烈煌 译

北京理工大学出版社

BEIJING INSTITUTE OF TECHNOLOGY PRESS

内 容 简 介

本书系统地总结了安全归约的证明方法，包括相关概念的辨析、框架的设计、技巧的详细讲解以及思路模板化，从基于群的密码学基础、安全归约基础理论（包括安全模型、困难问题假设、攻击类型、敌手定义、概率优势等）、数字签名的安全证明、公钥加密体制的安全证明、基于身份加密体制的安全证明等方面对内容进行编排。

本书可作为密码学、信息安全、网络空间安全等相关专业的教材或教学参考书，也可供对公钥密码方案及安全性证明感兴趣的学生和教师参考。

图书在版编目（CIP）数据

安全归约导论／郭福春，（澳）威利·苏西洛，（澳）
穆怡著；蒋芃，祝烈煌译. -- 北京：北京理工大学出
版社，2021.7（2024.3 重印）
书名原文：Introduction to Security Reduction
ISBN 978 - 7 - 5763 - 0117 - 5

Ⅰ．①安… Ⅱ．①郭… ②威… ③穆… ④蒋… ⑤祝
… Ⅲ．①密码学－研究 Ⅳ．①TN918.1

中国版本图书馆 CIP 数据核字（2021）第 159985 号

北京市版权局著作权合同登记号 图字：01 -2021 -3861

出版发行／北京理工大学出版社有限责任公司
社　　址／北京市海淀区中关村南大街5号
邮　　编／100081
电　　话／(010) 68914775（总编室）
　　　　　(010) 82562903（教材售后服务热线）
　　　　　(010) 68944723（其他图书服务热线）
网　　址／http：//www.bitpress.com.cn
经　　销／全国各地新华书店
印　　刷／廊坊市印艺阁数字科技有限公司
开　　本／710 毫米×1000 毫米　1/16
印　　张／16　　　　　　　　　　　　　　责任编辑／曾　仙
字　　数／253 千字　　　　　　　　　　　文案编辑／曾　仙
版　　次／2021 年 7 月第 1 版　2024 年 3 月第 3 次印刷　责任校对／周瑞红
定　　价／86.00 元　　　　　　　　　　　责任印制／李志强

图书出现印装质量问题，请拨打售后服务热线，本社负责调换

前 言

密码学是保障网络空间安全的核心技术与基础支撑。随着相关法律的出台，密码技术也展现了新的特点与范式。构建以密码学为基石的新的网络空间安全体系，必须加紧推动密码理论的深入研究。

根据所使用的算法，密码学可分为对称密码学和公钥密码学。自 1976 年 Diffie 和 Hellman 发表 *New Directions in Cryptography* 以来，公钥密码学以其独有的研究理论和方法迅速发展。由于概念、框架和技巧的多样性，可证明安全成为公钥密码学研究的一个难点问题。然而，现有相关书籍缺少有针对性、系统性的证明框架、证明技巧的讲解，导致初学者难以熟练地对方案进行安全证明。2018 年，Fuchun Guo、Willy Susilo 和 Yi Mu 合著了 *Introduction to Security Reduction*。该书出版后在密码学界产生了很大的影响，其首次对安全归约的知识要点和方法论进行了系统化讲解，并具体地对现在的安全归约的证明方法与技巧进行了归纳总结和证明技巧提炼（包括所有概念的定义与解释、证明的框架流程与解释、证明技巧的详细讲解以及证明思路模板化），有利于安全密码方案的构造和正确的安全证明方面的研究。*Introduction to Security Reduction* 中的部分内容在译者自身的学习中给予了很好的基础训练，译者对安全归约中的各类概念刻画、框架建立和技巧掌握有了更明确的认识，受益匪浅。因此，译者在征得原著作者同意后，历时一年将其翻译为中文版本，希望能够为更多研究者提供帮助。经过与原著作者讨论并得到同意，本书对原著中的一些小错误做了更正。

本书共 10 章，分为入门篇、核心篇和应用篇。第 1～3 章为入门篇，介绍了绪论、定义模型和数论知识；第 4 章为核心篇，占本书近一半篇幅，介绍了安全归约的基础理论，总结并提炼了归约方法和技巧；第 5～10 章为应用篇，对一些经典方案（如数字签名、公钥加密和基于身份的加密）进行了模板化证明。

本书在翻译过程中得到了原著作者的大力支持，Fuchun Guo 教授给予了诸多指导性建议；得到了课题组成员的配合与帮助，研究生杨晨杰协助翻译了第 4 章，研究生任珂、毛文泽协助进行书稿校对。在此一并表示感谢，若没有他们的鼎力相助，在短时间内完成本书的翻译工作将是难以想象的事情。本书的出版得到了国家自然科学基金项目（批准号：61902025）、北京市自然科学基金资助项目（批准号：4204111）和北京理工大学青年教师学术启动计划项目的支持，在此表示感谢。

由于译者水平有限，书中不足之处在所难免，敬请读者批评指正。能够为公钥密码学研究做一点贡献，是我们最大的愿望。

蒋芃，祝烈煌
2021 年 6 月于北京

目 录

第 1 章

绪　　论

在公钥密码学中，构建可证明安全的密码系统的第一步就是阐明其密码学概念，包括算法定义及其对应的安全模型。算法定义有助于理解密码学概念的形式化工作流程，而安全模型在衡量所提方案的安全性上起到至关重要的作用。然后，人们就可以基于所提出的密码学概念，进一步构造密码方案并证明其安全性。无论是方案构造还是方案的安全证明，都需要掌握对应的密码学基础知识。本书将主要介绍如何构造一个可证明安全的公钥密码方案，其流程如图 1.1 所示。

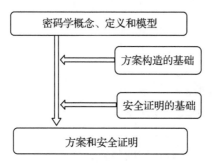

图 1.1　可证明安全的公钥密码方案构造流程

公钥密码学中常用的安全证明方法有两种，即基于游戏的证明和基于模拟的证明。前者也可分为两类，即安全归约（Security Reduction）和

Game Hopping。本书仅涉及安全归约，其通常假设存在一个可攻破所提方案的敌手。在安全归约的安全证明中，具体的安全归约取决于相应的密码系统、方案和底层的困难问题。不存在一种通用的方法可以为所有方案设计安全归约。本书将介绍三个特定密码系统的安全归约：数字签名（Digital Signature）、公钥加密（Public Key Encryption，PKE）和基于身份加密（Identity – based Encryption，IBE）。本书给出的所有示例和方案都是在循环群上构造的，该循环群可能与双线性对相关。

本书内容概述如下。第 2 章，简单回顾密码学概念、算法和安全模型。如果读者熟悉密码学的定义，则可以跳过此章。第 3 章，介绍基于群的密码学基础：有限域、循环群、双线性对和哈希函数。此章侧重于介绍有效的运算和群的描述，并尽量减少对基于群的密码学基础知识的描述。第 4 章（这是本书最重要的一章），对安全归约的基础概念进行分类和解释，总结如何为数字签名和加密设计一个完整的安全归约，并通过举例进一步阐述这些概念。第 5 ~ 10 章，选择一些经典方案来讨论其安全证明，以帮助读者理解如何设计一个正确的安全归约。每个方案中的安全证明都对应一种归约方法。

本书将使用以下符号，相同的符号在不同的应用中可能具有不同的含义。

1. 与数学原语相关的符号

- q,p：素数。
- $\mathbb{F}_{q^n}$：有限域，其中 q 为有限域的特征，n 是一个正整数。
- k：扩展域（由 $\mathbb{F}_{(q^n)^k}$ 表示）中嵌入程度的大小。
- $\mathbb{Z}_p$：整数集 $\{0,1,2,\cdots,p-1\}$。
- $\mathbb{Z}_p^*$：整数集 $\{1,2,\cdots,p-1\}$。
- $\mathbb{H}$：一般群。
- $\mathbb{G}$：p 阶循环群。
- u,v：域或群中的一般元素。
- g,h：循环群的群元素。
- w,x,y,z：一个整数集中的整数，如整数集 $\mathbb{Z}_p$。
- e：双线性映射。

2. 与方案构造相关的符号

- λ：安全参数。

- $(\mathbb{G}, g, p)$：p 阶一般循环群。其中，g 是 $\mathbb{G}$ 的生成元。
- $|p|$：二进制表示形式中数字 p 的比特长度。
- $|g|$：二进制表示形式中群元素 g 的比特长度。
- $|\mathbb{G}|$：群 $\mathbb{G}$ 中群元素的个数。
- $\mathbb{PG} = (\mathbb{G}, \mathbb{G}_T, g, p, e)$：双线性对群，由两个素数 p 阶群 $\mathbb{G}$ 和 $\mathbb{G}_T$ 组成。其中，g 为 $\mathbb{G}$ 的生成元，e 为双线性映射，$\mathbb{G} \times \mathbb{G} \to \mathbb{G}_T$。
- $\{0,1\}^*$：比特字符串空间。
- $\{0,1\}^n$：n 比特字符串空间。
- α, β, γ：$\mathbb{Z}_p$ 中的随机整数，通常作为私钥。
- g, h, u, v：群元素。
- r, s：$\mathbb{Z}_p$ 中的随机数。
- n：与对应方案相关的一般正整数。
- i, j：索引号。
- m：明文消息。
- $\sigma_m = (\sigma_1, \sigma_2, \cdots, \sigma_n)$：$m$ 的签名。其中，σ_i 表示签名的第 i 个元素。
- $CT = (C_1, C_2, \cdots, C_n)$：密文。其中，$C_i$ 表示密文的第 i 个元素。
- (pk, sk)：公/私钥对。其中，pk 表示公钥，sk 表示私钥。
- d_{ID}：基于身份的密码学中身份 ID 对应的私钥。

3. 与困难问题相关的符号

- I：数学困难问题的一个实例。
- Z：在判定性困难问题的实例中所要确定的目标，Z 为 True（真）或 False（假）。
- g, h, u, v：群元素。
- a, b, c：问题实例 I 中从 $\mathbb{Z}_p$ 中选取的随机且未知的指数。
- $F(x), f(x), g(x)$：$\mathbb{Z}_p[x]$ 中的（随机）多项式，是关于 x 的多项式，其所有系数都是从 $\mathbb{Z}_p$ 中随机选择的。
- F_i, G_i, f_i, a_i：多项式中 x^i 的系数。
- n, k, l：与对应方案相关的一般正整数。

4. 与安全模型和安全证明相关的符号

- $\mathscr{A}$：敌手。
- $\mathscr{C}$：挑战者。
- $\mathscr{B}$：模拟器。

- ε：攻破一个方案（或解决困难问题）的优势。
- t：攻破一个方案的时间成本。
- q：与底层困难问题相关的数字。
- q_S：签名询问的次数。
- q_k：基于身份的密码学中，进行私钥询问的次数。
- q_d：解密询问的次数。
- q_H：向随机预言机进行哈希询问的次数。
- $c, coin$：从 $\{0,1\}$ 中随机选择的一个比特值。
- w, x, y, z：模拟器从 $\mathbb{Z}_p$ 中选择的秘密且随机的数。
- T_s：安全归约的时间成本。

安全归约的分析是非常困难的，即使理解了已有文献的安全归约，自行设计一个正确的安全归约仍然是一个挑战。正如谚语所说："百闻不如一见，百见不如一练。"

为了更好地运用本书指出的归约技巧，读者可以尝试根据第 4 章的内容证明一些经典方案（第 5 ~ 10 章），而非直接阅读本书给出的安全证明。读者可访问作者的主页 https://documents. uow. edu. au/ ~ fuchun/book. html，以获取本书的补充资源。

第2章

概念、定义和模型

本章将简要回顾数字签名、公钥加密和基于身份加密等密码学概念、算法和安全模型。我们将传统的数字签名和公钥加密的密钥生成算法分成系统参数生成算法和密钥生成算法，其中系统参数是系统内所有参与方可共享的。本书中的密码系统均由四个算法构成。

2.1 数字签名

数字签名是密码学的基本工具，已经广泛应用于认证和不可否认方面。以认证为例，一方（如 Alice）需要向其他各方证明消息 m 是由她发出的。为此，Alice 生成一个公/私钥对 (pk, sk)，并将公钥 pk 发布给所有验证者。当需要在 m 上生成签名 σ_m 时，Alice 用私钥 sk 对 m 进行签名。在接收到 (m, σ_m) 之后，任何已经知道 pk 的接收方都可以验证该签名 σ_m 并确认消息 m 的来源。

一个数字签名方案由以下四个算法组成。

系统初始化：系统参数生成算法以安全参数 λ 作为输入，输出系统参数 SP。

密钥生成：密钥生成算法以系统参数 SP 作为输入，输出一个公/私钥对 (pk, sk)。

签名：签名算法以其消息空间中的消息 m、私钥 sk 和系统参数 SP 作为输入，输出 m 的签名 σ_m。

验证：验证算法以消息–签名对 (m, σ_m)、公钥 pk 和系统参数 SP 作为输入。如果 σ_m 是使用 sk 签名的 m 的有效签名，那么该算法输出"接受"；否则，输出"拒绝"。

正确性：给定任何 (pk, sk, m, σ_m)，如果 σ_m 是使用 sk 签名的 m 的有效签名，则 (m, σ_m, pk) 的验证算法会输出"接受"。

安全性：在没有私钥 sk 的情况下，任何概率多项式时间的敌手都很难为一个新的消息 m 生成一个有效的签名 σ_m，使这个签名通过验证。

在数字签名的安全模型中，安全性通过挑战者和敌手之间的交互游戏来模拟。在该游戏中，挑战者生成签名方案，而敌手试图攻破该方案。也就是说，挑战者首先生成一个公/私钥对 (pk, sk)，将公钥 pk 发送给敌手，并保留私钥。然后，敌手可以对任何自适应选择的消息进行签名询问。最后，敌手输出一个从未询问过的新消息的伪造签名。该安全性概念称为存在性不可伪造。

选择消息攻击下的存在性不可伪造（EU – CMA）安全模型描述如下。

初始化。令 SP 为系统参数。挑战者运行密钥生成算法生成一个公/私钥对 (pk, sk)，并将 pk 发送给敌手。挑战者保留 sk 应答来自敌手的签名询问。

询问。敌手对自适应选择的消息进行签名询问。敌手询问消息 m_i 的签名，挑战者运行签名算法计算 σ_{m_i}，然后将其发送给敌手。

伪造。敌手输出某个 m^* 的伪造签名 σ_{m^*}，如果该签名满足下列要求，则敌手赢得游戏：

- σ_{m^*} 是消息 m^* 的有效签名。
- m^* 的签名在询问阶段未被询问过。

敌手赢得游戏的优势 ε 是其有效伪造签名的概率。

定义 2.1.0.1（EU – CMA） 如果不存在进行了 q_S 次签名询问、在时间 t 内以优势 ε 赢得上述游戏的敌手，则该签名方案在 EU – CMA 安全模型下是 (t, q_S, ε) 安全的。

接下来，定义一个更强的数字签名安全模型定义。

定义 2.1.0.2（SU - CMA）　　如果不存在进行了 q_S 次签名询问、在时间 t 内以优势 ε 赢得上述游戏的敌手，其中伪造的签名可以是任何消息的签名，只需要满足与所询问的签名不同，则该签名方案在选择消息攻击下强不可伪造性（SU - CMA）安全模型下是 (t, q_S, ε) 安全的。

在（标准）数字签名的定义中，签名生成过程不需要更新私钥 sk，我们称这类签名为无状态签名；与之相反，如果生成每个签名之前需要更新私钥 sk，那么我们称其为有状态签名。有状态签名方案将在 6.3 节和 6.5 节中介绍。

2.2　公钥加密

公钥加密是公钥密码学中的另一个重要工具，它在数据机密性、密钥交换、不经意传输等方面都有广泛的应用。以数据机密性为例，一方（如 Bob）给另一方（如 Alice）发送敏感消息 m，但这两方之间不共享任何私钥。Alice 生成一个公/私钥对 (pk, sk)，将公钥 pk 公布。Bob 用 pk 加密敏感消息 m，然后将加密后的密文发送给 Alice。Alice 可以用其私钥 sk 解密该密文，最终获得消息 m。

一个公钥加密方案由以下四个算法组成。

系统初始化：系统参数生成算法以安全参数 λ 作为输入，输出系统参数 SP。

密钥生成：密钥生成算法以系统参数 SP 作为输入，输出一个公/私钥对 (pk, sk)。

加密：加密算法以其消息空间中的消息 m、公钥 pk 和系统参数 SP 作为输入，输出密文 $CT = E[SP, pk, m]$。

解密：解密算法以密文 CT、私钥 sk 和系统参数 SP 作为输入，输出消息 m 或 $\perp$，其中 $\perp$ 表示失败。

正确性：给定任何 (SP, pk, sk, m, CT)，如果 $CT = E[SP, pk, m]$ 是使用 pk 对消息 m 进行加密后的密文，那么用私钥 sk 解密 CT 将输出消息 m。

安全性：在没有私钥 sk 的情况下，任何概率多项式时间的敌手都很难从给定的密文 $CT = E[SP, pk, m]$ 中获取消息 m。

公钥加密的不可区分性（IND）由挑战者和敌手之间的交互游戏来模拟。在该游戏中，挑战者生成一个加密方案，而敌手试图攻破该方案。挑战者首先生成一个公/私钥对（pk, sk），将公钥 pk 发送给敌手，并保留私钥。敌手从相同的消息空间中输出两个不同的消息 m_0、m_1 来进行挑战。挑战者从 $\{m_0, m_1\}$ 中随机选择一个消息 m_c 进行加密并生成挑战密文 CT^*。如果允许解密询问，则敌手可以对自适应选择的任何密文进行解密询问，但不允许对 CT^* 进行解密询问。最后，敌手输出对挑战密文 CT^* 中所选消息 m_c 的猜测结果。

选择密文攻击下的不可区分性（IND – CCA）安全模型描述如下。

初始化。令 SP 为系统参数。挑战者运行密钥生成算法来生成一个公/私钥对（pk, sk），并将 pk 发送给敌手。挑战者保留 sk 来应答来自敌手的解密询问。

阶段 1。敌手对自适应选择的密文进行解密询问。敌手询问密文 CT_i 的解密结果，挑战者可以运行解密算法，然后将解密结果发送给敌手。

挑战。敌手从同一消息空间中输出两个不同的消息 m_0、m_1，这两个消息都是由敌手自适应选择的。挑战者随机选择 $c \in \{0, 1\}$，然后计算出挑战密文 $CT^* = E[SP, pk, m_c]$，并将其发送给敌手。

阶段 2。同阶段 1，但不允许对 CT^* 进行解密询问。

猜测。敌手输出对 c 猜测的结果 c'，如果 $c' = c$，则敌手赢得游戏。

敌手赢得游戏的优势 ε 定义如下：

$$\varepsilon = 2\left(\Pr[c' = c] - \frac{1}{2}\right).$$

定义 2.2.0.1（IND – CCA）　如果不存在进行了 q_d 次解密询问、在时间 t 内以优势 ε 赢得上述游戏的敌手，则该公钥加密方案在 IND – CCA 安全模型下是 (t, q_d, ε) 安全的。

IND – CCA 安全模型通常被作为加密的标准安全模型。不可区分性还有一个较弱的版本，即选择明文攻击下的不可区分性（IND – CPA）安全模型，也称为语义安全。

定义 2.2.0.2（IND – CPA）　如果公钥加密方案在 IND – CCA 安全模型下是 $(t, 0, \varepsilon)$ 安全的，即不允许敌手进行任何解密询问，则该公钥加密方案在 IND – CPA 下是 (t, ε) 安全的。

在安全模型中，挑战者会在挑战阶段随机选择一个秘密值来决定加密哪个消息。本书中，如果困难假设中已经使用了 c，那么用符号 $b \in \{0, 1\}$ 或 $coin \in \{0, 1\}$ 来表示这个随机值。

2.3 基于身份加密

基于身份加密（IBE）的提出动机基于公钥加密的一个缺点，即公钥加密需要一个证书系统来对公钥进行认证。在 IBE 中，存在一个由私钥生成器（PKG）生成的主密钥对（mpk, msk）。主公钥 mpk 公布给所有参与方，主私钥 msk 由 PKG 保存。假设一方（如 Bob）发送一个敏感消息给另一方（如 Alice）。Bob 只需使用主公钥 mpk 和 Alice 的身份 ID（如 Alice 的电子邮件地址）对消息进行加密。Alice 使用私钥 d_{ID} 解密密文，其中 d_{ID} 由 PKG 通过身份 ID 和主私钥 msk 计算得出。

IBE 方案只要求所有加密器验证主公钥 mpk 的有效性。由于公钥是接收者的身份信息，因此不必验证接收者的公钥。只有身份信息匹配的接收方才能从 PKG 接收其私钥并解密相应的密文。首先，IBE 允许 Bob 使用 Alice 的名字作为身份加密消息；然后，Alice 从 PKG 申请相应的私钥，以用于解密。

一个基于身份加密的方案由以下四个算法组成。

系统初始化：系统参数生成算法以安全参数 λ 作为输入，输出一个主公/私钥对（mpk, msk）。

密钥生成：密钥生成算法以一个身份 ID 和主公/私钥对（mpk, msk）作为输入，输出 ID 的私钥 d_{ID}。

加密：加密算法以其消息空间中的消息 m、身份 ID 和主公钥 mpk 作为输入，输出密文 $CT = E[mpk, ID, m]$。

解密：解密算法以密文 CT、私钥 d_{ID} 和主公钥 mpk 作为输入，输出消息 m 或 $\bot$，其中 $\bot$ 表示失败。

正确性：给定任何（$mpk, msk, ID, d_{ID}, m, CT$），如果 $CT = E[mpk, ID, m]$ 是使用 ID 对消息 m 加密后的密文，那么用私钥 d_{ID} 解密 CT 将输出消息 m。

安全性：在没有私钥 d_{ID} 的情况下，任何概率多项式时间的敌手都很难从给定的密文 $CT = E[mpk, ID, m]$ 中获取消息 m。

基于身份加密的不可区分性（IND）安全模型由挑战者和敌手之间的交互游戏来模拟。在该游戏中，挑战者生成一个 IBE 方案，而敌手试图攻破该方案。首先，挑战者生成一个主密钥对（mpk, msk），将主公钥 mpk 发送给敌手，并保留主私钥 msk。然后，敌手从相同的消息空间中输出两个不同的消息 m_0、m_1 和一个身份 ID^* 来进行挑战；挑战者从 $\{m_0, m_1\}$ 中随机选择一个消息 m_c 并使用身份 ID^* 进行加密，生成挑战密文 CT^*。在游戏过程中，敌手既可以自适应地对挑战身份以外的任何身份进行私钥询问，也可以对挑战密文以外的其他任何密文进行解密询问，即敌手可以对满足 $(ID = ID^*, CT \neq CT^*)$ 或 $(ID \neq ID^*, CT = CT^*)$ 的 (ID, CT) 进行解密询问。最后，敌手输出对挑战密文 CT^* 中所选消息的猜测结果。

基于身份加密的选择密文攻击下不可区分性（IND – ID – CCA）安全模型可以描述如下。

初始化。挑战者运行初始化算法生成一个主密钥对 (mpk, msk)，然后将主公钥 mpk 发送给敌手。挑战者自己保留主私钥 msk 应答来自敌手的询问。

阶段 1。敌手进行私钥询问和解密询问，其中身份和密文都是由敌手自适应选择的。

- 对于身份 ID_i 的私钥询问，挑战者使用主私钥 msk 在 ID_i 上运行密钥生成算法，然后将 d_{ID_i} 发送给敌手。
- 对于 (ID_i, CT_i) 的解密询问，挑战者使用私钥 d_{ID_i} 运行解密算法，然后将解密结果发送给敌手。

挑战。敌手从相同的消息空间中输出两个不同的消息 m_0、m_1 和一个身份 ID^* 来进行挑战，其中 m_0、m_1 和 ID^* 都是由敌手自适应选择的。我们要求 ID^* 对应的私钥在第一阶段未被询问过。挑战者随机选择 $c \in \{0, 1\}$，计算挑战密文 $CT^* = E[mpk, ID, m]$，然后将 CT^* 发送给敌手。

阶段 2。同阶段 1，但不允许进行 ID^* 的私钥询问和 (ID^*, CT^*) 的解密询问。

猜测。敌手输出对 c 猜测的结果 c'。如果 $c = c'$，则敌手赢得游戏。

敌手赢得游戏的优势 ε 定义如下：

$$\varepsilon = 2\left(\Pr[c' = c] - \frac{1}{2}\right).$$

定义 2.3.0.1（IND – ID – CCA）   如果不存在进行了 q_k 次私钥询问和 q_d 次解密询问、在时间 t 内以优势 ε 赢得上述游戏的敌手，那么该基于身份加密的方案在 IND – ID – CCA 安全模型下是 $(t, q_k, q_d, \varepsilon)$ 安全的。

接下来，定义两个较弱的安全模型。

定义 2.3.0.2（IND – sID – CCA）   如果一个基于身份加密方案在

$IND-ID-CCA$ 安全模型下是 (t,q_k,q_d,ε) 安全的，但是敌手在初始化之前必须选择挑战身份 ID^*，那么该基于身份加密方案在选择身份安全模型（$IND-sID-CCA$）下是 (t,q_k,q_d,ε) 安全的。

定义 2.3.0.3（$IND-ID-CPA$） 如果一个基于身份加密方案在 $IND-ID-CCA$ 安全模型下是 $(t,q_k,0,\varepsilon)$ 安全的，即不允许敌手进行任何解密询问，则该基于身份加密方案在选择明文攻击不可区分性（$IND-ID-CPA$）安全模型下是 (t,q_k,ε) 安全的。

在安全模型的阶段 1 和阶段 2 中，敌手可以交替进行私钥询问和解密询问。在安全模型中，敌手的私钥询问总数和解密询问总数分别是 q_k、q_d，但是敌手可以自适应地决定在阶段 1 中由 q_1 表示私钥询问的次数，以及由 q_2 表示的解密询问的次数，满足 $q_1 \leqslant q_k$、$q_2 \leqslant q_d$ 即可。

▪ 2.4 扩展阅读

本节简要介绍数字签名、公钥加密和基于身份加密的安全模型的发展。

1. 数字签名

数字签名最初是由 Diffie 和 Hellman[34] 提出的，Goldwasser、Micali 和 Rivest[50] 正式定义了数字签名，他们首先定义了 EU-CMA 安全模型。一次签名是 Lamport[71] 提出的一种特殊数字签名，它是密码构造的重要组成部分。

现有文献提出了许多数字签名的安全模型，其定义了签名询问和签名伪造。文献［4,13］讨论了强不可伪造性（SU）的概念。如果敌手可以询问签名但是无法决定被签名的消息，那么安全模型被定义为已知消息攻击[50] 或随机消息攻击[64]。如果敌手可以选择要询问的消息但必须在得知公钥之前选择消息，则安全模型定义为弱选择消息攻击[21]、一般选择消息攻击[50] 或已知消息攻击[64]。如果读者想进一步了解这些模型及其之间的关系、如何将较弱的模型转换为较强的模型，可参阅文献［64］。事实上，EU-CMA 模型并不是最强的安全模型。另外，一些安全模型[12,36,59,62] 定义了数字签名的抗泄露安全性，一些安全模型[7,8,82] 考虑了多用户环境下的安全性。

2. 公钥加密

公钥加密的安全模型定义包括模拟解密询问和安全目标。

对于解密询问，我们定义了选择明文攻击（CPA）[49]、选择密文攻击（CCA）[11,88]和非适应性选择密文攻击（CCA1）[84]。在 CCA1 安全模型下，敌手只被允许在收到挑战密文之前进行解密询问。对于安全目标，我们有以下定义：

- 不可区分性（IND）[49]：敌手无法区分挑战密文中的加密消息。
- 语义安全性（SS）[49]：敌手无法从密文中计算出加密消息。
- 非延展性（NM）[37,38]：给定一个挑战密文，敌手无法输出与挑战密文相关的新密文，从而使得它们对应的加密消息有一定的联系。
- 明文可意识性（PA）[15]：敌手在不知道底层加密消息的情况下，无法构造一个密文。

语义安全的概念[100]等同于不可区分性，而非延展性意味着在任何类型的攻击下都是不可区分的[11]。

如果读者想要了解上述安全模型之间的关系，可参阅文献 [11]。另外，一些更强的安全模型[27,35,36,59]定义了 PKE 的抗泄露安全性，一些安全模型[10,45,46,60]也考虑了多用户环境下的安全性。

3. 基于身份加密

基于身份的密码系统概念由 Shamir[93] 提出。文献 [24,25] 定义了 IND - ID - CPA 和 IND - ID - CCA 安全模型。文献 [27,28,20] 定义了 IND - sID - CCA 安全模型。与 PKE 类似，IBE 安全模型也有一些变形体，如 IND - ID - CCA1、IND - sID - CCA1、NM - ID - CPA、NM - ID - CCA1、NM - ID - CCA、NM - sID - CPA、SS - ID - CPA、SS - ID - CCA1、SS - ID - CCA 和 SS - sID - CPA。研究表明[6]，在任何类型的攻击下，非延展性仍然意味着不可区分性，语义安全仍然等同于 IBE 中的不可区分性。一些更强的安全模型[103,56]定义了 IBE 的抗泄露安全性。

第 **3** 章

基于群的
密码学基础

本章将介绍一些数学原语，包括有限域、群和双线性对，它们是基于群的密码学基础知识；描述三种类型的哈希函数，它们在方案构造中起着重要作用；介绍基本运算的可行性和以二进制表示的比特大小。

3.1 有限域

3.1.1 定义

定义 3.1.1.1（有限域） 有限域又称伽罗瓦域，由 $(\mathbb{F}, +, *)$ 表示，是一个包含有限个元素的集合，其中定义了两种二元运算，即 "+"（加）和 "*"（乘），定义如下：

- $\forall u, v \in \mathbb{F}$，有 $u + v \in \mathbb{F}$ 和 $u * v \in \mathbb{F}$。
- $\forall u_1, u_2, u_3 \in \mathbb{F}$，有 $(u_1 + u_2) + u_3 = u_1 + (u_2 + u_3)$ 和 $(u_1 * u_2) * u_3 = u_1 * (u_2 * u_3)$。
- $\forall u, v \in \mathbb{F}$，有 $u + v = v + u$ 和 $u * v = v * u$。
- $\exists 0_{\mathbb{F}}, 1_{\mathbb{F}} \in \mathbb{F}$（单位元），$\forall u \in \mathbb{F}$，有 $u + 0_{\mathbb{F}} = u$ 和 $u * 1_{\mathbb{F}} = u$。
- $\forall u \in \mathbb{F}$，$\exists -u \in \mathbb{F}$ 使得 $u + (-u) = 0_{\mathbb{F}}$。

- $\forall u \in \mathbb{F}^*$，$\exists u^{-1} \in \mathbb{F}^*$ 使得 $u * u^{-1} = 1_{\mathbb{F}}$。这里，$\mathbb{F}^* = \mathbb{F} \backslash \{0_{\mathbb{F}}\}$；
- $\forall u_1, u_2, v \in \mathbb{F}$，有 $(u_1 + u_2) * v = u_1 * v + u_2 * v$。

我们用符号 $0_{\mathbb{F}} \in \mathbb{F}$ 表示加法运算中的单位元，用符号 $1_{\mathbb{F}} \in \mathbb{F}$ 表示乘法运算中的单位元；$-u$ 表示 u 的加法逆元，u^{-1} 表示 u 的乘法逆元。需要注意的是，在有限域中定义的二元运算不同于传统的算术加法运算和乘法运算。

本书用 $(\mathbb{F}_{q^n}, +, *)$ 表示的有限域是一个特殊的域，其中 n 是一个正整数，q 是一个素数，为 $\mathbb{F}_{q^n}$ 的特征。该有限域有 q^n 个元素。有限域中的每个元素都可以看作长度为 n 的向量，其中向量中的每个标量都来自 $\mathbb{F}_q$。因此，有限域中群元素的比特长度为 $n \cdot |q|$。

3.1.2　有限域上的运算

在有限域中，定义了两种二元运算：加法和乘法。它们可以通过逆运算扩展为减法和除法，描述如下：

- 减法运算由加法定义。$\forall u, v \in \mathbb{F}$，我们有：

$$u - v = u + (-v),$$

它对 u 与 v 的加法逆元进行加法运算。

- 除法运算由乘法定义。$\forall u \in \mathbb{F}$，$v \in \mathbb{F}^*$，我们有：

$$u / v = u * v^{-1},$$

它对 u 和 v 的乘法逆元进行乘法运算。

3.1.3　域的选取

我们介绍三种常见的有限域类别，即素数域、二元域和扩展域。

- 素数域 $\mathbb{F}_q$ 是模 q 剩余类的域。该域中有 q 个元素，分别表示为 $\mathbb{Z}_q = \{0, 1, 2, \cdots, q-1\}$，并且有两种运算：模加和模乘。此外，还有：

$$-u = q - u \text{ 和 } u^{-1} = u^{q-2} \bmod q.$$

- 二元域 $\mathbb{F}_{2^n}$ 可以表示为多项式等价类的域，其中多项式是 $n-1$ 阶，系数来自 $\mathbb{F}_2$：

$$\mathbb{F}_{2^n} = \{a_{n-1}x^{n-1} + a_{n-2}x^{n-2} + \cdots + a_1 x + a_0, \quad a_i \in \mathbb{F}_2\},$$

该域中对应的元素是 $a_{n-1}a_{n-2}\cdots a_1 a_0$。该域的加法是对两个多项式系数的每一对应用 XOR，而该域的乘法需要对阶数为 n 的不可约二进制多项式 $f(x)$ 进行模运算。此外，还有：

$$-u = u \text{ 和 } u^{-1} = u^{2^n - 2} \bmod f(x).$$

- 扩展域 $\mathbb{F}_{(q^{n_1})^{n_2}}$ 是域 $\mathbb{F}_{q^{n_1}}$ 的扩展域。整数 n_2 称为嵌入度。与二元域类似，表示形式如下：

$$\mathbb{F}_{(q^{n_1})^{n_2}} = \{ a_{n_2-1}x^{n_2-1} + a_{n_2-2}x^{n_2-2} + \cdots + a_1 x + a_0, \quad a_i \in \mathbb{F}_{q^{n_1}} \}.$$

该域中对应的元素是 $a_{n_2-1}a_{n_2-2}\cdots a_1 a_0$。该域中的加法表示在 $\mathbb{F}_{q^{n_1}}$ 域中使用系数算法进行的多项式加法，乘法是通过对 $\mathbb{F}_{q^{n_1}}[x]$ 中 n_2 次的不可约多项式 $f(x)$ 进行约化模运算来实现的。$-u$ 和 u^{-1} 的计算比前两个域要复杂的多。在本书中，将省略这些计算的详细步骤。

3.1.4　素数域上的运算

在上述的三个域中，素数域 $\mathbb{F}_p$ 是基于群的密码学中最重要的域。这是因为，群阶通常是一个素数。在素数域 $\mathbb{F}_p$ 中，所有元素都是集合 $\mathbb{Z}_p = \{0, 1, 2, \cdots, p-1\}$ 中的数字。下列模运算在素数域上都是可有效运算的。相应运算的详细算法不在本书的讨论范围之内。

- **模加逆**。给定 $y \in \mathbb{Z}_p$，计算 $-y \bmod p$。

- **模乘逆**。给定 $z \in \mathbb{Z}_p^*$，计算 $\dfrac{1}{z} = z^{-1} \bmod p$。

- **模加**。给定 $y, z \in \mathbb{Z}_p$，计算 $y + z \bmod p$。

- **模减**。给定 $y, z \in \mathbb{Z}_p$，计算 $y - z \bmod p$。

- **模乘**。给定 $y, z \in \mathbb{Z}_p$，计算 $y * z \bmod p$。

- **模除**。给定 $y \in \mathbb{Z}_p$ 和 $z \in \mathbb{Z}_p^*$，计算 $\dfrac{y}{z} \bmod p$。

- **模指数运算**。给定 $y, z \in \mathbb{Z}_p$，计算 $y^z \bmod p$。

其中，模乘逆要求 z 为非零整数。但是，在密码学中，z^{-1} 的计算无法避免 $z = 0$ 的情况，尽管这种情况发生的概率很小。在本书中，对于这种情况，我们为所有困难问题和加密方案定义 $1/0 = 0$。

3.2　循环群

3.2.1　定义

定义 3.2.1.1（阿贝尔群）　阿贝尔群用 $(\mathbb{H}, \cdot)$ 表示，是一个有二

元运算 " · " 的元素集合, 定义如下:

- $\forall u, v \in \mathbb{H}$, 有 $u \cdot v \in \mathbb{H}$;
- $\forall u_1, u_2, u_3 \in \mathbb{H}$, 有 $(u_1 \cdot u_2) \cdot u_3 = u_1 \cdot (u_2 \cdot u_3)$;
- $\forall u, v \in \mathbb{H}$, 有 $u \cdot v = v \cdot u$;
- $\exists 1_{\mathbb{H}} \in \mathbb{H}, \forall u \in \mathbb{H}$, 有 $u \cdot 1_{\mathbb{H}} = u$;
- $\forall u \in \mathbb{H}, \exists u^{-1} \in \mathbb{H}$ 使得 $u \cdot u^{-1} = 1_{\mathbb{H}}$。

我们用 $1_{\mathbb{H}}$ 表示群中的单位元, 唯一的群运算可以扩展为另一个称为群除法的运算, 即给定 u, 目标是计算 u^{-1}。需要注意的是, 除法 u/v 等于 $u \cdot v^{-1}$。

定义 3.2.1.2 (循环群) 如果存在着 (至少一个) 生成元, 用 h 表示, 该生成元可以生成群 $\mathbb{H}$, 那么阿贝尔群 $\mathbb{H}$ 是一个循环群:

$$\mathbb{H} = \{h^1, h^2, \cdots, h^{|\mathbb{H}|}\} = \{h^0, h^1, h^2, \cdots, h^{|\mathbb{H}|-1}\},$$

其中, $|\mathbb{H}|$ 表示 $\mathbb{H}$ 的群阶, 且 $h^{|\mathbb{H}|} = h^0 = 1_{\mathbb{H}}$。

定义 3.2.1.3 (素数阶循环子群) 如果群 $\mathbb{G}$ 是循环群 $\mathbb{H}$ 的子群, 且 $|\mathbb{G}|$ 是一个素数, 那么它是一个素数阶循环子群, 其中:

- $|\mathbb{G}|$ 是 $|\mathbb{H}|$ 的除数。
- 存在一个生成元 $g \in \mathbb{H}$, 生成 $\mathbb{G}$。

3.2.2 素数阶循环群

基于群的密码学通常使用素数 p 阶循环群 $\mathbb{G}$。首先, 循环群 $\mathbb{G}$ 不存在约束攻击的最小子群[75]。其次, $\{1, 2, \cdots, p-1\}$ 中的任何整数都有一个模乘逆元, 这在方案构造中是非常有用的。例如, 对于任何 $x \in \{1, 2, \cdots, p-1\}$, 如果 g^x 是 $\mathbb{G}$ 的一个群元素, 那么 $g^{\frac{1}{x}}$ 也是 $\mathbb{G}$ 的一个群元素。最后, 除了 $1_{\mathbb{G}}$, $\mathbb{G}$ 中的任何群元素都是该群的生成元。这三个属性是在构建公钥密码系统时, 系统安全性和灵活性所需要的。在本书中, 除非另有规定, (循环) 群通常指的是素数阶循环群。需要注意的是, 没必要使用素数阶循环群构造所有的基于群的密码系统。例如, ElGamal 签名方案可以由任意循环群构造。

要定义用于方案构造的群, 我们需要指定:

- 群空间, 用 $\mathbb{G}$ 表示。
- 群的生成元, 用 g 表示。
- 群的阶, 用 p 表示。

　　在方案构造中，$(\mathbb{G},g,p)$ 是定义群时的基本部分。需要注意的是，根据群的选择，可以简化或省略群运算。

3.2.3　群幂

　　令 $(\mathbb{G},g,p)$ 为循环群，x 为正整数。我们用 g^x 表示群幂，定义为

$$g^x = \underbrace{g \cdot g \cdots g \cdot g}_{x}.$$

群幂由上述定义的 $x-1$ 次群运算组成。根据群 $(\mathbb{G},g,p)$ 的定义，我们有：

$$g^x = g^{x \bmod p}.$$

因此，当选择群幂的整数 x 时，我们可以假设 x 是从 $\mathbb{Z}_p$ 中选择的，并将 x 称为指数。

　　在公钥加密中，x 是一个非常大的数，其二进制表示的长度至少为 160 比特。因此，执行 $x-1$ 次群运算是不切实际的。群幂在基于群的密码学中经常使用。存在多项式时间算法用于群幂运算。最简单的算法是平方-乘算法，描述如下：

- 将 x 转换为一个 n 比特的二进制字符串 x，

$$x = x_{n-1}\cdots x_1 x_0 = \sum_{i=0}^{n-1} x_i 2^i.$$

- 令 $g_i = g^{2^i}$，对所有的 $i \in [1,n-1]$，计算 $g_i = g_{i-1} \cdot g_{i-1}$。
- 将 X 设置为 $\{0,1,2,\cdots,n-1\}$ 的子集，如果 $x_j = 1$，则 $j \in X$。
- 计算 g^x，

$$\prod_{j \in X} g_j = \prod_{i=0}^{n-1} g_i^{x_i} = g^{\sum_{i=0}^{n-1} x_i 2^i} = g^x.$$

群幂至多需要 $2n-2$ 次群运算，与 x 的比特长度呈线性相关。时间复杂度为 $O(\log x)$，这比 $O(x) = x-1$ 群运算快得多。

　　需要注意的是，群幂只是循环群的一个通用的名称，在某些特殊的群中它具有不同的名称。例如，我们分别称其为模乘群中的模指数和椭圆曲线群中的点乘（或标量乘法）。这些群将分别在 3.2.6 节和 3.2.7 节中介绍。

3.2.4　离散对数

　　整数 x 满足 $g^x = h$，其中 $g,h \in \mathbb{G}$ 不是单位元 $1_{\mathbb{G}}$，我们称其为以 g 为底

的 h 的离散对数。对 x 的求解称为离散对数（DL）问题。

在基于群的密码学中，离散对数问题是一个基础性困难问题。我们无法在多项式时间内解决一般循环群上的 DL 问题。唯一相对有效的算法（如 Pollard Rho 算法）仍然需要 $O(\sqrt{p})$ 步，其中 p 是群阶。例如，如果 $\mathbb{G}$ 的群阶大至 2^{160}，那么解决群 $\mathbb{G}$ 上的 DL 问题大约需要 2^{80} 步。解决时间复杂度为 2^l 的问题意味着该问题具有 l 比特安全性。解决阶为 p 的一般循环群上 DL 问题的算法时间复杂度为 $O(\sqrt{p})$。但是，对于某些特殊构造的群，比如由素数域构造的 p 阶循环群，存在更高效的算法使得解决该群上的 DL 问题的时间复杂度可以远小于 $O(\sqrt{p})$。

给定一个循环群 $\mathbb{G}$，如果 $|\mathbb{G}|$ 不是一个素数，那么对于某些群元素 $g,h \in \mathbb{G}$，不存在离散对数或存在着多个离散对数。但是，如果 $|\mathbb{G}|$ 是一个素数，那么在 $\mathbb{Z}_p$ 中一定只存在一个解 x。这就是我们更倾向于使用素数阶循环子群的原因。

3.2.5　有限域上的循环群

阿贝尔群的代数结构比有限域的代数结构简单，其原因是阿贝尔群仅定义一个二元运算，而有限域定义两个二元运算。由于它们的运算性质是相同的，因此我们可以直接从有限域中得到一个阿贝尔群。例如，$(\mathbb{F}_{q^n}, +)$ 和 $(\mathbb{F}_{q^n}^*, *)$ 都是阿贝尔群。这样看来，似乎没有必要还设计其他循环群。

但是，由于各种原因，我们确实需要使用有限域构造更高级的循环群。例如，椭圆曲线群可以在相同安全级别下降低群的大小。阿贝尔群中的" $\cdot$ "运算与有限域中的" $+$ "" $*$ "运算可以相同或者不同。例如，椭圆曲线群中的群运算由有限域中的" $+$ "和" $*$ "运算组成。

3.2.6　群的选取 1：模乘群

第一种群是模乘群 $(\mathbb{F}_{q^n}^*, *)$，是在乘法运算下从有限域中选择的。有限域的模乘群是一个循环群，其中该有限域可以是一个素数域、二元域或扩展域。

在此，我们介绍素数域 $(\mathbb{F}_q^*, *)$ 中的模 q 乘法群。对群元素、群生成元、群阶和群运算的描述如下：

- **群元素**。模乘群的群元素空间为 $\mathbb{Z}_q^* = \{1, 2, \cdots, q-1\}$，以二进制

表示，每个群元素有 $|q|$ 比特。

- **群生成元**。存在一个生成元 $h \in \mathbb{Z}_q^*$，它可以生成群 $\mathbb{Z}_q^*$。但是，并非 $\mathbb{Z}_q^*$ 中的所有元素都是生成元。当且仅当满足 $h^x \bmod q = 1$ 的最小正整数 $x = q - 1$ 时，群元素 h 是一个生成元。
- **群阶**。群的阶是 $q - 1$。因为 q 是一个素数，因此 $\mathbb{Z}_q^*$ 不是大素数 q 的素数阶群（不包括 $q = 3$）。
- **群运算**。群中的群运算 "·" 是模乘运算，即整数模乘素数 q。准确地说，令 $u, v \in \mathbb{Z}_q^*$，"×" 为数学乘法运算，则 $u \cdot v = u \times v \bmod q$。

这个模乘群不是素数阶群。如果 p 除 $q - 1$，即 $p \mid (q-1)$，那么我们可以从中提取出素数 p 阶子群 $\mathbb{G}$。要找到 $\mathbb{G}$ 的生成元，最简单的方法是从 2 搜索到 $q - 1$，并选择第一个满足 $u^{\frac{q-1}{p}} \neq 1 \bmod q$ 的 u。$\mathbb{G}$ 的生成元为 $g = u^{\frac{q-1}{p}}$，其中 $g^p = 1 \bmod q$，群的描述为 $\mathbb{G} = \{g, g^2, g^3, \cdots, g^p\}$。其中，$g^p$ 是单位元，$g^p = 1_{\mathbb{G}}$。

我们使用群 $(\mathbb{G}, g, p, q)$ 构造方案，g 是 $\mathbb{G}$ 的生成元，p 是群阶，q 是满足 $p \mid (q-1)$ 的大素数。模乘群可以用于基于群的密码学中，因为该群上的 DL 问题是困难的，没有多项式时间的解。但是，在模乘群上存在解决 DL 问题的次指数时间算法，它的时间复杂度是 q 比特长度的次指数，如 $2^{8\sqrt[3]{\log_2 q}}$。为了保证模乘群上的 DL 问题时间复杂度为 2^{80} 或达到 80 比特安全级别，q 的比特长度至少为 1 024 才能抵抗次指数攻击。因此，每个群元素的长度至少为 1 024 比特。

在群的描述中，p、q 都是素数，但是 $p \ll q$。在描述安全证明时，q 有不同的含义，即 q 是一个与询问次数一样大的数，p 是满足 $q \ll p$ 的群阶。另外，在模加运算中，素数域中的 $(\mathbb{F}_q, +)$ 也是一个循环群，模加群的群阶为素数 q，它具有比群阶为 $q - 1$ 的模乘群更好的性质。因此，使用模加群似乎比模乘群更好。然而，这是一个错误的结论，其原因是该群上的 DL 问题是简单的。

3.2.7　群的选取 2：椭圆曲线群

第二种群是椭圆曲线群。椭圆曲线是在有限域 $\mathbb{F}_{q^n}$ 上定义的一条平曲线，其中所有的点都在以下曲线上：

$$Y^2 = X^3 + aX + b,$$

以及一个无穷远处的点，由 ∞ 表示。这里，$a, b \in \mathbb{F}_{q^n}$，点空间由 $E(\mathbb{F}_{q^n})$ 表

示。有限域既可以是素数域，也可以是二元域或其他域，每个域的计算效率有所不同。

椭圆曲线群的群元素、群生成元、群阶和群运算描述如下。

● **群元素**。我们用 $E(\mathbb{F}_{q^n})$ 表示椭圆曲线群的空间，其中该群中的所有群元素都是由坐标 $(x, y) \in \mathbb{F}_{q^n} \times \mathbb{F}_{q^n}$ 描述的点。理论上，每个群元素的比特长度为

$$|x| + |y| = 2|\mathbb{F}_{q^n}| = 2n \cdot |q|.$$

给定一个 x 轴坐标 x 和曲线，我们可以计算出两个 y 轴坐标 $+y$ 和 $-y$。因此，我们可以利用该曲线简化群元素 (x, y)：用 $(x, 1)$ 表示 $(x, +y)$，用 $(x, 0)$ 表示 $(x, -y)$。我们甚至可以只用 x 来表示群元素，因为返回一个正确结果的运算可以同时处理 $(x, +y)$ 和 $(x, -y)$。因此，群元素的比特长度约为 $n|q|$。

● **群生成元**。存在一个生成元 $h \in E(\mathbb{F}_{q^n})$，可以生成群 $E(\mathbb{F}_{q^n})$。无穷大处的点可以作为单位元。

● **群阶**。椭圆曲线的群阶定义为

$$|E(\mathbb{F}_{q^n})| = q^n + 1 - t,$$

式中，$|t| \leq 2\sqrt{q^n}$，t 为域上弗罗贝尼乌斯曲线的迹。需要注意的是，对于大多数曲线，群阶不是素数。

● **群运算**。椭圆曲线上的群运算 " · " 有两种不同的运算类型，这取决于两个群元素 u 和 v 的输入。

（1）如果 u 和 v 是两个不同的点，其坐标分别为 (x_u, y_u)、(x_v, y_v)，则通过 u 和 v 作一条线。这条线与椭圆曲线相交在另一个点。我们将 $u \cdot v$ 定义为 x 轴上第三点的反射。

（2）如果 $u = v$，我们在 u 处作椭圆曲线的切线。这条线与曲线相交在第二点。我们将 $u \cdot u$ 定义为 x 轴上第二点的反射。

具体的群运算取决于给定的群元、曲线和有限域。这里省略对群运算的详细描述。

椭圆曲线群并不总是素数阶群，但是，如果 p 是群阶的除数，那么我们可以从中提取出素数 p 阶子群 $\mathbb{G}$。提取方法与模乘群中的提取方法相同。对于方案构造，我们定义群 $(\mathbb{G}, g, p)$ 为曲线群，其中 $\mathbb{G}$ 是群，g 是 $\mathbb{G}$ 的生成元，p 是群阶。

由于不存在有效的多项式时间求解算法，因此椭圆曲线群上的 DL 问题也是困难的。即使在一般（椭圆曲线）循环群上，能够有效解决 DL 问

题的次指数时间算法也是不存在的，这意味着我们应尽可能选择小的有限域来降低群元素表示的大小。降低群元素长度是通过椭圆曲线构造循环群的主要动机来实现的。例如，要获得一个椭圆曲线群，使得解决该群上的 DL 问题的时间复杂度为 2^{80}，则该椭圆曲线群所基于的素数域 $\mathbb{F}_q$ 的素数 q 的长度可以小至 160 比特，而在模乘群中为 1 024 比特。与模乘群相比，椭圆曲线群的代价是群运算的计算效率较低。

在椭圆曲线群中，二进制表示的群元素可以和二进制表示的群阶一样小，即 $|g| = |p|$。但是，这并不意味所有曲线群都有这个良好的特性。对 l 比特安全级别，我们必须至少有 $|p| = 2 \cdot l$。每个群元素 g 的大小取决于有限域的选取，但是所有的选取都应满足 $|g| \geqslant |p|$。

3.2.8　群上的运算

以下运算是素数 p 阶群 $\mathbb{G}$ 上最常见的运算：

- **群运算**。给定 $g, h \in \mathbb{G}$，计算 $g \cdot h$。
- **群逆元**。给定 $g \in \mathbb{G}$，计算 $\dfrac{1}{g} = g^{-1}$。由于 $g^p = g \cdot g^{p-1} = 1$，因此有 $g^{-1} = g^{p-1}$。
- **群的除法**。给定 $g, h \in \mathbb{G}$，计算 $\dfrac{g}{h} = g \cdot h^{-1}$。
- **群幂**。给定 $g \in \mathbb{G}$ 和 $x \in \mathbb{Z}_p$，计算 g^x。

需要注意的是，上述运算不包含群的所有运算。我们还应该包括素数域中所有运算，其中素数是群阶。例如，给定群 $(\mathbb{G}, g, p)$、一个另外的群元素 h，以及 $x, y \in \mathbb{Z}_p$，我们可以计算 $g^{1/x} h^{-y}$。

3.3　双线性对

通常来说，双线性对提供一个双线性映射，该映射将椭圆群上的两个群元素映射到乘法群中的第三个群元素，而不会失去其同构性。最初引入双线性对是为了解决椭圆曲线群中的困难问题，解决方法是将椭圆曲线群中的给定问题实例映射到乘法群中的问题实例，然后通过运行一个次指数时间算法来找到问题实例的解，最后利用该解解决椭圆曲线群中的困难问题。

用于方案构造的双线性对基于一个存在易配对的椭圆曲线，在该椭圆曲线中容易找到从椭圆曲线群到乘法群的同构。双线性对的实例，用 $\mathbb{G}_1 \times \mathbb{G}_2 \rightarrow \mathbb{G}_T$ 表示，分为以下三种类型。

（1）对称的。$\mathbb{G}_1 = \mathbb{G}_2 = \mathbb{G}$，我们用 $\mathbb{G} \times \mathbb{G} \rightarrow \mathbb{G}_T$ 表示一个对称双线性对。

（2）非对称 1。$\mathbb{G}_1 \neq \mathbb{G}_2$ 且具有有效的同态 $\Psi : \mathbb{G}_2 \rightarrow \mathbb{G}_1$。

（3）非对称 2。$\mathbb{G}_1 \neq \mathbb{G}_2$，在 $\mathbb{G}_2$ 和 $\mathbb{G}_1$ 之间没有有效的同态。

双线性对可以基于素数阶群（$\mathbb{G}_1, \mathbb{G}_2, \mathbb{G}_T$）或合数阶群（$\mathbb{G}_1, \mathbb{G}_2, \mathbb{G}_T$）。在以下两小节中，我们仅介绍素数阶群中的对称双线性对和非对称双线性对，并重点介绍群元素大小的描述。

3.3.1　对称双线性对

对称双线性对的定义如下。令 $\mathbb{PG} = (\mathbb{G}, \mathbb{G}_T, g, p, e)$ 为对称双线性对群。这里，$\mathbb{G}$ 是椭圆曲线子群，$\mathbb{G}_T$ 是乘法子群，$|\mathbb{G}| = |\mathbb{G}_T| = p$，$g$ 是 $\mathbb{G}$ 的生成元，e 是满足以下三个性质的映射：

- 对于所有的 u，$v \in \mathbb{G}$、a，$b \in \mathbb{Z}_p$，都有 $e(u^a, v^b) = e(u, v)^{ab}$；
- $e(g, g)$ 是群 $\mathbb{G}_T$ 的生成元；
- 对于所有的 u，$v \in \mathbb{G}$，存在着有效的算法计算 $e(u, v)$。

对称双线性对的定义完成。现在，我们介绍其长度效率。

令 $E(\mathbb{F}_{q^n})[p]$ 为 $E(\mathbb{F}_{q^n})$ 在基本域 $\mathbb{F}_{q^n}$ 上阶为 p 的椭圆曲线子群，而 $\mathbb{F}_{q^{nk}}[p]$ 是扩展域上阶为 p 的乘法子群，其中 k 为嵌入度。双线性对实际上是在 $E(\mathbb{F}_{q^n})[p] \times E(\mathbb{F}_{q^n})[p] \rightarrow \mathbb{F}_{q^{nk}}[p]$ 上定义的。一个安全的双线性对要求 DL 问题在椭圆曲线群 $\mathbb{G}$ 和乘法群 $\mathbb{G}_T$ 上都是困难的。我们还应使这些群尽可能地小，以便有效地进行群运算。但是，在扩展域上定义的乘法群中的 DL 问题会遭受次指数攻击。因此，q^{nk} 的大小必须足够大以抵抗次指数攻击。这就是为什么我们需要嵌入度 k 来扩展该域的原因。对于 l 比特安全级别，有以下参数：

$$|p| = 2 \cdot l, \qquad\qquad \text{抵抗 Pollard Rho 攻击}$$

$$|g| \approx |\mathbb{F}_{q^n}| \geqslant 2 \cdot l, \qquad \text{取决于所选择的曲线}$$

$$|e(g, g)| = k \cdot |\mathbb{F}_{q^n}|, \qquad \text{应该足够大以抵抗次指数攻击}$$

我们研究了 80 比特安全级别的安全参数的不同选择，即 $l = 80$。

选择 1。我们选择一条椭圆曲线，$|\mathbb{F}_{q^n}| = 2 \cdot l = 160$。因为扩展域 $k \cdot |\mathbb{F}_{q^n}|$ 在二进制表示中至少为 1 024 比特，以抵抗 80 比特安全的次指数攻击，所以我们应该至少选择 $k = 7$。因此，我们有 $|p| = |g| = 160$ 以及 $|e(g,g)| = 1 120$。然而，尚未发现任何 $k \geqslant 7$ 的曲线。因此，这意味着我们无法构造一个可以达到 80 比特安全的对称双线性对，其中 $\mathbb{G}$ 的群元素大小为 160 比特。

选择 2。我们选择嵌入度 $k = 2$ 的双线性对群。对于 $k \cdot |\mathbb{F}_{q^n}| = 1 024$，我们有 $|\mathbb{F}_{q^n}| = 512$。因此，$|p| = 160$、$|g| = 512$、$|e(g,g)| = 1 024$。存在一条可以达到 80 比特安全的，且 $\mathbb{G}_T$ 为最小的椭圆曲线，但是我们不能用它来构造出具有群元素较小的方案，尤其是在 $\mathbb{G}$ 中。

3.3.2　非对称双线性对

非对称双线性对的定义（非对称 2）如下。令 $\mathbb{PG} = (\mathbb{G}_1, \mathbb{G}_2, \mathbb{G}_T, g_1, g_2, p, e)$ 为非对称双线性对群。这里，$\mathbb{G}_1$、$\mathbb{G}_2$ 是椭圆曲线子群，$\mathbb{G}_T$ 为乘法子群，$|\mathbb{G}_1| = |\mathbb{G}_2| = |\mathbb{G}_T| = p$，$g_1$ 是 $\mathbb{G}_1$ 的生成元，g_2 是 $\mathbb{G}_2$ 的生成元，e 是满足下列三条属性的映射。

- 对于任意的 $u \in \mathbb{G}_1$、$v \in \mathbb{G}_2$，a，$b \in \mathbb{Z}_p$，有 $e(u^a, v^b) = e(u,v)^{ab}$；
- $e(g_1, g_2)$ 是群 $\mathbb{G}_T$ 的生成元；
- 对任意的 $u \in \mathbb{G}_1$、$v \in \mathbb{G}_2$，存在有效的算法计算 $e(u,v)$。

非对称双线性对的定义完成。现在，我们介绍其长度效率。

令 $E(\mathbb{F}_{q^n})[p]$ 为 $E(\mathbb{F}_{q^n})$ 在基本域 $\mathbb{F}_{q^n}$ 上的 p 阶椭圆曲线子群，$E(\mathbb{F}_{q^{nk}})[p]$ 是扩展域 $\mathbb{F}_{q^{nk}}$ 上的 p 阶椭圆曲线子群，$\mathbb{F}_{q^{nk}}[p]$ 是扩展域 $\mathbb{F}_{q^{nk}}$ 上的 p 阶乘法子群，其中 k 为嵌入度。双线性对实际上是在 $E(\mathbb{F}_{q^n})[p] \times E(\mathbb{F}_{q^{nk}})[p] \to \mathbb{F}_{q^{nk}}[p]$ 上定义的。同样地，对于 l 比特安全级别，有以下参数：

$|p| = 2 \cdot l$,	抵抗 Pollard Rho 攻击
$|g_1| \approx |\mathbb{F}_{q^n}| \geqslant 2 \cdot l$,	取决于所选择的曲线
$|g_2| \approx |\mathbb{F}_{q^{nk}}| \geqslant k \cdot 2l$,	取决于所选择的曲线和 k
$|e(g_1, g_2)| = k \cdot |\mathbb{F}_{q^n}|$,	应该足够大以抵抗次指数攻击

我们研究 80 比特安全级别（即 $l = 80$）的安全参数的选择，针对 $\mathbb{G}_1$ 中简短表示的群，使得 $|\mathbb{F}_{q^n}| = 2 \cdot l = 160$。为了达到 80 比特安全，$k \cdot |\mathbb{F}_{q^n}|$ 必须至少为 1 024 比特来抵抗次指数攻击，那么 k 的取值至少为 $k = 7$。然而，我们发现这种双线性对的最小 k 是 $k = 10$。因此，我们有 $|p| = |g_1| = 160$、$|g_2| = |e(g_1, g_2)| = 1\,600$。如果双线性对群是第三种类型（其中 $\mathbb{G}_1$ 和 $\mathbb{G}_2$ 之间没有有效的同态性），则 $\mathbb{G}_2$ 中的群元素可以压缩为一半或四分之一大小，甚至更短。

3.3.3　双线性对群上的运算

双线性对群包括素数 p 阶群（$\mathbb{G}, \mathbb{G}_T$）或（$\mathbb{G}_1, \mathbb{G}_2, \mathbb{G}_T$）和一个双线性映射 e。双线性对群上的所有运算总结如下。

- $\mathbb{Z}_p$ 上的所有模运算。
- 群（$\mathbb{G}, \mathbb{G}_T$）或（$\mathbb{G}_1, \mathbb{G}_2, \mathbb{G}_T$）上的所有群运算。
- 双线性对运算 $e(u, v)$，u，$v \in \mathbb{G}$ 或 $u \in \mathbb{G}_1$、$v \in \mathbb{G}_2$。

现有文献中，所有基于群的方案都是通过上述运算构造的，这些运算都是可有效计算的。在第 4.2 节中介绍了一些比上述基本运算复杂但仍可有效计算的常用运算。

3.4　哈希函数

哈希函数通常用来将任意长度的字符串压缩为定长（较短）的字符串。在基于群的密码学中，$\mathbb{Z}_p$ 或 $\mathbb{G}$ 的空间有限，导致无法在其中嵌入所有值。通过使用哈希函数，在不使用更大的群的情况下，我们可以将任意长度的字符串安全地嵌入群元素/指数，以提高计算效率，其代价是基于群的密码学的安全性依赖哈希函数。如果采取的哈希函数不安全，那么对应的方案将不再安全。

根据对安全的定义，哈希函数可以分为以下两种类型。

- 单向哈希函数。给定一个单向哈希函数 H 和一个输出字符串 y，很难找到满足 $y = H(x)$ 的输入字符串 x。
- 抗碰撞哈希函数。给定一个抗碰撞哈希函数 H，很难找到满足 $H(x_1) = H(x_2)$ 的两个不同的输入 x_1 和 x_2。

本书中，将哈希函数声明为密码哈希函数时，它是指单向哈希函数、抗碰撞哈希函数或者是在安全证明中被设置为随机预言机的理想哈希函数。根据输出空间，哈希函数可以分为以下三种重要类型，其输入可以是任意的字符串。

- $H: \{0,1\}^* \rightarrow \{0,1\}^n$。输出空间是包含所有 n 比特字符串的集合。为了抵抗生日攻击，对于 l 比特安全性，n 至少为 $2 \cdot l$。我们主要使用这种哈希函数从密钥空间 $\{0,1\}^n$ 中生成对称密钥，用于混合加密。

- $H: \{0,1\}^* \rightarrow \mathbb{Z}_p$。输出空间是 $\{0,1,2,\cdots,p-1\}$，其中 p 是群阶。当输入值不在 $\mathbb{Z}_p$ 空间时，我们使用这种哈希函数在群幂中嵌入哈希值。

- $H: \{0,1\}^* \rightarrow \mathbb{G}$。输出空间是一个循环群。也就是说，哈希函数将输入的字符串映射到一个群元素。这种哈希函数只存在于某些群。我们可以进行哈希的主要群有对称双线性对 $\mathbb{G} \times \mathbb{G} \rightarrow \mathbb{G}_T$ 中的群 $\mathbb{G}$ 以及双线性对群 $\mathbb{G}_1 \times \mathbb{G}_2 \rightarrow \mathbb{G}_T$ 中的 $\mathbb{G}_1$。

如何构造哈希函数超出了本书的讨论范围。上述关于哈希函数的定义和描述对于构造方案和安全证明已经足够了。

3.5　扩展

在本节中，我们简要介绍了基于群的密码学，包括代数结构、指数、离散对数问题、椭圆曲线密码学和双线性对。

1. 代数结构

数论和代数结构，如群、环和有限域，是现代密码学的基础。我们建议读者参阅文献 [89,96]，以进一步了解数论。有限域的基础知识可以在文献 [79] 中找到，而详细的介绍可以在文献 [74] 中找到。数论在公钥加密中起着重要作用。文献 [90] 介绍了群论。对于如何在密码学中应用群论，读者可以参阅文献 [98]。

2. 求幂

群幂是基于群的密码学的基本运算方法。最简单的方法是平方 - 乘算法[68]。还有许多改进的算法，如 m - ary 方法、滑动窗口法、Montgomery 法。Montgomery 阶梯算法改进了计算过程，以抵御侧信道攻击。文献 [51] 中的工作为这些算法提供了有用的综述。文献 [57] 中介绍了更多的椭圆曲线群算法。

　　一个群所能达到的安全级别是由群阶及其求解离散对数问题的算法决定的，而群阶又决定了基于群的方案的运算效率。关于群大小和安全级别的详细说明，请参阅文献 [73] 中的工作。

3. 离散对数问题

　　求解离散对数问题的算法可分为两类：一般算法和特殊算法。一般算法通常适用于所有群，如大步小步算法[95]和 Pollard Rho 算法[87]。特殊算法通常只适用于某些特定的群（模乘群），如指数微积分算法[3,58]。这些算法的综述详见文献 [78,81]。

　　对于 p 阶群，一般算法的时间复杂度通常为 $O(\sqrt{p})$，而指数微积分算法的时间复杂度为次指数。数据筛是目前效率最高的算法，它是指数微积分算法的一个变体，其时间复杂度为 $L_p[1/3,1.923]$（关于符号 L 的定义，请参阅文献 [72]）。在 $GF(p)$ 中求解离散对数的记录是一个 768 比特的素数[67]。在使用特征为 2 的有限域构造群时，文献 [66] 声明了 $\mathbb{F}_{2^{1279}}$ 中对数的计算。在使用特征为 3 的有限域构造群时，文献 [2] 给出了最新的结果。在文献 [52] 中可以找到按日期排序的记录的完整列表。

4. 椭圆曲线密码学

　　Koblitz[69]和 Miller[83]分别提出了椭圆曲线的概念。与模乘群相比，在椭圆曲线群上不存在求解离散对数问题的次指数算法。当前的记录是 113 比特长度的 Koblitz 曲线和 $\mathbb{F}_{2^{127}}$ 上曲线[16]的离散对数。关于近阶段的进展情况，请读者参阅文献 [43]。

　　美国国家标准技术研究院（NIST）发布了椭圆曲线群的推荐大小（见文献 [9] 的表 2）。要想更直接地比较密钥的大小，请读者参阅文献 [17]。在文献 [19] 可查阅知名组织的建议汇编。还有许多有帮助的教科书[17,18,57,99]，它们详细介绍了椭圆曲线密码学。

5. 双线性对

　　在文献 [41,80] 中，首次提出了使用双线性对来攻击密码系统。后来，许多方案在双线性对的基础上得以实现。我们建议读者参阅文献 [39]，其对双线性对提出后的最初几年的结构进行了研究。

　　Galbraith 等人的论文[44]提供了双线性对的背景，并将双线性对 $\mathbb{G}_1 \times \mathbb{G}_2 \rightarrow \mathbb{G}_T$ 分为三种类型。还有一种很少使用的双线性对类型，它是由 Shacham 提出的[92]。这四种类型分别用类型 Ⅰ 、Ⅱ 、Ⅲ和Ⅳ来表示。这四

种类型的区别是群 $\mathbb{G}_1$ 和 $\mathbb{G}_2$ 的结构。同时，Weil 对和 Tate 对是根据运算进行的分类，文献［70］中比较了这两种双线性对的效率。对双线性对的详细解释可以在文献［31,76,97］中找到，其中还解释了 r – 旋转结构、米勒算法和双线性对运算的优化。

　　我们用来构造双线性对的椭圆曲线称为易配对曲线。要找到具有最佳群大小的易配对曲线，需要考虑嵌入度、基础群的模和 ρ 值。最常用的方法是复数乘法（CM 法）[5]。易配对曲线结构的摘要在文献［40,63］中给出。

第 **4** 章

安全归约基础

本章将介绍安全归约的概念以及如何实现正确的安全归约。我们将概述重要的概念和原理，给出数字签名和加密的证明结构。为了引导读者深入了解安全归约，我们将对每个概念进行分类，设计（选择）一些示例来说明如何正确地实现一个完整的安全归约。本书所用的某些名词、定义和描述可能与其他书籍稍有不同。

4.1 基本概念

4.1.1 数学原语与上层结构

数学是现代密码学的基础。利用数学原语，我们可以定义困难问题并构造密码方案。密码方案的结构通常比困难问题的结构（例如，交互式与非交互式之间的区别）更复杂。与困难问题相比，分析密码方案的安全性相对困难。因此，研究者们引入了安全归约来分析密码方案的安全性。在安全归约中，如果在某个数学原语上构造方案，则所用的困难问题（也可称为底层困难问题）也必须是在同一数学原语上定义的。例如，在基于群的密码学中，循环群或双线性对群是数学原语。如果在循环群 $\mathbb{G}$ 上提出一个方案，则安全归约底层的困难问题必须定义在相同的循环群 $\mathbb{G}$ 上。图 4.1 描述了这四个概念之间的关系。

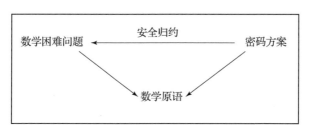

图 4.1　四个概念之间的关系

在计算复杂性理论中，归约是将（解决）一个问题转化为（解决）另一个问题；而在公钥密码学中，安全归约是将攻破密码方案转化为解决某个数学困难问题的过程。安全归约的正确实现高度依赖密码系统、安全模型、所提方案和困难问题。我们假设存在一个需要证明其安全性的方案，以及一个能够攻破该方案的敌手。本书在解释安全归约的概念时，经常会用到"所提方案"和"敌手"。

通常，每个数学原语的构造都以某个字符串长度（该长度决定了困难问题和密码方案的基本长度）作为输入。输入字符串的比特长度是一个由 λ 表示的安全参数，λ 是一个整数。在基于群的密码学中，安全参数 λ 特指群元素的比特长度，如 160 比特或 1 024 比特。在本书中，以安全参数 λ 生成密码方案（或数学问题）是指其底层的数学原语是以安全参数 λ 生成的。

4.1.2　数学问题和问题实例

定义在数学原语上的数学问题是代表某些问题和答案的数学对象。每个数学问题都应该对输入（问题）和输出（答案）进行描述。数学问题分为计算性问题和判定性问题。判定性问题可以看作计算性问题的特例，其输出只有两个答案，如 True 或 False。

（数学）问题的输入字符串称为问题实例。一个问题应该有无数个实例（因为可以由无数个不同安全参数生成）。在安全归约中，我们为随机选择的问题实例找到正确的解（答案），这表明该问题可以有效解决。假设一个问题是由安全参数 λ 生成的，解决该问题的"困难"级别用函数 $P(\lambda)$ 表示。问题不同，则函数 $P(\lambda)$ 不同。这意味着即使这些问题是在相同的数学原语上定义的，它们的困难级别也不相同。

4.1.3 密码学、密码系统和密码方案

在本书中，密码学、密码系统和密码方案具有不同含义。

• 密码学是一种可以为身份验证、机密性、完整性等提供安全服务的安全机制，如公钥密码学、基于群的密码学。

• 密码系统是提供某种安全服务的一类算法，如数字签名、公钥加密和基于身份的加密。

• 密码方案是密码系统相应算法的特定构造或实现，如 BLS 签名方案。

一个密码系统可包括很多不同的密码方案。就数字签名而言，现有文献已经提出了许多有独特特征的数字签名方案。假设一个方案是由安全参数 λ 生成的，那么攻破该方案的困难性可以用困难函数 $S(\lambda)$ 来表示。不同方案的困难函数有所不同，因此，即使它们的构造基于相同的数学原语，攻破它们的困难性也不相同。

4.1.4 算法分类1

在数学与计算机科学中，算法是根据输入来计算输出的一系列（计算机可理解并执行的）步骤。所有算法都可以分为确定性算法和概率算法。

确定性算法给定一个问题实例作为输入，它会返回正确的结果。概率（随机）算法则将给定的问题实例作为输入，它会以某个可能性返回正确的结果，这意味着所获得的结果既可能是正确的，也可能是不正确的。我们用 (t, ε) 表示算法在时间 t 内以概率 ε 返回正确的结果。与确定性算法相比，概率算法可以更有效地解决问题。确定性算法可以看作概率为 100% 的特殊概率算法。在本书中，除非另有说明，否则所有算法都是概率算法。

用 (t, ε) 表示的算法在密码学中有以下几种应用：

• 如果使用该算法来衡量它能否成功返回正确的结果，则 ε 被视为概率。

• 如果该算法专门用于衡量（与其他无法攻破方案或解决困难问题的算法相比）成功攻破方案或解决困难问题的成功程度，则 ε 被视为优势。优势可看作概率的一种延伸定义，关于其更多细节见 4.6.2 节。

只用概率来定义方案是否安全或者问题是否困难是行不通的，因此安全归约理论不仅需要考虑概率，还需要考虑优势，其区别详见 4.6 节。在

本书中，该算法主要用于第二种应用，将 ε 默认视为优势。当该算法被专门用于攻破一个数字签名方案或解决一个计算性问题时，我们也可以认为 ε 就是指概率，因为概率和优势是等价的。

4.1.5　多项式时间和指数时间

假设一个方案（问题）由安全参数 λ 构造（生成），令 $t(\lambda)$ 函数是攻破该方案或解决该问题的算法的时间成本。那么：

- 如果存在 $n_0 > 0$ 使得等式 $t(\lambda) = O(\lambda^{n_0})$ 成立，那么我们称 $t(\lambda)$ 是多项式时间。
- 如果 $t(\lambda)$ 可以表示为 $t(\lambda) = O(2^{\lambda})$，那么我们称 $t(\lambda)$ 是指数时间。

处于多项式时间和指数时间之间的中间时间称为次指数时间。如果 $t_{se}(\lambda)$ 是与因子 λ 相关的次指数时间，如 $t_{se}(\lambda) = 2^{8\sqrt[3]{\lambda}}$，我们仍可以选择适当的 λ，使其等于 2^{80}（甚至更大）。

4.1.6　可忽略与不可忽略

假设一个方案（问题）由安全参数 λ 构造（生成），令函数 $\varepsilon(\lambda)$ 是攻破方案或解决问题的算法的优势。为了清楚地说明可忽略和不可忽略，我们不使用传统定义，而是借用多项式时间和指数时间来定义这两个概念（准确性不够但容易理解）。

- 如果 $\varepsilon(\lambda)$ 可以表示为下面的等式，则与 λ 相关的 $\varepsilon(\lambda)$ 是可忽略的：

$$\varepsilon(\lambda) = \frac{1}{O(2^{\lambda})}.$$

也就是说，随着输入 λ 的增加，$\varepsilon(\lambda)$ 的值快速趋向于零。

- 如果存在 $n_0 \geqslant 0$ 使得下式成立，则与 λ 相关的 $\varepsilon(\lambda)$ 是不可忽略的：

$$\varepsilon(\lambda) = \frac{1}{O(\lambda^{n_0})}.$$

在本书中，最小优势 $\varepsilon(\lambda)$ 用 0 表示，意味着没有优势；最大优势用 1 表示，它独立于输入的安全参数。详细信息见 4.6.2 节。

4.1.7　安全与不安全

所有方案都可以分为"不安全的方案"和"安全的方案"。

- **不安全的方案**。如果存在一个能在多项式时间内以不可忽略的优势攻破该方案的敌手，则认为由安全参数 λ 生成的方案在安全模型下是不安全的。

- **安全的方案**。如果不存在任何能在多项式时间内以不可忽略的优势攻破该方案的敌手，则认为由安全参数 λ 生成的方案在安全模型下是安全的。

我们不能简单地说一个方案是否安全，其与输入的安全参数和安全模型有关。一个方案可能在某个安全模型下是不安全的，但其在另一个安全模型下是安全的。

4.1.8 简单和困难

所有的数学问题都可以分为"简单的"和"困难的"。

- **简单的**。如果存在一个能在多项式时间内以不可忽略的优势解决该问题的算法，则认为由安全参数 λ 生成的问题是简单的。

- **困难的**。如果不存在任何能在多项式时间内以不可忽略的优势解决该问题的算法，则认为由安全参数 λ 生成的问题是困难的。

一个困难问题是，在基于所有已知算法都无法解决它的事实基础上，被广泛认为困难的数学问题（我们仅仅假设或暂时承认其困难性）。困难问题的困难性是不能通过数学证明来证明的。我们只能证明解决一个问题并不比解决另一个问题简单。现在被认为是困难的问题在将来可能会变得简单。

4.1.9 算法分类2

假设存在一个算法，其可以在时间 t 内以优势 ε 攻破方案或解决困难问题，其中方案或问题是由安全参数 λ 生成的。那么有以下两个定义：

- 如果 t 是多项式时间且 ε 是不可忽略的，那么我们称这个可以攻破方案或解决困难问题的算法 (t,ε) 是计算有效的。

- 如果 t 是多项式时间但 ε 是可忽略的，那么我们称这个可以攻破方案或解决困难问题的算法 (t,ε) 是计算无效的。

在本书中，一个计算有效的算法被视为概率多项式时间算法。在以下介绍中，这种计算有效的算法简称"有效算法"。此外，指数时间内解决困难问题的算法属于计算无效的算法。

4.1.10 公钥密码学中的算法分类

公钥密码学中的算法可以分为以下四种类型。

- **方案算法**。这种算法的提出是为了实现密码系统。一个方案算法可能由不同计算任务的多个算法组成。例如，数字签名方案通常包含四个算法：系统参数生成算法；密钥对生成算法；签名生成算法；签名验证算法。我们通常要求方案算法以接近 1 的概率输出正确的结果。

- **攻击算法**。这种算法的提出是为了攻破方案。如果所有的攻击算法都是计算无效的，则该方案是安全的。假设有一个敌手可以在多项式时间内以不可忽略的优势攻破所提方案，这意味着该敌手知道一种计算有效的攻击算法。然而，该算法是一种只有敌手才知道的黑盒算法，我们对算法内部的步骤是未知的。

- **求解算法**。这种算法的提出是为了解决困难问题。类似地，如果针对该问题的所有求解算法都是计算无效的，那么这个问题就是困难的。在安全归约中，如果存在一个计算有效的攻击算法可以攻破所提方案，那么我们可以证明存在一个计算有效的求解算法，该算法可以解决一个困难问题。

- **归约算法**。这类算法的提出是为了描述安全归约是如何运行的。安全归约仅仅是一个归约算法。如果攻击确实存在，那么它刻画了在模拟方案中（见 4.3.6 节）如何利用敌手的攻击去解决一个困难问题。一个归约算法至少由一个模拟算法（如何模拟方案算法）和一个求解算法（如何解决底层的困难问题）组成。

在上述算法中，对于攻击算法、求解算法和归约算法，我们只要求它们的优势 ε 是不可忽略的；但对于方案算法，我们要求其输出正确结果的概率接近 1。当我们说一个敌手可以攻破一个方案或解决一个困难问题时，敌手已知的相应攻击算法或相应求解算法是计算有效的。

4.1.11 密码学中的困难问题

所有的数学困难问题都可以分为以下两种类型。

- **计算性困难问题**。不能在多项式时间内以不可忽略的优势解决的计算性问题称为计算性困难问题，如离散对数问题。这种类型的困难问题通常是安全归约中所用的困难问题（也称为底层困难问题）。

- **完全困难问题**。即使敌手能在多项式时间内以不可忽略的优势解决所有计算性困难问题，也不能以不可忽略的优势解决完全困难问题。完全困难问题对于任何敌手都是无条件安全的。安全归约往往利用这种类型的困难问题向敌手隐藏秘密信息。

完全困难问题的一个简单例子是给定 (g, g^{x+y}) 来计算 x，其中 x、y 都从 $\mathbb{Z}_p$ 中随机选择。更多的完全困难问题见 4.7.6 节。我们将在 4.5.7 节中解释安全归约利用完全困难问题至关重要的原因。当我们需要假设敌手能在多项式时间内以不可忽略的优势解决所有的计算性困难问题时，我们就说该敌手是一个具有无限计算能力的敌手。

4.1.12　安全级别

在公钥密码学中，我们需要知道所提方案的安全程度和数学问题的难易程度。如果敌手必须采取 2^k 次操作才能（以概率 2/3）攻破方案或解决问题，我们就认为该方案或问题具有 k 比特安全。安全级别代表敌手攻破该方案或解决问题的能力，我们可将其看作敌手攻破方案或解决问题所需耗费的时间成本。一个方案由安全参数 λ 生成并不意味着该方案具有 λ 比特安全，方案的安全级别具体取决于数学原语和方案构造。

假设所有可能攻破所提方案的攻击算法都已被发现，且具有以下的时间成本和优势：

$$(t_1, \varepsilon_1), (t_2, \varepsilon_2), \cdots, (t_l, \varepsilon_l).$$

为了进行简单分析，如果下列集合：

$$\left\{ \frac{t_1}{\varepsilon_1}, \frac{t_2}{\varepsilon_2}, \cdots, \frac{t_l}{\varepsilon_l} \right\}$$

的最小值为 2^k，则认为该方案具有 k 比特安全，其中时间单位为 1 次（比如 1 次幂计算）。这个定义将用于分析本书所提方案的具体安全性。

所提方案的安全级别不是固定的。假设所提方案针对当前所有的攻击算法都具有 k 比特安全，如果将来发现一个满足 $t^*/\varepsilon^* = 2^{k^*} < 2^k$ 的攻击算法 (t^*, ε^*)，则该方案的安全性将降低到 k^* 比特安全。

4.1.13　困难问题与困难假设

在本书中，困难问题与困难假设的概念是等价的。然而，这两个概念的描述略有不同。

- 我们可以说，攻破所提方案意味着能解决其底层困难问题 A 从而使该方案在困难假设 A 成立下是安全的。

• 我们也可以说，困难假设是强假设或弱假设，这里的"强"与"弱"与问题本身无关，而与困难假设的强弱有关。

困难问题与求解有关，而困难假设与安全假设有关。在安全归约中，我们要解决底层的困难问题或攻破底层困难假设。

4.1.14　安全归约与安全证明

在本书中，安全归约和安全证明是两个不同的概念。

• 安全归约是安全证明的一部分，其重点在于如何将攻破所提方案的过程归约到解决该方案的底层困难问题。安全归约包括一个模拟算法和一个求解算法。

• 安全证明包括确信所提方案安全所需的所有部分。除了提出的安全归约外，还应对该安全归约进行正确性分析。

在 4.9.1 节、4.10.1 节和 4.11.5 节中，我们将介绍数字签名和加密的安全证明应该包含哪些部分。需要注意的是，这两个概念（安全归约和安全证明）在其他文献中可能是等价的。

4.2　简单/困难问题概述

在方案构造和安全归约中，所有数学问题都可以分为以下四种类型：计算性简单问题；计算性困难问题；判定性简单问题；判定性困难问题。本节将介绍一些现有文献中广泛应用的问题。

4.2.1　计算性简单问题

给定一个由安全参数 λ 生成的计算性问题，如果存在一个多项式时间求解算法，且该算法能以接近 1 的概率为给定问题实例找到正确的解，那么该问题就是简单的。

令 $f(x)$ 和 $F(x)$ 分别是 $\mathbb{Z}_p[x]$ 中次数为 n 和 $2n$ 的多项式，$a \in \mathbb{Z}_p$ 是一个随机且未知的指数。接下来，我们给出几个有效可解的多项式问题。

• **多项式问题 1**。给定 $g, g^a, g^{a^2}, \cdots, g^{a^n} \in \mathbb{G}$ 和 $f(x) \in \mathbb{Z}_p[x]$，我们可以计算群元素

$$g^{f(a)}.$$

多项式 $f(x)$ 可以写成

$$f(x) = f_n x^n + f_{n-1} x^{n-1} + \cdots + f_1 x^1 + f_0,$$

$f_i \in \mathbb{Z}_p$ 是 x^i 的系数，其中 $i \in [0, n]$，因此，我们可以计算该群元素

$$g^{f(a)} = \prod_{i=0}^{n} (g^{a^i})^{f_i}.$$

- **多项式问题 2。** 给定 $g, g^a, g^{a^2}, \cdots, g^{a^{n-1}} \in \mathbb{G}$，$f(x) \in \mathbb{Z}_p[x]$，以及任意满足 $f(w) = 0$ 的 $w \in \mathbb{Z}_p$，我们可以计算群元素

$$g^{\frac{f(a)}{a-w}}.$$

对于整数 $w \in \mathbb{Z}_p$，如果 $f(w) = 0$，则有 $x - w$ 整除 $f(x)$，且

$$\frac{f(x)}{x-w}$$

是一个次数为 $n-1$ 的多项式，其中该多项式的所有系数都是可计算的。因此，该元素是可计算的。

- **多项式问题 3。** 给定 $g, g^a, g^{a^2}, \cdots, g^{a^{n-1}} \in \mathbb{G}$，$f(x) \in \mathbb{Z}_p[x]$，以及任意 $w \in \mathbb{Z}_p$，我们可以计算群元素

$$g^{\frac{f(a)-f(w)}{a-w}}.$$

容易看出，$x - w$ 整除 $f(x) - f(w)$，且

$$\frac{f(x)-f(w)}{x-w}$$

是一个次数为 $n-1$ 的多项式，其中该多项式的所有系数都是可计算的。因此，该元素是可计算的。

- **多项式问题 4。** 给定 $g, g^a, g^{a^2}, \cdots, g^{a^{n-1}}, g^{\frac{f(a)}{a-w}} \in \mathbb{G}$，$f(x) \in \mathbb{Z}_p[x]$，以及任意满足 $f(w) \neq 0$ 的 $w \in \mathbb{Z}_p$，我们可以计算群元素

$$g^{\frac{1}{a-w}}.$$

由于 $x - w$ 整除 $f(x) - f(w)$，因此有

$$\frac{f(x)}{x-w} = \frac{f(x)-f(w)+f(w)}{x-w} = \frac{f(x)-f(w)}{x-w} + \frac{f(w)}{x-w},$$

上式可变换为

$$\frac{f(x)}{x-w} = f'_{n-1} x^{n-1} + f'_{n-2} x^{n-2} + \cdots + f'_1 x + f'_0 + \frac{d}{x-w}.$$

其中，系数 $f'_i \in \mathbb{Z}_p$ 是可计算的，$d = f(w)$ 是一个非零整数。因此，我们可以计算该群元素

$$g^{\frac{1}{a-w}} = \left(\frac{g^{\frac{f(a)}{a-w}}}{\prod_{i=0}^{n-1} (g^{a^i})^{f'_i}} \right)^{\frac{1}{d}}.$$

- **多项式问题 5**。给定 $g, g^a, g^{a^2}, \cdots, g^{a^{n-1}}, h^{as} \in \mathbb{G}$，$f(x) \in \mathbb{Z}_p[x]$，以及 $e(g,h)^{f(a)s} \in G_T$，其中 $f(0) \neq 0$，我们可以计算群元素

$$e(g,h)^s.$$

令 $f(x) = f_n x^n + f_{n-1} x^{n-1} + \cdots + f_1 x^1 + f_0$，其可以变换为

$$f(x) = x(f_n x^{n-1} + f_{n-1} x^{n-2} + \cdots + f_1) + f_0.$$

由于 $f_0 = f(0) \neq 0$，因此可以计算

$$e(g,h)^s = \left(\frac{e(g,h)^{f(a)s}}{e(h^{as}, \prod_{i=0}^{n-1} (g^{a^i})^{f_{i+1}})} \right)^{\frac{1}{f_0}}.$$

- **多项式问题 6**。给定 $g, g^a, g^{a^2}, \cdots, g^{a^n} \in \mathbb{G}$ 和 $F(x) \in \mathbb{Z}_p[x]$，我们可以计算群元素

$$e(g,g)^{F(a)}.$$

令 $F(x) = F_{2n} x^{2n} + F_{2n-1} x^{2n-1} + \cdots + F_1 x + F_0$ 是一个次数为 $2n$ 的多项式，它的形式可以变换为

$$F(x) = x^n (F_{2n} x^n + F_{2n-1} x^{n-1} + \cdots + F_{n+1} x^1) + (F_n x^n + \cdots + F_1 x^1 + F_0).$$

因此，我们可以计算该群元素

$$e(g,g)^{F(a)} = e\left(g^{a^n}, \prod_{i=1}^{n} (g^{a^i})^{F_{n+i}} \right) e\left(g, \prod_{i=0}^{n} (g^{a^i})^{F_i} \right).$$

- **多项式问题 7**。给定 $g^{\frac{1}{a-x_1}}, g^{\frac{1}{a-x_2}}, \cdots, g^{\frac{1}{a-x_n}} \in \mathbb{G}$，$x_i \in \mathbb{Z}_p$ 互不相同，我们可以计算群元素

$$g^{\frac{1}{(a-x_1)(a-x_2)(a-x_3)\cdots(a-x_n)}}.$$

对于任意的 $x_1, x_2, \cdots, x_n \in \mathbb{Z}_p$，多项式 $f(x)$ 形式可以变换为

$$\begin{aligned}
f(x) = & w_1 (x-x_1)(x-x_2)(x-x_3)\cdots(x-x_{n-1})(x-x_n) + \\
& w_2 (x-x_2)(x-x_3)\cdots(x-x_{n-1})(x-x_n) + \\
& w_3 (x-x_3)\cdots(x-x_{n-1})(x-x_n) + \cdots + \\
& w_n (x-x_n) + \\
& w.
\end{aligned}$$

式中，$w_1, w_2, \cdots, w_n, w \in \mathbb{Z}_p$。上述元素是可计算的，且

$$g^{\frac{1}{x-x_1} + \frac{1}{x-x_2} + \cdots + \frac{1}{x-x_i} + \frac{1}{x-x_{i+1}}} = g^{\frac{f_i(x)}{(x-x_1)(x-x_2)\cdots(x-x_i)(x-x_{i+1})}},$$

式中，$f_i(x)$ 是 i 次多项式。$f_i(x)$ 形式可以变换为

$$f_i(x) = w_1(x - x_2)(x - x_3)(x - x_4)\cdots(x - x_i)(x - x_{i+1}) +$$
$$w_2(x - x_3)(x - x_4)\cdots(x - x_i)(x - x_{i+1}) +$$
$$w_3(x - x_4)\cdots(x - x_i)(x - x_{i+1}) + \cdots +$$
$$w_i(x - x_{i+1}) +$$
$$w.$$

如果 $w = 0$，那么可以选择其他 $k \neq 1$ 的整数并计算

$$g^{\frac{k}{x - x_1} + \frac{1}{x - x_2} + \cdots + \frac{1}{x - x_{i+1}}}.$$

如果 $w \neq 0$，那么有

$$g^{\frac{1}{x - x_1} + \frac{1}{x - x_2} + \cdots + \frac{1}{x - x_{i+1}}}$$
$$= g^{\frac{f_i(x)}{(x - x_1)(x - x_2)\cdots(x - x_i)(x - x_{i+1})}}$$
$$= g^{\frac{w_1}{x - x_1} + \frac{w_2}{(x - x_1)(x - x_2)} + \cdots + \frac{w_i}{(x - x_1)(x - x_2)\cdots(x - x_i)} + \frac{w}{(x - x_1)(x - x_2)\cdots(x - x_i)(x - x_{i+1})}}.$$

令 $\mathbb{S}_i$ 为群元素的集合并定义为

$$\mathbb{S}_i = \left\{ g^{\frac{1}{x - x_1}}, g^{\frac{1}{(x - x_1)(x - x_2)}}, g^{\frac{1}{(x - x_1)(x - x_2)(x - x_3)}}, \cdots, g^{\frac{1}{(x - x_1)(x - x_2)(x - x_3)\cdots(x - x_i)}} \right\},$$

其中包含 i 个群元素。给定 $\mathbb{S}_i$ 中的所有元素，我们可计算新的群元素

$$g^{\frac{1}{(x - x_1)(x - x_2)\cdots(x - x_i)(x - x_{i+1})}} = \left(\frac{g^{\frac{1}{x - x_1} + \frac{1}{x - x_2} + \cdots + \frac{1}{x - x_{i+1}}}}{g^{\frac{w_1}{x - x_1}} \cdot g^{\frac{w_2}{(x - x_1)(x - x_2)}} \cdot \cdots \cdot g^{\frac{w_i}{(x - x_1)(x - x_2)\cdots(x - x_i)}}} \right)^{\frac{1}{w}},$$

即集合 $\mathbb{S}_{i+1}$ 中的第 $i+1$ 个群元素。因此，对于给定的群元素，我们可以立即得知 $\mathbb{S}_1$，并且可以计算 $\mathbb{S}_2, \mathbb{S}_3, \cdots$ 直到 $\mathbb{S}_n$。因为 $\mathbb{S}_n$ 中的第 n 个群元素是问题实例的解，所以该问题得到了解决。

另一类计算性简单问题可以看作结构性问题，其中结构性问题的解必须满足定义的结构。例如，给定 $g, g^a \in \mathbb{G}$，结构性问题是计算一对 (r, g^{ar})，其中 $r \in \mathbb{Z}_p$。这里，整数 r 可以是输出答案的一方选择的任何数字。我们给出以下可有效解决的结构性问题。如何解决这些问题是非常重要的，对数字签名和基于身份密码学中私钥的模拟而言，这些问题的解决尤为关键。

- **结构性问题 1。** 给定 $g, g^a \in \mathbb{G}$，我们可以计算一对群元素

$$(g^r, g^{ar}),$$

式中，$r \in \mathbb{Z}_p$。以 (u, v) 表示的正确对满足

$$e(u, g^a) = e(v, g).$$

我们可以通过随机选择 $r' \in \mathbb{Z}_p$ 并计算

$$(g^{r'}, (g^a)^{r'})$$

来解决此问题。令 $r = r'$，则所计算的群元素对是问题实例的解。

- **结构性问题 2**。给定 $g, g^a \in \mathbb{G}$，我们可以计算一对群元素

$$\left(g^{\frac{1}{a+r}}, g^r \right),$$

其中，$r \in \mathbb{Z}_p$。以 (u, v) 表示的正确对满足

$$e(u, g^a \cdot v) = e(g, g).$$

我们可以通过随机选择 $r' \in \mathbb{Z}_p^*$ 并计算

$$\left(g^{\frac{1}{r'}}, g^{r'-a} \right)$$

来解决此问题。令 $r = r' - a \in \mathbb{Z}_p$，我们有

$$\left(g^{\frac{1}{a+r}}, g^r \right) = \left(g^{\frac{1}{a+r'-a}}, g^{r'-a} \right) = \left(g^{\frac{1}{r'}}, g^{r'-a} \right).$$

则所计算的群元素对是问题实例的解。

- **结构性问题 3**。给定 $g, g^a \in \mathbb{G}$ 和 $w \in \mathbb{Z}_p$，我们可以计算一对群元素

$$\left(g^{\frac{r}{a+w}}, g^r \right),$$

其中，$r \in \mathbb{Z}_p$。以 (u, v) 表示的正确对应该满足

$$e(u, g^a \cdot g^w) = e(v, g).$$

我们可以通过随机选择 $r' \in \mathbb{Z}_p$ 并计算

$$\left(g^{r'}, g^{r'(a+w)} \right)$$

来解决此问题。令 $r = r'(a+w) \in \mathbb{Z}_p$，我们有

$$\left(g^{\frac{r}{a+w}}, g^r \right) = \left(g^{\frac{r'(a+w)}{(a+w)}}, g^{r'(a+w)} \right) = \left(g^{r'}, g^{r'(a+w)} \right),$$

则所计算的群元素对是问题实例的解。

- **结构性问题 4**。给定 $g, g^a, g^b \in \mathbb{G}$ 和 $w \in \mathbb{Z}_p^*$，我们可以计算一对群元素

$$\left(g^{ab} g^{(wa+1)r}, g^r \right),$$

其中，$r \in \mathbb{Z}_p$。以 (u, v) 表示的正确对满足

$$e(u, g) = e(g^a, g^b) e(g^{wa} g, v).$$

我们可以通过随机选择 $r' \in \mathbb{Z}_p$ 并计算

$$\left(g^{-\frac{1}{w}b + wr'a + r'}, g^{-\frac{b}{w} + r'} \right)$$

来解决此问题。令 $r = -\dfrac{b}{w} + r' \in \mathbb{Z}_p$，我们有

$$\left(g^{ab}g^{(wa+1)r},g^r\right)=\left(g^{ab}g^{(wa+1)}\left(-\frac{b}{w}+r'\right),g^{-\frac{b}{w}+r'}\right)$$

$$=\left(g^{-\frac{1}{w}b+wr'a+r'},g^{-\frac{b}{w}+r'}\right),$$

则所计算的群元素对是问题实例的解。

在上述结构性问题中，如果从 $\mathbb{Z}_p$ 中秘密且随机地选择 r'，则从敌手的角度来看，计算对过程中的整数 r 也是一个随机数。r 的随机性在不可区分模拟中非常重要，详见 4.7 节。

4.2.2　计算性困难问题

假设由安全参数 λ 生成一个计算性问题，给定一个问题实例并将其作为输入，如果在多项式时间内，找到该问题实例正确解的概率是与 λ 相关的可忽略函数，本书用 $\varepsilon(\lambda)$ 表示（简称 ε），那么我们说由 λ 生成的该计算性问题就是计算性困难问题。

下面我们给出一些计算性困难问题，除非另有说明，一般默认 $\mathbb{G}$ 是 $e:\mathbb{G}\times\mathbb{G}\to\mathbb{G}_T$ 的双线性对群。

困难问题 4.2.2.1　DL 问题（Discrete Logarithm problem，离散对数问题）

实例：$g,g^a\in\mathbb{G}$，其中 $\mathbb{G}$ 是一般循环群。

计算：a。

困难问题 4.2.2.2　CDH 问题（Computational Diffie – Hellman problem）

实例：$g,g^a,g^b\in\mathbb{G}$，其中 $\mathbb{G}$ 是一般循环群。

计算：g^{ab}。

困难问题 4.2.2.3　q – SDH 问题（q – Strong Diffie – Hellman problem）[21]

实例：$g,g^a,g^{a^2},\cdots,g^{a^q}\in\mathbb{G}$。

计算：$\left(s,g^{\frac{1}{a+s}}\right)\in\mathbb{Z}_p\times\mathbb{G}$，其中 s 为任意值。

困难问题 4.2.2.4　q – SDHI 问题（q – Strong Diffie – Hellman Inversion problem）[21]

实例：$g,g^a,g^{a^2},\cdots,g^{a^q}\in\mathbb{G}$。

计算：$g^{\frac{1}{a}}$。

困难问题 4.2.2.5　BDH 问题（Bilinear Diffie – Hellman problem）[24]

实例：$g,g^a,g^b,g^c\in\mathbb{G}$。

计算：$e(g,g)^{abc}$。

困难问题 4. 2. 2. 6 q – BDHI 问题（q – Bilinear Diffie – Hellman Inversion problem）[20]

实例：$g, g^a, g^{a^2}, \cdots, g^{a^q} \in \mathbb{G}$。

计算：$e(g, g)^{\frac{1}{a}}$。

困难问题 4. 2. 2. 7 q – BDH 问题（q – Bilinear Diffie – Hellman problem）[22]

实例：$g, g^a, g^{a^2}, \cdots, g^{a^q}, g^{a^{q+2}}, g^{a^{q+3}}, \cdots, g^{a^{2q}}, h \in \mathbb{G}$。

计算：$e(g, h)^{a^{q+1}}$。

4. 2. 3 判定性简单问题

判定性问题是猜测问题实例的目标 Z 正确与否。如果判定性问题的答案是正确的，则 Z 等于一个特定元素，称为真元素；否则，Z 与特定元素不同，称为假元素。如果存在着一种求解算法，可以在多项式时间内以接近 1 的概率正确判定问题实例中的 Z，则由安全参数 λ 生成的判定性问题是简单的。

我们用"$Z = \text{True}$"表示 Z 是真元素或 Z 为 True。类似地，我们用"$Z = \text{False}$"表示 Z 是假元素或 Z 为 False。我们用"$Z \overset{?}{=} \text{True}$"表示判断 Z 是否为真元素。示例可以在本小节的末尾找到。

令 I 为某个计算性问题的一个实例。该计算性问题的判定性变形体（即计算性问题转换为判定性问题）可以看作将 (I, Z) 设置为问题实例，目的是判断 Z 是否是计算性问题实例 I 的正确解。因此，每个计算性问题都可以转换为判定性问题，这衍生出以下有趣的观察结果。

- 如果一个计算性问题是简单的，则其判定性变形体必然也是简单的。如果计算性问题是困难的，则它的判定性变形体既可以是简单的，也可以是困难的，这取决于问题的定义。

- 如果计算性问题的判定性变形体是困难的，则该计算性问题必然也是困难的。

现在，我们列出在双线性对群中定义的两个判定性简单问题，其相应的计算性问题是困难的。

- **判定性问题 1**。给定 $g, g^a, g^b, Z \in \mathbb{G}$，判定性问题是判断 Z 为 g^{ab} 或者 $\mathbb{G} \setminus \{g^{ab}\}$ 中的随机元素。

我们通过验证

$$e(Z, g) \overset{?}{=} e(g^a, g^b)$$

就可以很容易地解决这个问题，因为当且仅当 $Z = \text{True}$ 时该方程成立。

● **判定性问题2**。给定 $g, g^a, \cdots, g^{a^n}, Z \in \mathbb{G}, f(x), F(x) \in \mathbb{Z}_p[x]$，其中，$f(x)$、$F(x)$ 分别是 n 次、$2n$ 次多项式且满足 $f(x) \nmid F(x)$。因此，该问题是判断 Z 为 $g^{F(a)/f(a)}$ 或者 $\mathbb{G} \setminus \{g^{F(a)/f(a)}\}$ 中的随机元素。

我们通过验证

$$e(Z, g^{f(a)}) \overset{?}{=} e(g, g)^{F(a)}$$

就可以很容易地解决这个问题，因为当且仅当 $Z = \text{True}$ 时该方程成立。其中，$e(g, g)^{F(a)}$ 是可计算的，这在 4.2.1 节的多项式问题 6 中已经解释过。

4.2.4　判定性困难问题

我们给出由 λ 生成的判定性问题是困难的定义，即给定目标为 Z 的问题实例作为输入，在多项式时间内输出正确猜测的优势是 λ 的可忽略函数，用 $\varepsilon(\lambda)$ 表示（简称 ε），

$$\varepsilon = \Pr[\text{Guess } Z = \text{True} \mid Z = \text{True}] - \Pr[\text{Guess } Z = \text{True} \mid Z = \text{False}].$$

其中，$\Pr[\text{Guess } Z = \text{True} \mid Z = \text{True}]$ 为 $Z = \text{True}$ 的条件下正确判定 Z 的概率，$\Pr[\text{Guess } Z = \text{True} \mid Z = \text{False}]$ 为 $Z = \text{False}$ 的条件下错误判定 Z 的概率。

下面我们给出一些判定性困难问题，除非另有说明，一般默认 $\mathbb{G}$ 是 $e: \mathbb{G} \times \mathbb{G} \to \mathbb{G}_T$ 的双线性对群。

困难问题 4.2.4.1　DDH 问题（Decisional Diffie – Hellman problem）

实例：$g, g^a, g^b, Z \in \mathbb{G}$，其中 $\mathbb{G}$ 是一般循环群。

判断：$Z \overset{?}{=} g^{ab}$。

困难问题 4.2.4.2　DDH 问题变形体（Variant Decisional Diffie – Hellman problem）[32]

实例：$g, g^a, g^b, g^{ac}, Z \in \mathbb{G}$，其中 $\mathbb{G}$ 是一般循环群。

判断：$Z \overset{?}{=} g^{bc}$。

困难问题 4.2.4.3　DBDH 问题（Decisional Bilinear Diffie – Hellman problem）[101]

实例：$g, g^a, g^b, g^c \in \mathbb{G}, Z \in \mathbb{G}_T$。

判断：$Z \overset{?}{=} e(g, g)^{abc}$。

困难问题 4.2.4.4　DLP 问题（Decisional Linear problem）[23]

实例：$g, g^a, g^b, g^{ac_1}, g^{bc_2}, Z \in \mathbb{G}$。

判断：$Z \overset{?}{=} g^{c_1 + c_2}$。

困难问题 4. 2. 4. 5　q – DABDHE 问题（q – Decisional Augmented Bilinear Diffie – Hellman Exponent problem）[47]

实例：$g, g^a, g^{a^2}, \cdots, g^{a^q}, h, h^{a^{q+2}} \in \mathbb{G}, Z \in \mathbb{G}_T$。

判断：$Z \overset{?}{=} e(g, h)^{a^{q+1}}$。

困难问题 4. 2. 4. 6　判定性(P, Q, f) – GDHE 问题（Decisional (P, Q, f) Generalized Diffie – Hellman Exponent problem）[22]

实例：$g^{P(x_1, x_2, \cdots, x_m)} \in \mathbb{G}, e(g, g)^{Q(x_1, x_2, \cdots, x_m)}, Z \in \mathbb{G}_T$,

$\quad P = (p_1, p_2, \cdots, p_s) \in \mathbb{Z}_P[X_1, X_2, \cdots, X_m]^s$ 是 m 元多项式的一个 s 元组,

$\quad Q = (q_1, q_2, \cdots, q_s) \in \mathbb{Z}_P[X_1, X_2, \cdots, X_m]^s$ 是 m 元多项式的一个 s 元组,

$\quad f \in \mathbb{Z}_P[X_1, X_2, \cdots, X_m]$,

$\quad f \neq \sum a_{i,j} p_i p_j + \sum b_i q_i$ 对 $\forall a_{i,j}, b_i$ 成立。

判断：$Z \overset{?}{=} e(g, g)^{f(x_1, x_2, \cdots, x_m)}$。

困难问题 4. 2. 4. 7　(f, g, F) – GDDHE 问题（(f, g, F) – General Decisional Diffie – Hellman Exponent problem）[33]

实例：$g, g^a, g^{a^2}, \cdots, g^{a^{n-1}}, g^{af(a)}, g^{b \cdot af(a)} \in \mathbb{G}$,

$\quad h, h^a, h^{a^2}, \cdots, h^{a^{2k}}, h^{b \cdot g(a)} \in \mathbb{G}$,

$\quad Z \in \mathbb{G}_T$,

$\quad f(x)$、$g(x)$ 分别是阶数为 n、k 的互素多项式。

判断：$Z \overset{?}{=} e(g, g)^{b \cdot f(a)}$。

在判定性问题的定义中，问题实例的答案要么为 True，要么为 False。特别指出，本书 DDH 问题中 False 表示 $Z \neq g^{ab}$。当从 $\mathbb{G}$ 中随机选择 Z 时，对 False 的定义也略有不同。在这种情况下，当在一个 p 阶群上定义 DDH 问题时，$Z = g^{ab}$ 可能以 $\frac{1}{p}$ 的概率成立。为了简化概率分析，我们不采用此定义。在本书中，DDH 问题中 $Z = $ True 表示 $Z = g^{ab}$，而 $Z = $ False 表示 Z 是 $\mathbb{G} \backslash \{g^{ab}\}$ 中的一个随机元素。同样的规则适用于所有判定性困难问题。

4. 2. 5　如何证明新的困难问题

在公钥密码学中，有一种可能是所提方案看起来是安全不存在攻击的，但是找不到困难问题可以进行安全归约。在这种情况下，我们必须创

建一个新的困难问题。实际上，对于一个新的困难问题，我们需要对其进行形式化分析，以证明其困难性。这里，我们介绍三种常用的困难分析方法。

- 第一种方法：归约。我们首先假设存在一个有效的求解算法，可以解决一个新的困难问题，该困难问题用 A 表示。如果我们可以构造一个归约算法，该算法将现有困难问题的一个随机实例（由 B 表示）转化为所提问题 A 的实例，那么解决问题 A 的实例意味着解决问题 B 的实例。事实上，问题 B 是困难的，由此得出我们最初的假设是错误的。因此，如果不存在任何计算有效的求解算法可以解决问题 A，则问题 A 是困难的。例如，令 DDH 问题变形体为一个新的问题，我们需要将其困难性归约到 DDH 问题。给定 DDH 问题的一个随机实例 (g, g^a, g^b, Z)，我们随机选择 z 并生成 DDH 问题变形体的一个实例 (g, g^z, g^b, g^{az}, Z)。当且仅当 $Z = g^{ab}$ 时，Z 在 DDH 问题变形体中才为 True，在 DDH 问题中也为 True。因此，DDH 问题变形体实例的解就是 DDH 问题实例的解，DDH 问题变形体并不比 DDH 问题简单。这种归约似乎与将攻破所提方案归约到解决某个困难问题的方法相似。但是，这种归约是静态的，并且比安全归约容易得多，其原因将在 4.5 节中说明。

- 第二种方法：成员证明。假设存在一个已经被证明是困难的一般问题，没有任何计算有效的求解算法。我们只需要证明新的困难问题是这个一般困难问题的一个特例即可。例如，判定性 (P, Q, f) – GDHE 问题是一个一般的困难问题，而 (f, g, F) – GDDHE 问题是一个特殊的困难问题。我们只需要证明 (f, g, F) – GDDHE 问题是判定性 (P, Q, f) – GDHE 问题的一个成员即可。

- 第三种方法：在通用群（计算）模型下进行难解性分析。在这个模型下，只给敌手一个随机选择的群编码，而不是一个特定的群。通常来说，敌手不能直接执行任何群运算，而必须向预言机询问所有运算，而且只能询问基本群运算。经分析，在这样的预言机下，敌手是无法解决困难问题的。对于通用群模型下对判定性 (P, Q, f) – GDHE 问题的分析，请参阅文献 [22]。

上面提到的用于困难性分析的方法仅用于说明新的困难问题至少与现有的困难问题一样困难，或者是新的困难问题在理想条件下是困难的。对初学者而言，前两种方法比第三种方法容易得多。注意，第三种方法仅适用于基于群的困难问题。

4.2.6　弱假设和强假设

所有的困难问题假设都可以分为弱假设和强假设，但是这种分类并不是很清晰。

- 基于群的数学原语下的弱假设是一些如 CDH 问题的困难假设，其安全级别非常接近 DL 问题。安全级别仅与生成底层数学原语所输入的安全参数有关。弱假设也被视为标准假设。

- 基于群的数学原语的强假设是那些诸如 q – SDH 问题的困难假设，其安全级别低于 DL 问题。安全级别不仅与生成底层数学原语所输入的安全参数有关，还与其他参数有关，例如每个问题实例的大小。

这里，"弱"意味着攻破困难假设的时间成本远大于"强"假设的时间成本。在困难假设中，"弱"比"强"更好，因为攻破一个弱假设比攻破一个强假设更困难。强假设意味着困难假设相对危险且不可靠。弱假设和强假设是用来判断所提方案的底层困难假设是否良好的两个概念。

4.3　安全归约概述

安全归约用于证明攻破一个方案意味着要解决一个困难问题。本节将描述安全归约的工作原理，并解释安全归约中的一些重要概念。

4.3.1　安全模型

当提出一个密码方案时，我们通常不会针对一系列攻击（例如重放攻击和共谋攻击）对所提方案进行安全性分析。相反，我们会分析所提方案在安全模型下是否安全。安全模型可以看作密码系统受到各种攻击的抽象。如果所提方案在安全模型下是安全的，则它可以抵御该安全模型包含的所有攻击。

为了定义密码系统的安全性，安全模型发明了一个与敌手进行交互的虚拟实体，即挑战者。安全模型可以看作挑战者和敌手之间的一个交互性游戏。挑战者根据密码系统的算法（定义）构造一个方案，并且知道一些秘密（例如私钥），敌手的目标是攻破这个方案。一个安全模型主要由以下几个定义构成：

- 敌手可以询问哪些信息？

- 敌手何时可以询问信息？
- 敌手如何赢得游戏（攻破方案）？

由于安全服务不同，不同密码系统的安全模型可能完全不同。我们以一个实例来说明 IBE 的 IND – ID – CPA 安全模型可以包含共谋攻击。首先，对该安全模型进行简要回顾。

初始化。挑战者运行 IBE 的初始化算法，将主公钥给敌手，并保留主私钥。

阶段 1。敌手在此阶段进行私钥询问。挑战者根据 IBE 的密钥生成算法对任何身份的询问做出应答。

挑战。敌手从相同的消息空间输出两个不同的消息 m_0、m_1 和一个挑战身份 ID^*，其中，该身份的私钥在第一个阶段未被询问过。挑战者通过随机掷币选择 $c \in \{0,1\}$ 并输出挑战密文 CT^*，其中 $CT^* = E[mpk, ID^*, m_c]$。

阶段 2。同阶段 1，但不允许对 ID^* 进行私钥询问。

猜测。敌手输出它的猜测 c'，如果 $c = c'$，则敌手赢得游戏。

对 IBE 方案的共谋攻击描述如下。如果所提的 IBE 方案无法抵抗共谋攻击，则两个用户（即 ID_1、ID_2）可以一起使用其私钥 d_{ID_1}、d_{ID_2} 来解密由第三个身份（即 ID_3）创建的密文 CT。现在，我们研究上述安全模型下的所提方案是否安全。根据安全模型，敌手可以询问 ID_1、ID_2 来获取对应私钥，并将 $ID^* = ID_3$ 设置为挑战身份。如果所提方案无法抵抗共谋攻击，则敌手总是可以正确地猜测加密的消息，从而赢得游戏。因此，如果提出的 IBE 方案在此安全模型下是安全的，则其可以抵抗共谋攻击。

正确的安全模型定义会要求敌手无法在安全模型下赢得游戏。否则，无论该方案如何构造，敌手都可以赢得游戏，该方案在这种安全模型下就是不安全的。为了满足此要求，就必须阻止敌手进行任何平凡询问。例如，必须禁止敌手询问 ID^* 的私钥，否则，敌手使用 ID^* 的私钥对挑战密文运行解密算法，便可简单地赢得游戏。如果敌手可以随时进行任何询问（不包括那些平凡询问），则该安全模型是理想的选择，也是最佳选择。一个密码方案在理想安全模型下可证明安全比在其他安全模型下可证明安全更安全。

4.3.2　弱安全模型与强安全模型

对于同一个安全服务，一个密码系统可能具有多个安全模型。这些安全模型可以分为以下两种类型。

- **弱安全模型**。如果敌手在其询问过程中受到限制，或者必须提前向挑战者透露一些询问，则该安全模型是弱安全模型。例如，在基于身份加密的 IND – sID – CPA 安全模型下，敌手无法进行任何解密询问，而且必须在看到主公钥之前指定挑战的身份。

- **强安全模型**。如果敌手的询问没有限制（除了那些平凡攻击的询问），并且敌手不需要事先向挑战者透露任何询问，那么该安全模型就是强安全模型。例如，在基于身份加密的 IND – ID – CCA 安全模型下，攻击者可以对挑战密文之外的任何密文进行解密询问，并且敌手无须在挑战阶段之前指定挑战身份。

如果所提方案在强安全模型下是安全的，则表明它具有强安全性。在安全模型下，"强"优于"弱"；而如前面章节介绍过的，困难假设中的"弱"优于"强"。读者可能会发现某些安全模型被视为标准安全模型——定义某个密码系统的安全服务时被广泛接受的模型。例如，EU – CMA 安全模型是数字签名的标准安全模型。注意：标准安全模型不一定是密码系统的最强安全模型。

4.3.3 测试证明

为了判断所提方案在相应的安全模型下是否安全，我们可以将该方案交给挑战者进行测试。挑战者运行方案并收集攻击。任何敌手都可以与挑战者进行交互并向挑战者进行询问，而挑战者将按照安全模型对这些询问做出应答。如果没有敌手能在多项式时间内以不可忽略的优势赢得这场游戏，则该方案被认为是安全的。

然而，我们无法通过这样的测试来证明所提方案的安全性。即使没有敌手能在这场游戏中获胜，也不意味着所提方案是真正安全的。敌手可能会在发起攻击阶段隐藏其攻破所提方案的能力，并且在所提方案已被采纳为应用标准时发起攻击从而攻破该方案。

4.3.4 反证法证明

反证法描述如下：

一个数学问题被认为是困难的。

假设提出的方案是不安全的，我们证明这个困难问题是简单的。

矛盾说明假设错误，因此该方案是安全的。

公钥密码学的反证法：首先，我们有一个认为是困难的数学问题；然后，我们给定一个攻破假设，即存在一个敌手在多项式时间内能以不可忽略的优势攻破所提方案，也就是假定敌手能够按照测试证明中所述步骤攻破所提方案；接下来，可以通过上述存在的敌手来证明这个（底层）数学困难问题是简单的。这就引出了矛盾，意味着给定的攻破假设不成立，那么该方案是安全的。

只有当我们能够在敌手的帮助下有效地解决底层的困难问题时，矛盾才会出现。如果底层困难问题是简单的，或者我们不能有效地解决该困难问题，那么证明就不会出现矛盾。没有矛盾的证明并不意味着所提方案是不安全的，只不过所提方案不是一个可证明安全的密码方案。

4.3.5　什么是安全归约?

上述反证法中"不安全到简单"的过程称为安全归约。如果我们能借助敌手的攻击找到困难问题某个问题实例的解，安全归约就能起作用。然而，由于所提方案和问题实例是相互独立的，安全归约并不能直接将敌手对所提方案的攻击归约到解决一个底层的困难问题。

安全归约需将所提方案替换为一个与原方案不同但准备充分的方案，并且该方案与问题实例相关。我们从敌手对该准备充分方案的攻击中获取问题实例的解，以解决困难问题。安全归约的核心和难点在于生成这样一个不同但准备充分的方案。接下来，我们将介绍以下概念：
- 与所提方案相关的真实方案、挑战者和真实攻击。
- 与原方案不同但准备充分的模拟方案、模拟器和模拟。

4.3.6　真实方案和模拟方案

在安全归约中，真实方案和模拟方案都是方案。但是，它们的生成方式和应用完全不同。
- 真实方案是根据所提方案中描述的方案算法使用一个安全参数生成的方案。真实方案可以看作所提方案的一个特定实例（算法）。当敌手按照所定义的安全模型与真实方案进行交互时，我们假设敌手可以攻破该方案。简单起见，我们可以将所提方案视为真实方案。
- 模拟方案是根据归约算法使用一个底层困难问题的随机实例生成的方案。在安全归约中，我们希望敌手与这样的模拟方案进行交互，并以与攻破真实方案相同的优势来攻破它。

安全归约没有必要完全实现模拟方案，我们只需要实现敌手询问和应答的算法即可。例如，在 IND – CPA 安全模型下，由于模拟器不需要应答敌手的解密询问，因此加密方案的证明不需要为模拟方案实现解密算法。

4.3.7　挑战者和模拟器

当敌手与某个方案交互时，该方案需要应答敌手提出的询问请求。为了便于区分是与真实方案的交互还是与模拟方案的交互，安全归约使用了两个虚拟实体，分别称为挑战者和模拟器。

- 当敌手与真实方案交互时，我们说敌手正在与挑战者交互，挑战者生成真实方案并应答敌手的询问请求。挑战者仅出现在安全模型和安全描述中，在这种情况下，敌手需要与真实方案进行交互。
- 当敌手与模拟方案进行交互时，我们说敌手正在与模拟器进行交互，模拟器生成模拟方案并应答来自敌手的询问请求。模拟器仅出现在安全归约中，并且是运行归约算法的一方。

这两方出现在不同的情况（即安全模型和安全归约）中，并执行不同的计算。挑战者运行真实方案而模拟器运行模拟方案。事实上，这两个虚拟实体的作用仅仅是便于表达，我们也可以只描述敌手和方案之间的交互，而无须提及运行该方案的实体。

4.3.8　真实攻击和模拟

在安全归约中，为了确保敌手能够以攻破真实方案的优势攻破模拟方案，我们需要证明模拟与（针对真实方案的）真实攻击是无法区分的。真实攻击和模拟的概念可以进一步解释如下：

- 真实攻击是敌手和挑战者之间的互动，其中，挑战者根据安全模型运行真实方案（所提方案）。
- 模拟是敌手和模拟器之间的交互，模拟器按照归约算法运行模拟方案。模拟是安全归约的一部分。

如果无法区分模拟与真实攻击，则敌手无法区分与之交互的方案是真实方案还是模拟方案。也就是说，从敌手的角度来看，模拟方案与真实方案是不可区分的。在本书中，模拟与真实攻击之间的不可区分性等同于模拟方案与真实方案之间的不可区分性（描述稍有不同）。

当要求敌手与一个给定方案进行交互时，我们强调给定方案既可以是真实方案，也可以是模拟方案，甚至既不是真实方案也不是模拟方案。在攻破假设中，我们假设敌手能够攻破真实方案，但是我们不能直接使用此假设来推论敌手也能攻破模拟方案，除非模拟方案与真实方案是不可区分的。

4.3.9 攻击和困难问题

安全归约的目的是将敌手的攻击归约到解决底层的困难问题。攻击既可以是计算性攻击，也可以是判定性攻击。计算性攻击（如伪造有效签名）要求敌手从指数大小的答案空间中找到正确答案。判定性攻击（如在 IND – CPA 安全模型下猜测挑战密文中消息）仅要求敌手猜测 0 或 1。针对判定性攻击的安全性也称为不可区分安全性。根据攻击的类型和困难问题的类型，我们可以将安全归约分为以下三种类型。

- **计算性攻击归约到计算性困难问题**。例如，在数字签名的 EU – CMA 安全模型下，如果敌手可以伪造出尚未询问的新消息的有效签名，则赢得游戏。伪造是一种计算性攻击。在安全归约中，模拟器可以使用伪造的签名来解决计算性困难问题。

- **判定性攻击归约到判定性困难问题**。例如，在加密的 IND – CPA 安全模型下，如果敌手可以正确猜测出挑战密文中的消息 m_c，则赢得游戏。该猜测是一种判定性攻击。在安全归约中，模拟器将使用敌手对加密消息的猜测来解决判定性困难问题。

- **判定性攻击归约到计算性困难问题**。此类型是一种特殊的安全归约，因为它仅可用于随机预言机模型下的安全归约，其中，模拟器使用敌手进行的哈希询问来解决计算性困难问题，详见 4.11 节。

尽管将计算性攻击归约到判定性困难问题是正确的，却很少会用到，特别是数字签名和加密的安全归约。

4.3.10 归约成本与归约丢失

假设存在一个敌手，可以在多项式时间 t 中以不可忽略的优势 ε 攻破所提方案。我们将构建一个模拟器以 (t', ε') 解决一个底层的困难问题，定义如下：

$$t' = t + T, \quad \varepsilon' = \frac{\varepsilon}{L}.$$

- T 指归约成本，也称为时间成本。T 的大小主要取决于敌手的询问次数，以及对每个询问的应答的计算成本。

- L 指归约丢失，也称为安全丢失或丢失因子。L 的大小取决于安全归约。丢失因子最小为 1，这意味着该归约没有丢失。现有文献中的许多方案都有与询问次数呈线性的丢失因子，如签名询问次数或哈希询问次数。

在安全归约中，只要 T 和 L 是多项式，以 (t', ε') 来解决底层的困难问题就是可以接受的，这意味着我们可以在多项式时间内以不可忽略的优势解决该困难问题。如果其中之一是指数级大小，则不会出现矛盾，安全归约将失败。

4.3.11　紧归约与松归约

安全归约引入了紧归约和松归约这两个概念来度量归约丢失。

- 如果 L 与敌手询问的次数（如签名询问次数或哈希询问次数）至少呈线性关系，则安全归约是松归约。
- 如果 L 为常数或较小（例如，询问次数为次线性），则安全归约是紧归约。

对于整数 k，如果 $L = 2^k$，那么我们说该归约有 k 比特归约丢失。理论上，对于基于群的密码学，我们必须通过增加群大小产生额外 k 比特安全，以确保所提方案与底层的困难问题一样安全（安全级别）。我们很少用时间成本来衡量安全归约是松还是紧，主要原因是安全归约的时间成本主要由困难假设和安全模型确定，并且独立于所提的安全归约。

4.3.12　安全级别回顾

假设一个方案（以 S 表示）是由安全参数 λ 生成的。因为不知道哪种攻击是最有效的攻击，我们很难计算其具体的安全级别但可以计算所提方案 S 的安全级别的下限和上限。

- 假设解决一个困难问题 A 可以立即用于攻破方案 S，则方案 S 的安全级别上限是问题 A 的安全（困难）级别。在基于群的密码学中，离散对数问题是基本的困难问题。解决离散对数问题意味着可以攻破所有基于群的方案。因此，所有基于群的方案的安全级别上限是在群上定义的离散对数问题的安全级别。
- 假设可以将攻破方案 S 归约到解决困难问题 B，则方案 A 的安全级别下限是根据困难问题 B 计算的。但是，我们不能简单地说方案 S 的安全级别下限等于问题 B 的安全级别。它仍然取决于归约成本和归约丢失。当且仅当没有归约成本且没有归约丢失时，等价关系才成立。

现在我们使用一个示例来解释所提方案的安全级别的范围，该方案满足以下条件：

（1）生成一个循环群 $\mathbb{G}$ 用于方案构造。

（2）群 $\mathbb{G}$ 上的离散对数问题具有 80 比特安全。

（3）群 $\mathbb{G}$ 上由 B 表示的另一个问题只有 60 比特安全。

（4）所提方案是在群 $\mathbb{G}$ 上构造的，其安全性归约到解决底层困难问题 B。确切地说，如果存在一个敌手能以 (t, ε) 来攻破所提方案，则有一个模拟器能在时间 $2^5 t$ 内以 $\varepsilon/2^{10}$ 的优势解决困难问题 B。

所提方案的安全级别最高为 t/ε。首先，该方案的安全级别上限为 80 比特。其次，由于底层困难问题 B 的安全级别为 60 比特，因此我们有：

$$\frac{2^5 t}{\dfrac{\varepsilon}{2^{10}}} = 2^{15} \cdot \frac{t}{\varepsilon} \geqslant 2^{60}.$$

从而得到 $\dfrac{t}{\varepsilon} \geqslant 2^{45}$，即该方案的安全级别下限为 45 比特。因此，由于归约成本和归约丢失，所提方案的安全级别范围为 $[45, 80]$ 比特。

以下两种方法可以确保所提方案的安全级别至少为 80 比特。

• 我们可以将所提方案 S 归约到离散对数问题，且归约过程没有任何归约成本或归约丢失。也就是说，从所提方案到离散对数问题的安全归约，其结果是完美的。但是，现有文献中很少有方案可以紧归约到离散对数问题。

• 我们也可以用一个更大的安全参数生成群 $\mathbb{G}$，使得底层困难问题 B 具有 95 比特安全，这样该方案的安全级别下限就有 80 比特。这种方法的缺点是增加了群的大小，从而会降低群运算的计算效率。

安全级别范围 $[45, 80]$ 比特并不意味着一定存在可以在 2^{45} 个步骤中攻破该方案的攻击算法。它仅表明 45 比特安全是可证明的安全级别下限。是否可以提高可证明的安全级别下限，这是未知的，取决于所提的安全归约。

需要强调的是，在实际的安全归约中，计算安全级别的下限是很困难的。因为归约成本为 $t + T$，我们无法从 $(t + T, \varepsilon/L)$ 中计算安全级别 t/ε。以上论证和讨论都是人为设计的，仅用于帮助读者理解所提方案的具体安全性。但不变的是，底层困难假设应与离散对数假设一样弱，并且 (T, L) 应尽可能小。

4.3.13　理想的安全归约

理想的安全归约是我们可以为所提方案实现的最佳安全归约。它应该具有以下四个特点。

- **安全模型**。安全模型应该是最强的安全模型，它允许敌手最大限度地、灵活地、自适应地向挑战者进行询问，并以最低要求赢得游戏。

- **困难问题**。在同一数学原语上定义的所有困难问题中，用于安全归约的困难问题必须是最困难的问题。例如，离散对数问题是在一个群上定义的所有问题中最困难的问题。

- **归约成本和归约丢失**。归约成本 T 和归约丢失 L 为最小值。也就是说，T 与敌手的询问次数呈线性关系，并且 $L = 1$。

- **对敌手的计算限制**。除了时间和优势外，敌手没有任何计算限制。例如，允许敌手自己访问哈希函数。但是，在随机预言机模型下，安全归约不允许敌手访问哈希函数，它只能向随机预言机进行哈希询问。

然而，现有文献提出的所有安全归约中，这些特点之间的取舍是非常普遍的。例如，我们可以构造一个在弱困难假设下安全的签名方案，但安全归约必须使用随机预言机。在安全归约过程中，我们也可以构造一个无随机预言机模型下的签名方案，但随之而来的是强困难问题假设或较长的公钥。目前，从技术角度来讲，我们似乎不可能构造出一个满足上述所有特点的理想安全归约方案。

4.4　正确安全归约概述

4.4.1　Bob 应该怎么做？

假设 Bob 构造出一个方案，并对其进行了安全归约。在安全归约中，Bob 证明如果存在一个敌手在多项式时间内以不可忽略的优势攻破该方案，那么他能构造一个模拟器在多项式时间内以不可忽略的优势解决相应的困难问题。由于该困难问题是难解的，因此 Bob 利用反证法来证明没有敌手能够攻破所提出的方案。

现在，我们有以下问题：

　　　Bob 如何证明他的安全归约是正确的？

解决该问题的最简单方法是验证该归约，即输出困难问题的解。然而，Bob 是无法做到这一点的，其原因在于成功的验证需要一次成功攻击来配合，并且如果攻击存在，则可以直接说明所提方案是不安全的。还有一种方法是分析安全归约的正确性。安全归约的正确性分析是公钥密码学安全证明中最困难的部分之一。在以下章节中，我们将介绍一些预备知识，以便理解安全归约在什么情况下才是正确的。

4.4.2　了解安全归约

设计一个安全归约来证明所提方案的安全性需要注意以下几点。

- 开始一个安全证明时，我们通常假设存在一个敌手可以攻破所提方案。即：在所定义的安全模型下，敌手通过与真实方案交互来攻破真实方案。

- 如果给定方案（即模拟方案）在交互过程中看起来像一个真实方案，那么敌手可以在安全模型下攻破给定方案。从敌手的角度来看，敌手可以攻破任何看起来真实的方案。

- 在安全归约中，敌手与给定方案（即模拟方案）进行交互。我们要让敌手相信给定方案就是一个真实方案且攻破它。最后，敌手的攻击能够归约到解决某个困难问题。

- 如果敌手发现给定方案不是真实方案，那么我们无法获知敌手是否会以与攻破真实方案相同的优势攻破模拟方案。当给定方案看起来像真实方案时，我们也不知道敌手是如何攻破模拟方案的。

安全归约的难点包括如何保证敌手将模拟方案看作真实方案，以及如何确保敌手的攻击可以归约到解决困难问题。

4.4.3　成功模拟和不可区分模拟

在本书中，成功模拟和不可区分模拟是两个不同的概念。

- **成功模拟**。从模拟器的角度来看，如果模拟器在与敌手进行交互中没有中止，则模拟是成功的。模拟器根据归约算法决定是否中止模拟。我们假设敌手在模拟完成之前不会中止攻击。本书中的模拟是指成功模拟，除非另有说明。

- **不可区分模拟**。如果敌手无法区分模拟方案与真实方案，则成功模拟与真实攻击是不可区分的。但是，失败模拟与真实攻击一定是可区分的。一个（成功）模拟是否可区分由敌手来判断。不可区分模拟是必须的，尤其在我们希望敌手以攻破真实方案的优势攻破模拟方案的情况下，这更是必须要保证的条件之一。

然而，一个正确的安全归约在运行成功模拟时有可能失败。本书中的成功模拟仅仅意味着模拟器不会在模拟期间中止，换言之，模拟器对敌手询问的应答很可能是不正确的。为了简化证明过程，如果模拟器无法正确应答敌手的询问，我们就要求归约算法告知模拟器中止。以数字签名方案的安全归约为例，如果模拟器无法计算出敌手询问消息的有效签名，则模拟器必须中止。但是，即使存在这样的假设，成功模拟也不意味着模拟与真实攻击是不可区分的。我们将在 4.5.11 节中讨论敌手如何区分模拟方案与真实方案。

4.4.4 失败攻击与成功攻击

本节定义失败攻击与成功攻击，进一步阐明敌手对模拟方案的攻击。

- **失败攻击**。如果敌手在安全模型下无法攻破模拟方案，则敌手的攻击是失败攻击。任何如错误符号 ⊥、随机字符串、错误答案或来自敌手的中止等输出，均表示失败攻击。
- **成功攻击**。如果攻击者在安全模型下可以攻破模拟方案，则敌手的攻击是成功攻击。除非另有说明，本书中的攻击均指成功攻击。

定义这两类攻击是为了简化归约的描述。需要注意的是，在模拟结束时，敌手不会中止攻击。任何不是成功攻击的输出都将被视为失败攻击。在模拟过程中，模拟器有可能因无法执行一个成功模拟等原因而中止。敌手的攻击只能是成功攻击或者失败攻击。如果敌手返回失败攻击，则等同于敌手返回成功攻击的概率为 0。因此，在模拟结束时，敌手必将以一定的概率发起一次成功攻击。

4.4.5 无用攻击和有用攻击

假设给定一个模拟方案，则敌手对该模拟方案的攻击可以分为以下两种类型。

- **无用攻击**。无用攻击指敌手的攻击无法归约到解决底层困难问题。
- **有用攻击**。有用攻击指敌手的攻击可以归约到解决底层困难问题。

根据以上定义，敌手对模拟方案的攻击一定是无用攻击或者有用攻击。注意，失败攻击可能是有用攻击，成功攻击也可能是无用攻击，这取决于密码系统、所提方案及安全归约。

4.4.6 模拟中的攻击

本书将模拟分为三类（即成功模拟、可区分模拟和不可区分模拟），将攻击分为四类（即失败攻击、成功攻击、无用攻击和有用攻击）。下述关系在安全归约中至关重要，这里只做简单说明，具体介绍和解释详见4.5节。

- 成功模拟结束时（来自敌手）的攻击既可以是失败攻击，也可以是成功攻击，这取决于该成功模拟是否为可区分模拟。
- 可区分模拟结束时的攻击可以是失败攻击或成功攻击。也就是说，敌手可以以任意的概率发起成功攻击。这与攻破假设并不矛盾。
- 不可区分模拟结束时（来自敌手）的攻击必然是成功攻击，其概率已在攻破假设中被定义。但是，对模拟方案的攻击可能是有用攻击，也可能是无用攻击。在此，我们强调安全归约中的不可区分模拟无法保证一个有用攻击。

模拟的不可区分性分析对所有的安全归约都很重要。但是，不必在整个模拟过程中执行不可区分模拟。对判定性困难假设下的加密而言（见4.10节），如果 $Z = \text{False}$，则模拟必然是可区分模拟；对计算性困难假设下的加密而言（见4.11节），我们只要求在敌手向随机预言机进行特定的哈希询问之前，模拟是不可区分的。

4.4.7 成功/正确的安全归约

在本书中，成功的安全归约和正确的安全归约是不同的概念。
- **成功的安全归约**。如果模拟成功且模拟中敌手的一次攻击是有用攻击，那么安全归约是成功的。
- **正确的安全归约**。在攻破假设成立的情况下，如果利用敌手的攻击解决困难问题的优势在多项式时间内是不可忽略的，则安全归约是正确的。

正确的安全归约一定要出现成功的安全归约。也就是说，如果安全归约能够成功地在多项式时间内以不可忽略的优势解决底层困难问题，则它是一个正确的安全归约。

4.4.8 安全证明的组成部分

为了证明所提方案的安全性，基于安全归约的安全证明应该具备以下几个部分。

- **模拟**。归约算法应描述模拟器如何构造一个模拟方案以及它与敌手如何交互。
- **求解**。归约算法应描述模拟器如何借助敌手对模拟方案的攻击来输出某个问题实例的解，从而解决底层困难问题。
- **分析**。在模拟和求解之后，安全证明需要分析如果攻破假设成立，则解决底层困难问题的优势是不可忽略的。

以上三个部分在基于安全归约的安全证明中是至关重要的。这三部分在细节上有诸多不同之处，具体取决于密码系统、所提方案、底层困难问题和归约方法。

本书仅针对数字签名、判定性困难假设下的加密和计算性困难假设下的加密来详细阐述以上三个部分。

4.5 敌手概述

本节具体介绍敌手，通常我们假设它能够攻破所提方案。敌手对模拟方案可以（将）发起哪种攻击在安全归约中是很重要的。

4.5.1 黑盒敌手

攻破假设表明，存在一个在多项式时间内以不可忽略的优势攻破所提方案的敌手。除了时间和优势之外，敌手不会受到任何限制。安全归约中的敌手是黑盒敌手，其最为重要的一条性质是：将询问的内容以及将发起的攻击是不受限制的，且模拟器也是无法知道的。

对于这样的黑盒敌手，我们使用自适应攻击来描述黑盒敌手的行为。但是，以黑盒敌手来描述安全归约中的敌手是远远不够的，后续章节将给出具体原因。

4.5.2 什么是自适应攻击？

令 a 为从集合 $\{0,1\}$ 中选择的一个整数。如果 a 是随机选择的，我们有

$$\Pr[a=0] = \Pr[a=1] = \frac{1}{2}.$$

如果 a 是自适应选择的，则 $\Pr[a=0]$ 和 $\Pr[a=1]$ 是未知的。自适应攻击是一种特定攻击，即敌手在给定空间中的选择不是均匀分布的，其概率分布未知。

在敌手和模拟器之间的安全归约中，自适应攻击由三部分组成。我们以 EU－CMA 安全模型下数字签名方案的安全归约为例来解释这三个部分。假设消息空间为 $\{m_1, m_2, m_3, m_4, m_5\}$，五个消息互不相同，敌手将先询问其中两个消息的签名，再伪造新消息的有效签名。

• 敌手向模拟器询问的内容是自适应的。我们不能认为敌手将以 2/5 的概率询问某个特定的消息（例如 m_3）的签名。相反，敌手询问消息 m_i 对应签名的概率未知。

• 敌手如何向模拟器询问是自适应的。敌手既可以同时输出两个消息进行签名询问，也可以一次输出一个。对于后者，敌手决定第一个要进行签名询问的消息；在收到消息的签名后，它决定要询问的第二个消息。

• 对模拟器来说，敌手的输出是自适应的。如果敌手对消息 m_3 和 m_4 进行签名询问，那么我们不能认为伪造签名中的消息将是 $\{m_1, m_2, m_5\}$ 中的某个随机消息 m^*，而是敌手会以一个 $[0,1]$ 之间的未知概率来伪造 $\{m_1, m_2, m_5\}$ 中某一个消息的签名，且该概率满足

$$\Pr[m^*=m_1] + \Pr[m^*=m_2] + \Pr[m^*=m_5] = 1.$$

自适应攻击指不仅敌手向模拟器询问的方式是自适应的，而且敌手的所有选择内容也是自适应的（除非选择被安全模型限制）。例如，在数字签名的弱安全模型下，敌手必须伪造由模拟器指定的消息 m^* 的签名。在这种情况下，m^* 不是敌手自适应选择的。但是，也存在一些安全模型（如 IBE 的 IND－sID－CPA 模型）要求敌手需要在看到主公钥之前输出挑战身份，但它仍可以从身份空间中自适应地选择该挑战身份。

4.5.3　恶意敌手

假设安全归约中仅存在两种可以攻破模拟方案的攻击：一种是有用攻击，另一种是无用攻击。那么我们来考虑以下问题：

敌手返回有用攻击的概率是多少？

根据对黑盒敌手的描述，我们知道由于敌手的自适应攻击，这个概率是未知的。但是，正确的安全归约要求我们能够计算出返回有用攻击的概率。为了解决此问题，我们将黑盒敌手放大为恶意敌手，并考虑恶意敌手返回无用攻击的最大概率。

恶意敌手是一个会发起自适应攻击的黑盒敌手。但是，除非敌手不知道如何发起无用攻击，否则，只要发起无用攻击与攻破假设不矛盾，该恶意敌手将尽力发起无用攻击。如果返回无用攻击的最大概率不接近 1，就意味着返回有用攻击的概率是不可忽略的，因此安全归约是正确的。安全归约若可抵抗此类恶意敌手，则意味着安全归约可以抵抗任何可能攻破该方案的敌手。其原因主要在于这个最大概率是所有敌手发起无用攻击的最大可能性。在后续章节中，若无特殊说明，敌手都是指恶意敌手。

4.5.4　简单游戏中的敌手

为了帮助读者更好地理解不可区分模拟中恶意敌手的含义，我们给出简单游戏来说明安全归约的难点。在这个简单游戏中，

- 模拟器利用一个随机值 $b \in \{0,1\}$ 构造模拟方案；
- 敌手自适应地选择 $a \in \{0,1\}$ 作为攻击；
- 当且仅当 $a \neq b$ 时，敌手的攻击才是有用攻击。

在安全归约中，a 可以看作敌手发起的自适应攻击，其中 $a = 0$ 和 $a = 1$ 都可以攻破该方案；b 可以看作模拟方案中的秘密信息。在模拟中，提供给敌手的所有参数可能包括有关如何发起无用攻击的秘密信息。恶意敌手的目的是使攻击无用，它将尝试从模拟方案中猜测 b，然后以 $\Pr[a = b] = 1$ 的概率输出攻击 a。

安全归约的难点在于必须以敌手不知道如何发起无用攻击的方式来实现模拟过程。在安全归约的正确性分析中，概率 $\Pr[a \neq b]$ 必须是不可忽略的。为此，b 必须随机且独立于提供给敌手的所有参数，以便敌手只能以 $1/2$ 的概率正确猜测出 b。在这种情况下，即使敌手自适应选择 a，也有 $\Pr[a \neq b] = 1/2$，对应的概率分析见 4.6.4 节。

4.5.5　敌手的成功攻击及其概率

令 P_ε 为攻破假设下所提方案返回成功攻击的概率。在安全归约中，敌手将对模拟方案发起一次成功攻击，其概率如下：

- 如果模拟方案与真实方案是不可区分的，那么根据攻破假设，敌手对模拟方案进行成功攻击的概率为 P_ε。
- 如果模拟方案与真实方案是可区分的，那么敌手对模拟方案进行成功攻击的概率为 $P^* \in [0,1]$。该概率是敌手自己决定的恶意且自适应的概率。因为模拟方案与真实方案不同，因此以这样的恶意概率返回一个成

功攻击并不违背攻破假设。

第一种情况是直观易懂的，相比之下，第二种情况因取决于安全归约而稍显复杂。概率 P^* 在数字签名和加密的安全归约中是不同的，详见 4.9 节和 4.10 节。

4.5.6 敌手的计算能力

所有公钥密码方案都只是计算性安全的。如果存在一个具有无穷计算能力且可以解决所有计算性困难问题的敌手，那么它肯定可以在多项式时间内以不可忽略的优势攻破任何所提方案。例如，敌手可以利用其无穷的计算能力解决离散对数问题，该离散对数可以应用于攻破所有基于群的方案中。因此，所提方案仅对计算能力有限的敌手是安全的。

一个有趣的问题是：在分析所提方案的安全性时，我们应该限制敌手无法解决哪些问题。证明所提方案的可证明安全性（不提其安全模型）通常可以使用以下定理。

定理 4.5.6.1 如果数学问题 P 是困难的，则所提方案是安全的，即没有敌手可以在多项式时间内以不可忽略的优势攻破该方案。

上述定理指出，在问题 P 的困难假设下，所提方案是安全的。在解决困难问题 P 时，敌手的计算能力似乎是有限的。也就是说，我们只证明所提方案在面对无法解决困难问题 P（或比 P 更困难的问题）的敌手时是安全的，这种证明思路符合逻辑，是可接受的。因为假设了问题 P 是困难的，所以我们不关心所提方案对一个能够解决问题 P 的敌手是否安全。

在安全归约中，为了简化正确性分析，敌手的计算能力被认为是无限的。通常来说，所提方案仅对计算能力有限的敌手是安全的，但是相应的安全归约应该对计算能力无限的敌手也是有效的。具体原因将在下一节中给出。

4.5.7 归约中敌手的计算能力

在安全归约中，模拟（比如由模拟器计算的应答）可能包含一些秘密信息（以 $\mathbb{I}$ 表示）。这些信息会告诉敌手如何对模拟方案发起无用攻击。例如，4.5.4 节的简单游戏中的 b 就是敌手无法获知的秘密信息。其他的一些示例可以在本章末找到。模拟器必须隐藏此秘密信息，否则，一旦恶意敌手从模拟给定参数获取信息 $\mathbb{I}$，它将始终发起无用攻击。这里的给定参数是指敌手可以从模拟方案中获取的所有信息，例如公钥和签名。

隐藏秘密信息 $\mathbb{I}$ 最简单的方法是模拟器永远不要向敌手透露秘密信息 $\mathbb{I}$。然而，我们发现现有文献的安全归约都必须对询问做出应答，而应答中包含信息 $\mathbb{I}$。为了保证敌手不知道信息 $\mathbb{I}$，模拟器必须使用一些困难问题来隐藏它。令 P 为安全归约的底层困难问题，模拟器有三种方法来隐藏安全归约中的秘密信息 $\mathbb{I}$。

- 模拟器通过以一组新困难问题 $P_1, P_2, \cdots, P_q$ 隐藏信息 $\mathbb{I}$ 的方式来设计安全归约。安全归约的正确性要求这些新的困难问题不能比问题 P 简单，否则，敌手可以通过解决这些困难问题来获得信息 $\mathbb{I}$。为此，我们必须证明信息 $\mathbb{I}$ 只能通过解决这些困难问题来获得，而且这些困难问题并不比底层困难问题 P 简单。此方法是非常困难的，因为我们可能无法将困难问题 $P_1, P_2, \cdots, P_q$ 归约到困难问题 P。

- 模拟器通过用困难问题 P 隐藏信息的方式来设计安全归约。由于假设了解决问题 P 是困难的，那么该方法是有效的。然而，如何利用问题 P 来隐藏信息 $\mathbb{I}$ 使其不被敌手发现是很难实现的。例如，P 是 CDH 问题，假设信息 $\mathbb{I}$ 被 g^{ab} 隐藏，而敌手知道 (g, g^a, g^b)。模拟器不应该向敌手提供另外的群元素（如群元素 g^{a^2b}），否则，它就不再是 CDH 问题。

- 模拟器通过以完全困难问题隐藏信息 $\mathbb{I}$ 的方式来设计安全归约，即使计算能力无限的敌手也无法解决完全困难问题。这种方法非常有效，因为这些完全困难问题是通用的，并且独立于底层困难问题 P。在这种情况下，我们只需要证明信息 $\mathbb{I}$ 隐藏在完全困难问题中。

本书仅介绍通过第三种方法隐藏秘密信息的安全归约。因此，敌手可以具有无限的计算能力。此方法虽然是充分不必要的，但是它为分析安全归约的正确性提供了最有效的方法。现有文献所提的大多数安全归约也都采用了第三种方法。

4.5.8　归约中的敌手

安全归约始于攻破假设，即存在一个敌手，该敌手可以在多项式时间内以不可忽略的优势攻破所提方案。然后，我们构建一个模拟器，它可以生成模拟方案并利用敌手的攻击解决困难问题。根据前面的解释，安全归约中的敌手概述如下。

- 敌手具有无限的计算能力。它既可以解决定义在数学原语上的所有计算性困难问题，也可以攻破模拟方案。

- 敌手将恶意地尽力对模拟方案发起无用攻击，从而使安全归约失败。

虽然我们假设敌手具有无限的计算能力，但是我们不能直接要求敌手为我们解决底层的困难问题。敌手所做的只能是对那些看起来像是真实方案的方案发起一次成功攻击。这就是敌手在安全归约中可以做并且唯一会做的事情。接下来，我们需要了解在安全归约中，敌手知道哪些信息、不知道哪些信息。

4.5.9　敌手知道的信息

敌手知道三类信息。

- **方案算法**。敌手知道所提方案的方案算法。也就是说，敌手知道如何根据输入准确地计算输出。例如，为了攻破签名方案，敌手知道系统参数生成算法、密钥生成算法、签名算法和验证算法。
- **归约算法**。敌手知道用来证明所提方案的安全性的归约算法。否则，我们必须证明敌手自身无法从方案算法中知晓归约算法（也就是说，我们要么证明敌手不知道归约算法，要么直接允许敌手知道归约算法）。例如，敌手知道模拟器如何模拟公钥、如何选择随机数、如何应答询问，以及如何通过有用攻击来解决底层困难问题。
- **如何解决所有计算性困难问题**。敌手具有无限的计算能力，可以解决所有计算性困难问题。例如，在基于群的密码学中，给定 (g, g^a)，我们假设敌手可以在发起攻击之前计算出 a。但是，敌手不能攻破方案构造所用的其他密码原语（如哈希函数），否则它可能通过攻破组件来攻破模拟方案，从而导致安全归约永远无法成功。

我们假设敌手知道归约算法。尽管模拟方案是由归约算法生成的，然而这不意味着敌手知道模拟方案中模拟器选择的所有秘密参数。有些秘密信息是敌手永远不会知道的。否则，我们将不可能实现成功的安全归约。

4.5.10　敌手不知道的信息

有三种秘密信息是敌手永远不会知道的。

- **随机数**。在模拟器生成模拟方案时，除非敌手能够计算出这些随机数，否则敌手不知道模拟器选择的随机数（包括群元素）。例如，模拟器随机选择两个秘密数 $x, y \in \mathbb{Z}_p$，我们假设敌手不知道这两个随机数。但是，一旦将 (g, g^{x+y}) 给了敌手，根据前面的描述，敌手就会知道 $x + y$。

- **问题实例**。敌手不知道提供给模拟器的底层困难问题的随机实例。这种假设是为了简化不可区分性的证明。例如，假设 Bob 提出了一个方案和一个安全归约，并表明如果存在一个可以攻破该方案的敌手，则该归约可以找到离散对数问题实例 (g, g^a) 的解。在安全归约中，敌手收到一个密钥对 (g, g^α)，它等于 (g, g^a)。由于敌手知道 (g, g^a) 是一个问题实例（而不是一个真正的密钥对），因此它将立刻发现给定方案是模拟方案，并停止攻击。

- **如何解决完全困难问题**。敌手不知道如何解决完全困难问题，例如，如何根据 (g, g^{x+y}) 计算 (x, y)。另一个例子是给定 $(m_1, m_2, f(m_1), f(m_2))$，计算 $(m^*, f(m^*))$，其中 $f(x) \in \mathbb{Z}_p[x]$ 是一个随机的 2 次多项式，$m^* \notin \{m_1, m_2\}$。其他的一些完全困难问题见 4.7.6 节。

通常，敌手将利用所知道的信息对模拟方案发起无用攻击，而模拟器应利用敌手所不知道的一切来迫使敌手以不可忽略的优势发起有用攻击。

4.5.11　如何区分给定方案?

在安全归约中，敌手与给定方案（即模拟方案）进行交互。敌手通过正确性和随机性将模拟方案与真实方案区分，其描述如下。

- **正确性**。模拟方案对敌手询问的所有应答必须与真实方案中完全相同。当敌手对模拟方案进行询问时，它将收到相应的应答。如果应答不正确，则敌手会将方案判断为模拟方案，因为真实方案会正确地进行询问应答。例如，当接收到的消息 m 的签名无法通过验证时，敌手将该方案判断为模拟方案。另一个例子是加密的解密询问。如果给定方案接受了一个解密询问而敌手知道该询问在真实方案中肯定会被拒绝，则敌手将发现给定的加密方案是一个模拟方案。

- **随机性**。模拟方案中的随机数和随机群元素是随机且独立的。随机数和随机群元素用于许多构造中，如 IBE 中的数字签名和私钥。如果真实方案生成随机数/随机元素，则它们一定是随机且独立的。因此，模拟方案中生成的所有随机数/随机元素也必须是随机且独立的。否则，敌手可以轻松地确定给定方案是模拟方案。随机和独立的概念见 4.7 节。

根据 4.4.3 节中对成功模拟和不可区分模拟的描述，我们可以得出

$$成功模拟 + 正确性 + 随机性 = 不可区分模拟.$$

不可区分模拟无法保证敌手的攻击是有用攻击。恶意攻击者仍然可以利用它所知道的以及从模拟器接收到的信息得知如何发起无用攻击。

4.5.12　如何发起一个无用攻击?

敌手发起无用攻击的方式在此无法详细描述,其高度依赖于所提方案、归约算法和底层困难问题。我们仅概括数字签名和加密的无用攻击应该具备的条件。

• 假设签名方案的安全归约使用敌手伪造的签名来解决底层的困难问题。无用攻击是针对模拟方案的特殊伪造签名,该签名有效且模拟器可以自己计算得出,因此它无法用于解决底层的困难问题。

• 假设加密方案的安全归约使用敌手对加密消息的猜测来解决底层的判定性困难问题。无用攻击是猜测加密消息 m_c 的一种特殊方式,它满足的条件是无论判定性问题实例中的目标 Z 为 True 还是 False,敌手始终可以正确猜出挑战密文中的消息,即 $c' = c$。

由于知道模拟中的秘密信息,因此敌手可以发起一个无用攻击。如何使用完全困难问题向敌手隐藏秘密信息 $\mathbb{I}$,这是安全归约中很重要的一步。

4.5.13　"敌手"的总结

在本小节,我们总结安全归约中的恶意敌手。

• 当敌手与给定方案进行交互时,敌手会考虑该方案是否为模拟方案。敌手将使用它已知的信息和它可以询问的信息(在安全模型下)来判断给定方案与真实方案是否可区分。

• 当敌手发现给定方案是模拟方案时,敌手也会发起成功攻击,但是发起成功攻击的概率是一个恶意自适应的概率 $P^* \in [0,1]$。具体的概率值取决于安全归约。

• 当敌手无法将模拟与真实攻击区分开时,它将按照攻破假设,以概率 P_ε 发起一次成功攻击。

• 在不违反攻破假设的前提下,敌手将使用所知道的和所收到的信息对给定方案发起无用攻击。

在安全归约中,我们证明了如果存在能攻破该方案的敌手,就可以构建一个模拟器来解决底层困难问题。更准确地说,正确的安全归约要求,即使对模拟方案的攻击是由具有无穷计算能力的恶意敌手发起的,解决底层困难问题的优势仍然是不可忽略的。

4.6　概率与优势

4.6.1　概率的定义

概率是对随机事件发生可能性的度量。在安全归约中，事件主要与方案的成功攻击或问题实例的正确解有关。我们给出以下四个概率定义，分别与数字签名、加密、计算性问题和判定性问题。

- **数字签名**。令 $\Pr[\mathrm{Win}_{Sig}]$ 为敌手成功伪造有效签名的概率。显然，这个概率满足

$$0 \leqslant \Pr[\mathrm{Win}_{Sig}] \leqslant 1.$$

- **加密**。令 $\Pr[\mathrm{Win}_{Enc}]$ 为在不可区分的安全模型下，敌手正确猜出挑战密文中的消息的概率。这个概率满足

$$\frac{1}{2} \leqslant \Pr[\mathrm{Win}_{Enc}] \leqslant 1.$$

挑战密文中的消息是 m_c，其中 $c \in \{0,1\}$，敌手将输出对 c 的猜测 c'。由于 c 由挑战者随机选择，因此无论是 $c' = 0$ 还是 $c' = 1$，$\Pr[\mathrm{Win}_{Enc}] = \Pr[c' = c]$ 的概率都至少为 $\frac{1}{2}$。

- **计算性问题**。令 $\Pr[\mathrm{Win}_C]$ 为求出一个计算性问题实例正确解的概率。这个概率满足

$$0 \leqslant \Pr[\mathrm{Win}_C] \leqslant 1.$$

- **判定性问题**。令 $\Pr[\mathrm{Win}_D]$ 为在判定性问题的实例中正确猜测目标 Z 的概率。也就是说，如果 $Z = \mathrm{True}$，则猜测输出为 True。否则，若 $Z = \mathrm{False}$，则猜测输出为 False。$\Pr[\mathrm{Win}_D]$ 的概率取决于对判定性问题的定义。

（1）假设目标 Z 是从包含两个元素的空间中随机选择的，其中一个元素为 True，另一个元素为 False，我们有

$$\frac{1}{2} \leqslant \Pr[\mathrm{Win}_D] \leqslant 1.$$

（2）假设目标 Z 是从包含 n 个元素的空间中随机选择的且其中只有一个元素为 True，我们有

$$1 - \frac{1}{n} \leqslant \Pr\left[\,\text{Win}_D\,\right] \leqslant 1.$$

此概率是这么计算出来的：如果我们无法以概率 1 正确地猜测目标，则我们会猜测 Z 为 False。由于 n 个元素中的 $n-1$ 都为 False，并且 Z 是随机选择的，因此 Z 为 False 的概率为 $\frac{n-1}{n} = 1 - \frac{1}{n}$。

在以上四个定义中，敌手是指意图攻破方案或解决问题的一般敌手，而不是在攻破假设中可以攻破方案或解决问题的敌手。否则，该概率不可能为 $\Pr\left[\,\text{Win}_{Sig}\,\right] = 0$。

以上四个定义中的最小概率和最大概率是不同的。我们不能使用一个概率值统一地衡量（区分）所提方案是否安全、问题是否困难。因此，密码学采用优势的定义，从而能以相同的衡量方式来判断方案的安全/不安全性以及问题的困难/简单性。

4.6.2　优势的定义

与安全模型中的理想化概率 P_{ideal} 相比（例如，EU − CMA 安全模型中的 $P_{ideal} = 0$，IND 安全模型中的 $P_{ideal} = 1/2$），优势用来衡量一个攻击算法攻破所提方案或者一个求解算法解决困难问题的成功程度。优势是调整后的概率，其下确界必须等于零。通常情况下，我们使用以下方法定义优势。

- 如果 P_{ideal} 是不可忽略的，则优势定义为

$$优势 = 成功攻击的概率 - P_{ideal}.$$

- 如果 P_{ideal} 是可忽略的，则优势定义为

$$优势 = 成功攻击的概率.$$

在优势定义中，我们不关心优势有多大，仅关注其是否可忽略。令 ε 为攻破所提方案或解决问题的优势，如果优势是可忽略的，则所提方案是安全的，或者说其底层问题是困难的；否则，所提方案是不安全的或底层问题是简单的。一个精确的不可忽略值是不重要的，因为任何不可忽略的优势都表明所提方案不安全或底层问题容易解决。

最大优势没有标准定义。例如，在定义加密的不可区分性时，一些学者将 1/2 作为最大优势，而另一些学者将 1 作为最大优势。在本书中，我们将 1 作为加密的最大优势，以保持与数字签名的一致性。

数字签名、加密、计算性问题和判定性问题的优势定义如下。

- **数字签名的优势**。在 EU – CMA 安全模型下，伪造一个有效签名的优势为

$$\varepsilon = \Pr[\,\mathrm{Win}_{Sig}\,].$$

根据概率定义，$\varepsilon \in [0,1]$。

- **加密的优势**。在 IND 安全模型下，正确猜测加密消息的优势为

$$\begin{aligned}
\varepsilon &= \Pr[\,\mathrm{Win}_{Enc} \mid c = 0\,] - \frac{1}{2} + \Pr[\,\mathrm{Win}_{Enc} \mid c = 1\,] - \frac{1}{2} \\
&= 2\left(\Pr[\,\mathrm{Win}_{Enc} \mid c = 0\,]\Pr[\,c = 0\,] + \Pr[\,\mathrm{Win}_{Enc} \mid c = 1\,]\Pr[\,c = 1\,] - \frac{1}{2} \right) \\
&= 2\left(\Pr[\,\mathrm{Win}_{Enc}\,] - \frac{1}{2} \right).
\end{aligned}$$

根据概率定义，$\varepsilon \in [0,1]$。

- **计算性问题的优势**。求解一个计算性问题实例的优势为

$$\varepsilon = \Pr[\,\mathrm{Win}_{C}\,].$$

根据概率定义，$\varepsilon \in [0,1]$。

- **判定性问题的优势**。对于一个判定性问题的实例，正确猜测目标 Z 的优势为

$$\begin{aligned}
\varepsilon &= \Pr[\,\mathrm{Win}_{D} \mid Z = \mathrm{True}\,] - \frac{1}{2} + \Pr[\,\mathrm{Win}_{D} \mid Z = \mathrm{False}\,] - \frac{1}{2} \\
&= \Pr[\,\mathrm{Win}_{D} \mid Z = \mathrm{True}\,] - (1 - \Pr[\,\mathrm{Win}_{D} \mid Z = \mathrm{False}\,]) \\
&= \Pr[\,\mathrm{Guess}\ Z = \mathrm{True} \mid Z = \mathrm{True}\,] - \Pr[\,\mathrm{Guess}\ Z = \mathrm{True} \mid Z = \mathrm{False}\,].
\end{aligned}$$

其中，第一个条件概率是在 Z 为 True 的情况下正确猜测 Z 的概率，第二个条件概率是在 Z 为 False 的情况下错误猜测 Z 的概率。判定性问题的优势没有直接使用概率 $\Pr = [\,\mathrm{Win}_{D}\,]$。

如果判定性问题是简单的，那么

$$\Pr[\,\mathrm{Guess}\ Z = \mathrm{True} \mid Z = \mathrm{True}\,] = 1, \Pr[\,\mathrm{Guess}\ Z = \mathrm{True} \mid Z = \mathrm{False}\,] = 0.$$

我们可得出 $\varepsilon = 1$。否则，判定性问题是完全困难的，并且有

$$\Pr[\,\mathrm{Guess}\ Z = \mathrm{True} \mid Z = \mathrm{True}\,] = \Pr[\,\mathrm{Guess}\ Z = \mathrm{True} \mid Z = \mathrm{False}\,] = \frac{1}{2}.$$

我们可得出 $\varepsilon = 0$，这意味着猜对/错 Z 的概率是相同的。因此，优势 ε 的范围也是 $[0,1]$。

上述定义的所有优势取值范围都相同。如果 $\varepsilon = 0$，则该方案是完全安全的，或者该问题是完全困难的。如果 $\varepsilon = 1$，则敌手可以以概率 1 攻破方案或解决问题。

4.6.3　恶意敌手回顾

概率和优势可以用来进一步解释 4.5.3 节中将黑盒敌手放大为恶意敌手的原因。

● 在安全归约中，除非所有的攻击都是有用攻击，否则我们无法计算出黑盒敌手发起有用攻击的概率，其原因在于敌手的攻击是自适应攻击。

● 在安全归约中，我们可以计算出恶意敌手发起无用攻击的优势，该敌手会尽力使安全归约失败。如果优势为 1，则表示安全归约是不正确的。

实现安全归约中所有攻击都为有用攻击是困难的，甚至是不可能的，因此我们必须考虑优势。以数字签名的安全归约为例。在 EU – CMA 安全模型下，模拟器必须以下述方式去实现安全归约：模拟器可以计算某些签名应答签名询问，如果敌手碰巧从这些签名中选择一个作为伪造签名，则该伪造签名是一个无用攻击。因此，伪造签名不一定总是有用攻击。

4.6.4　自适应选择回顾

自适应选择的概率是无法计算的，但下述两个概率公式与自适应性选择有关。

以 4.5.4 节中的简单游戏为例，敌手自适应选择 $a \in \{0,1\}$，模拟器随机选择 $b \in \{0,1\}$。

● 互补事件适用于所有自适应性的选择，即
$$\Pr[a=0] + \Pr[a=1] = 1.$$

● 如果敌手不知道 b，我们可以确定 a 独立于 b，那么
$$\begin{aligned}
\Pr[a=b] &= \Pr[a=0 \mid b=0]\Pr[b=0] + \Pr[a=1 \mid b=1]\Pr[b=1] \\
&= \Pr[a=0]\Pr[b=0] + \Pr[a=1]\Pr[b=1] \\
&= \frac{1}{2}\Pr[a=0] + \frac{1}{2}\Pr[a=1] \\
&= \frac{1}{2}(\Pr[a=0] + \Pr[a=1]) \\
&= \frac{1}{2}.
\end{aligned}$$

上述两个概率公式很简单，但它们是所有安全归约中概率分析的核心。通过这两个公式，我们能计算出与自适应攻击相关的成功概率。

4.6.5　无用攻击、有用攻击、松归约和紧归约回顾

令 ε 为攻破所提方案的优势，ε_R 为通过安全归约解决底层困难问题的优势。安全归约中的无用攻击、有用攻击、松归约和紧归约解释如下。

- **无用攻击**。优势 ε_R 是可忽略的。存在一个敌手可以在多项式时间内以不可忽略的优势 ε 攻破所提方案，但优势 ε_R 是可忽略的。

- **有用攻击**。优势 ε_R 是不可忽略的。存在着一个敌手可以在多项式时间内以不可忽略的优势 ε 攻破所提方案，优势 ε_R 是不可忽略的。

- **松归约**。优势 ε_R 等于 $\dfrac{\varepsilon}{O(q)}$，其中 q 表示敌手进行询问的次数。实际上，q 可以达到 2^{30} 或 2^{60}，这取决于 q 的定义。例如，q 可以表示敌手进行签名询问或哈希询问的次数。$q = 2^{30}$ 通常表示基于一个密钥对可以生成多达 2^{30} 个签名，而 $q = 2^{60}$ 通常表示敌手在多项式时间内最多可以进行 2^{60} 次哈希询问。

- **紧归约**。优势 ε_R 等于 $\dfrac{\varepsilon}{O(1)}$，其中 $O(1)$ 是常数，与询问次数无关。例如，$O(1) = 2$ 的安全归约是紧归约。当归约丢失与安全参数 λ 相关时，尽管它不是完全紧的，我们仍称其为紧归约。

在上面的描述中，我们不考虑时间成本，而是假设安全归约是在多项式时间内完成的。以上四个概念仅与优势相关。

4.6.6　重要的概率公式

令 $A_1, A_2, \cdots, A_q, B$ 表示不同的事件，A^c 是互补事件（事件 A 不发生）。以下概率公式已经被用在许多安全归约中来计算优势。

- **等式**。

$$\Pr[B] = 1 - \Pr[B^c] \tag{4.1}$$

$$\Pr[A] = \Pr[A \mid B]\Pr[B] + \Pr[A \mid B^c]\Pr[B^c] \tag{4.2}$$

$$\Pr[A \wedge B] = \Pr[B] \cdot \Pr[A \mid B] \tag{4.3}$$

$$\Pr[A \wedge B] = \Pr[A] \cdot \Pr[B \mid A] \tag{4.4}$$

$$\Pr[A \mid B] = \frac{\Pr[B \mid A] \cdot \Pr[A]}{\Pr[B]} \tag{4.5}$$

$$\Pr[A \mid B] = 1 - \Pr[A^c \mid B] \tag{4.6}$$

$$\Pr[A_1 \wedge A_2 \wedge \cdots \wedge A_q] = 1 - \Pr[A_1^c \vee A_2^c \vee \cdots \vee A_q^c] \tag{4.7}$$

$$\Pr[A_1 \vee A_2 \vee \cdots \vee A_q] = 1 - \Pr[A_1^c \wedge A_2^c \wedge \cdots \wedge A_q^c] \tag{4.8}$$

$$\Pr[(A_1 \wedge A_2 \wedge \cdots \wedge A_q) \mid B] = 1 - \Pr[(A_1^c \vee A_2^c \vee \cdots \vee A_q^c) \mid B] \tag{4.9}$$

$$\Pr[(A_1 \vee A_2 \vee \cdots \vee A_q) \mid B] = 1 - \Pr[(A_1^c \wedge A_2^c \wedge \cdots \wedge A_q^c) \mid B] \tag{4.10}$$

- **不等式。**

$$\Pr[A_1 \vee A_2 \vee \cdots \vee A_q] \leqslant \sum_{i=1}^{q} \Pr[A_i] \tag{4.11}$$

$$\Pr[A_1 \wedge A_2 \wedge \cdots \wedge A_q] \geqslant \prod_{i=1}^{q} \Pr[A_i] \tag{4.12}$$

$$\Pr[A_1 \vee A_2 \vee \cdots \vee A_q] \leqslant 1 - \prod_{i=1}^{q} \Pr[A_i^c] \tag{4.13}$$

$$\Pr[A_1 \wedge A_2 \wedge \cdots \wedge A_q] \geqslant 1 - \sum_{i=1}^{q} \Pr[A_i^c] \tag{4.14}$$

$$\Pr[A] \geqslant \Pr[A \mid B] \cdot \Pr[B] \tag{4.15}$$

- **条件等式。**

如果 A, B 是相互独立的，则

$$\Pr[A \mid B] = \Pr[A]. \tag{4.16}$$

如果所有事件是相互独立的，则

$$\Pr[A_1 \vee A_2 \vee \cdots \vee A_q] = \sum_{i=1}^{q} \Pr[A_i]. \tag{4.17}$$

如果所有事件是相互独立的，则

$$\Pr[A_1 \wedge A_2 \wedge \cdots \wedge A_q] = \prod_{i=1}^{q} \Pr[A_i]. \tag{4.18}$$

4.7　随机与独立概述

构造密码方案（如数字签名方案和加密方案）经常会用到随机数（包括随机群元素）。假设集合 $\{A_1, A_2, \cdots, A_n\} \in \mathbb{Z}_p$ 中的每个数字都是随机数，这表示每个数字都是从 $\mathbb{Z}_p$ 中随机独立选择的，并呈现均匀分布。在模拟方案中，如果随机数不是随机选择而是由函数生成的，则必须证明：从敌手的角度来看，这些由函数生成的模拟随机数也是随机且独立的；否则，模拟与真实攻击是可区分的。在本节中，我们将解释随机和独立的概念，并介绍如何模拟随机性，即模拟中的所有随机数都是真正随机且独立的。

4.7.1 什么是随机与独立?

令 (A,B,C) 是从空间 $\mathbb{Z}_p$ 中随机选择的三个整数，随机和独立的概念定义如下。

- **随机**。C 为 $\mathbb{Z}_p$ 中任何整数的概率都是 $1/p$。
- **独立**。根据 A 和 B 不能计算出 C。

随机和独立的概念在安全归约中的应用如下。令 (A,B,C) 是从空间 $\mathbb{Z}_p$ 中随机选择的三个整数。假设敌手只知道 A 和 B，那么敌手在猜测整数 C 时没有优势，正确猜测出整数 C 的概率是 $1/p$。如果 A 和 B 是从空间 $\mathbb{Z}_p$ 中随机选择的两个整数，且 $C = A + B \bmod p$，则 C 仍是从 $\mathbb{Z}_p$ 中选择的随机数。但是，A、B、C 不是独立的，因为可以根据 A 和 B 计算出 C。

在方案构造和安全证明中，当我们说 $A_1, A_2, \cdots, A_q$ 都是从指数大的空间（如 $\mathbb{Z}_p$）中随机选择时，我们假设它们是互不相同的，即对于任何 $i \neq j$，都有 $A_i \neq A_j$。该假设将简化概率分析和证明描述。我们还注意到，对于现有文献中的某些方案，如果它们生成的随机数相等，则所提方案将变得不安全。

4.7.2 一般函数下的随机模拟

在一个真实方案中，假设 (A,B,C) 是从空间 $\mathbb{Z}_p$ 中随机选择的整数。但在模拟方案中，(A,B,C) 由某个函数以其他随机整数为输入生成。例如，整数 A、B、C 是由函数以 (w,x,y,z) 为输入模拟的，其中，(w,x,y,z) 是运行归约算法中模拟器从 $\mathbb{Z}_p$ 中随机选择的整数。我们要研究的是，从敌手的角度来看，模拟的 (A,B,C) 是否也是随机且独立的。如果模拟的随机整数也是随机且独立的，则从随机数生成的角度看，模拟方案与真实方案是不可区分的。

以下简化的引理可以用于检验模拟的随机数 (A,B,C) 是否也是随机且独立的。

引理 4.7.1 假设一个真实方案和一个模拟方案使用以下描述的不同方法生成整数 (A,B,C)。

- 在真实方案中，令 (A,B,C) 是从 $\mathbb{Z}_p$ 中随机选择的三个整数。
- 在模拟方案中，令 (A,B,C) 由函数以随机整数 $(w,x,y,z) \in \mathbb{Z}_p$ 为输入计算得出，表示为 $(A,B,C) = F(w,x,y,z)$。

我们假设敌手可以从归约算法中知道函数 F 但不知道 (w,x,y,z)。如果对于任意给定的 (A,B,C)，满足 $(A,B,C)=F(w,x,y,z)$ 的解 (w,x,y,z) 的个数相同，则模拟方案与真实方案是不可区分的。因此，在模拟方案中，空间 $\mathbb{Z}_p$ 中任何的 (A,B,C) 都将以相同的概率生成。

验证这个引理的正确性并不难。我们通过论证任何三个给定的 (A,B,C) 都将以相同的概率出现来证明这一引理。令 $\langle w,x,y,z \rangle$ 为一个向量，表示从 $\mathbb{Z}_p$ 中随机选择的 (w,x,y,z)。向量空间中有 p^4 个不同的向量，每个向量被选择的概率都是 $1/p^4$。假设对于任何 (A,B,C) 而言，利用函数 F 生成 (A,B,C) 的 $\langle w,x,y,z \rangle$ 个数为 n，因此满足 $(A,B,C)=F(w,x,y,z)$ 的随机 (w,x,y,z) 概率为 n/p^4。因此，模拟方案与真实方案是不可区分的。

我们考虑在模运算下，用下列函数和 (w,x,y,z) 模拟 (A,B,C)，其中 (w,x,y,z) 和 (A,B,C) 均来自 $\mathbb{Z}_p$。

$$(A,B,C)=F(x,y)=(x,y,x+y) \tag{4.19}$$

$$(A,B,C)=F(x,y,z)=(x,y,z+3) \tag{4.20}$$

$$(A,B,C)=F(x,y,z)=(x,y,z+4 \cdot xy) \tag{4.21}$$

$$(A,B,C)=F(w,x,y,z)=(x+w,y,z+w \cdot x) \tag{4.22}$$

我们有以下观察。

- **式 (4.19) 是可区分的**。在这个函数中，我们有：

$$x=A,$$
$$y=B,$$
$$x+y=C.$$

如果给定的 (A,B,C) 满足 $A+B=C$，则函数有一个解

$$\langle x,y \rangle = \langle A,B \rangle.$$

否则，该函数没有解。因此，模拟的 (A,B,C) 不是随机且独立的。确切地说，可以通过 $A+B$ 计算出 C。

- **式 (4.20) 是不可区分的**。在这个函数中，我们有：

$$x=A,$$
$$y=B,$$
$$z+3=C.$$

对于任意给定的 (A,B,C)，函数有一个解

$$\langle x,y,z \rangle = \langle A,B,C-3 \rangle.$$

因此，A、B、C 是随机且独立的。

- **式（4.21）是不可区分的。** 在这个函数中，我们有：

$$x = A,$$
$$y = B,$$
$$z + 4xy = C.$$

对于任意给定的 (A, B, C)，函数有一个解

$$\langle x, y, z \rangle = \langle A, B, C - 4AB \rangle.$$

因此，A、B、C 是随机且独立的。

- **式（4.22）是不可区分的。** 在这个函数中，我们有：

$$x + w = A,$$
$$y = B,$$
$$z + w \cdot x = C.$$

对于任意给定的 (A, B, C)，函数有 p 个不同的解

$$\langle w, x, y, z \rangle = \langle w, A - w, B, C - w(A - w) \rangle.$$

其中，w 可以是 $\mathbb{Z}_p$ 中的任意一个整数。因此，A、B、C 是随机且独立的。

　　完整的引理描述如下。本书经常用该引理进行方案的正确性分析。需要强调的是，当 $(A_1, A_2, \cdots, A_n)$ 是从 $\mathbb{Z}_p$ 中随机选择时，$\mathbb{G}$ 中的 $(g^{A_1}, g^{A_2}, \cdots, g^{A_q})$ 也是随机且独立的。因此，在本书中，随机性和独立性的分析只与 $\mathbb{Z}_p$ 中的整数或指数相关。

　　引理 4.7.2　假设一个真实方案和一个模拟方案使用以下描述的不同方法生成整数 $(A_1, A_2, \cdots, A_q)$。

- 在真实方案中，令 $(A_1, A_2, \cdots, A_q)$ 是从 $\mathbb{Z}_p$ 中随机选择的整数。
- 在模拟方案中，令 $(A_1, A_2, \cdots, A_q)$ 由一个函数计算得出，该函数以 $\mathbb{Z}_p$ 中的随机整数 $(x_1, x_2, \cdots, x_{q'})$ 作为输入，表示为 $(A_1, A_2, \cdots, A_q) = F(x_1, x_2, \cdots, x_{q'})$。

　　我们假设敌手可以根据归约算法知道函数 F，但它不知道 $(x_1, x_2, \cdots, x_{q'})$。如果对于任意给定的 $(A_1, A_2, \cdots, A_q)$，满足 $(A_1, A_2, \cdots, A_q) = F(x_1, x_2, \cdots, x_{q'})$ 的解 $(x_1, x_2, \cdots, x_{q'})$ 个数是相同的，则模拟方案与实际方案是不可区分的。因此，在模拟方案中，$\mathbb{Z}_p$ 中的任何 $(A_1, A_2, \cdots, A_q)$ 都将以相同的概率生成。

　　需要强调的是，如果 $q' < q$，则模拟方案与真实方案是可区分的。不可区分模拟要求 $q' \geq q$ 必须成立，但这个条件不是充分的。

4.7.3　线性系统的随机模拟

　　$\mathbb{Z}_p$ 上一个具有 n 个未知数 $(x_1, x_2, \cdots, x_n)$ 的 n 维线性方程组（或线性

系统）可以写成：

$$a_{11}x_1 + a_{12}x_2 + \cdots + a_{1n}x_n = y_1$$
$$a_{21}x_1 + a_{22}x_2 + \cdots + a_{2n}x_n = y_2$$
$$\vdots \qquad ,$$
$$a_{n1}x_1 + a_{n2}x_2 + \cdots + a_{nn}x_n = y_n$$

其中，a_{ij} 是系数，而 $y_1, y_2, \cdots, y_n$ 是常数项。我们用 $\mathbb{A}$ 定义系数矩阵：

$$\mathbb{A} = \begin{pmatrix} a_{11} & a_{12} & a_{13} & \cdots & a_{1n} \\ a_{21} & a_{22} & a_{23} & \cdots & a_{2n} \\ \vdots & \vdots & \vdots & & \vdots \\ a_{n1} & a_{n2} & a_{n3} & \cdots & a_{nn} \end{pmatrix}.$$

我们给出以下引理。

引理 4.7.3　假设一个真实方案和一个模拟方案使用以下不同方法生成 $(A_1, A_2, \cdots, A_n)$。

- 在真实方案中，令 $(A_1, A_2, \cdots, A_n)$ 是从 $\mathbb{Z}_p$ 中随机选择的 n 个整数。
- 在模拟方案中，令 $(A_1, A_2, \cdots, A_n)$ 由以下公式计算得出：

$$(A_1, A_2, \cdots, A_n)^{\mathrm{T}} = \mathbb{A} \cdot \boldsymbol{X}^{\mathrm{T}} = \begin{pmatrix} a_{11} & a_{12} & a_{13} & \cdots & a_{1n} \\ a_{21} & a_{22} & a_{23} & \cdots & a_{2n} \\ \vdots & \vdots & \vdots & & \vdots \\ a_{n1} & a_{n2} & a_{n3} & \cdots & a_{nn} \end{pmatrix} \cdot \begin{pmatrix} x_1 \\ x_2 \\ \vdots \\ x_n \end{pmatrix} \bmod p,$$

其中，$x_1, x_2, \cdots, x_n$ 是从 $\mathbb{Z}_p$ 中随机选择的整数。

我们假设敌手知道 $\mathbb{A}$ 但不知道 $\boldsymbol{X}$，如果 $\mathbb{A}$ 的行列式不为零，则模拟方案与真实方案是不可区分的。

对于任意给定的 $(A_1, A_2, \cdots, A_n)$，如果 $|\mathbb{A}| \neq 0$，则 $\langle x_1, x_2, \cdots, x_n \rangle$ 只有一个解。根据引理 4.7.2，A_i 具有随机性和独立性，因此模拟方案与真实方案是不可区分的。如果 $|\mathbb{A}| = 0$，则解的个数可以是零或 p，其与 $(A_1, A_2, \cdots, A_n)$ 有关。因此模拟方案与真实方案是可区分的。

我们考虑用以下函数输入 (x_1, x_2, x_3) 来模拟 (A_1, A_2, A_3)：

$$(A_1, A_2, A_3) = (x_1 + 3x_2 + 3x_3, x_1 + x_2 + x_3, 3x_1 + 5x_2 + 5x_3)$$

$$(4.23)$$

$$(A_1, A_2, A_3) = (x_1 + 3x_2 + 3x_3, 2x_1 + 3x_2 + 5x_3, 9x_1 + 5x_2 + 2x_3)$$

$$(4.24)$$

- **式（4. 23）是可区分的**。在这个函数中，我们有：

$$x_1 + 3x_2 + 3x_3 = A_1,$$

$$x_1 + x_2 + x_3 = A_2,$$

$$3x_1 + 5x_2 + 5x_3 = A_3.$$

容易验证系数矩阵的行列式满足

$$\begin{vmatrix} 1 & 3 & 3 \\ 1 & 1 & 1 \\ 3 & 5 & 5 \end{vmatrix} = 0.$$

因此，(A_1, A_2, A_3) 不是随机且独立的。更确切而言，给定 A_1 和 A_2，我们可以通过 $A_3 = A_1 + 2A_2$ 计算得出 A_3。

- **式（4. 24）是不可区分的**。在这个函数中，我们有：

$$x_1 + 3x_2 + 3x_3 = A_1,$$

$$2x_1 + 3x_2 + 5x_3 = A_2,$$

$$9x_1 + 5x_2 + 2x_3 = A_3.$$

容易验证系数矩阵的行列式满足

$$\begin{vmatrix} 1 & 3 & 3 \\ 2 & 3 & 5 \\ 9 & 5 & 2 \end{vmatrix} = 53 \neq 0.$$

因此，(A_1, A_2, A_3) 是随机且独立的。

接下来，我们以更一般的线性系统进行模拟。

引理 4.7.4 假设一个真实方案和一个模拟方案使用以下描述的不同方法生成 $(A_1, A_2, \cdots, A_n)$。

- 在真实方案中，令 $(A_1, A_2, \cdots, A_n)$ 是从 $\mathbb{Z}_p$ 中随机选择的 n 个整数。
- 在模拟方案中，令 $(A_1, A_2, \cdots, A_n)$ 由下式计算得出：

$$(A_1, A_2, \cdots, A_n)^{\mathrm{T}} = \mathbb{A} \cdot \boldsymbol{X}^{\mathrm{T}} = \begin{pmatrix} a_{11} & a_{12} & a_{13} & \cdots & a_{1q} \\ a_{21} & a_{22} & a_{23} & \cdots & a_{2q} \\ \vdots & \vdots & \vdots & & \vdots \\ a_{n1} & a_{n2} & a_{n3} & \cdots & a_{nq} \end{pmatrix} \cdot \begin{pmatrix} x_1 \\ x_2 \\ \vdots \\ x_q \end{pmatrix} \bmod p.$$

式中，$x_1, x_2, \cdots, x_q$ 是从 $\mathbb{Z}_p$ 中随机选择的整数。

我们假设敌手知道 $\mathbb{A}$ 但不知道 $\boldsymbol{X}$。

- 当 $q < n$ 时，模拟方案与真实方案是可区分的。
- 当 $q \geq n$ 且存在一个行列式非零的 $n \times n$ 子矩阵时，模拟方案与真实方案是不可区分的。

4.7.4 多项式下的随机模拟

令 $f(x) \in \mathbb{Z}_p$ 是一个 $(q-1)$ 次多项式函数, 记为

$$f(x) = a_{q-1}x^{q-1} + a_{q-2}x^{q-2} + \cdots + a_1 x + a_0.$$

式中, 系数 $a_i \in \mathbb{Z}_p$ 是随机选择的。多项式函数 $f(x)$ 模拟随机数有以下引理。

引理 4.7.5 假设一个真实方案和一个模拟方案使用以下描述的不同方法生成整数 $(A_1, A_2, \cdots, A_n)$。

- 在真实方案中, 令 $(A_1, A_2, \cdots, A_n)$ 是从 $\mathbb{Z}_p$ 中随机选择的 n 个整数。

- 在模拟方案中, 令 $(A_1, A_2, \cdots, A_n)$ 由下式计算:

$$(A_1, A_2, \cdots, A_n) = (f(m_1), f(m_2), \cdots, f(m_n)),$$

式中, $m_1, m_2, \cdots, m_n$ 是 $\mathbb{Z}_p$ 中 n 个不同的整数, $f(\cdot)$ 是一个 $(q-1)$ 次多项式。

我们假设敌手知道 $m_1, m_2, \cdots, m_n$ 但不知道 $f(x)$。如果 $q \geq n$, 则模拟方案与真实方案是不可区分的。

我们可以把模拟形式变换为

$$
(A_1, A_2, \cdots, A_n)^{\mathrm{T}} = (f(m_1), f(m_2), \cdots, f(m_n))^{\mathrm{T}}
$$
$$
= \begin{pmatrix} m_1^{q-1} & m_1^{q-2} & m_1^{q-3} & \cdots & m_1^0 \\ m_2^{q-1} & m_2^{q-2} & m_2^{q-3} & \cdots & m_2^0 \\ \vdots & \vdots & \vdots & & \vdots \\ m_n^{q-1} & m_n^{q-2} & m_n^{q-3} & \cdots & m_n^0 \end{pmatrix} \cdot \begin{pmatrix} a_{q-1} \\ a_{q-2} \\ \vdots \\ a_0 \end{pmatrix} \bmod p.
$$

其系数矩阵为范德蒙矩阵, 行列式非零。根据引理 4.7.4, 模拟方案与真实方案是不可区分的。

4.7.5 不可区分模拟与有用攻击相结合

假设真实方案生成一组随机数 $(A_1, A_2, \cdots, A_n)$, 其中 $(A_1, A_2, \cdots, A_n) \in \mathbb{Z}_p$。在模拟方案中, 令 $x_1, x_2, \cdots, x_q$ 是由模拟器从 $\mathbb{Z}_p$ 随机选择的整数, $F_1, F_2, \cdots, F_n, F^*$ 是归约算法中关于 $x_1, x_2, \cdots, x_q \in \mathbb{Z}_p$ 的函数 (因此, 它们对于敌手来说是可知的)。在安全归约中, 可能同时出现以下需求。

- 在模拟方案中, $(A_1, A_2, \cdots, A_n)$ 通过 $A_i = F_i(x_1, x_2, \cdots, x_q)$ 计算,

其中 $i \in [1, n]$。安全归约的正确性要求模拟方案与真实方案是不可区分的，因此 $(A_1, A_2, \cdots, A_n)$ 必须是随机且独立的。

- 敌手发起一个攻击，如果它能计算出 $A^* = F^*(x_1, x_2, \cdots, x_q)$，则敌手对模拟方案的攻击是无用的。安全归约的正确性要求敌手最多能以可忽略的概率计算出 A^*。

在安全归约中，我们不需要分别证明一个不可区分模拟和一个有用攻击。相反，我们只需要证明：

$$(A_1, \cdots, A_n, A^*) = (F_1(x_1, x_2, \cdots, x_q), \cdots, F_n(x_1, x_2, \cdots, x_q), F^*(x_1, x_2, \cdots, x_q))$$

是随机且独立的。因为 A^* 是随机的，并且独立于给定的 A_i，所以 $(A_1, A_2, \cdots, A_n)$ 的随机性成立，并且敌手在计算 A^* 时没有优势。4.14.2 节将给出例子。

4.7.6　完全困难问题中的优势与概率

我们给出了几个完全困难问题，并给出具有无限计算能力的敌手来解决这些问题的优势和概率。

- 假设 (a, Z, c, x) 满足 $Z = ac + x \bmod p$，其中 $a, x \in \mathbb{Z}_p$，$c \in \{0, 1\}$。给定 (a, Z)，敌手没有优势，只能以 $1/2$ 的概率区分 Z 是从 $a \cdot 0 + x$ 还是 $a \cdot 1 + x$ 中计算的，其原因在于 a、Z、c 是随机且独立的。

- 假设 $(a, Z_1, Z_2, \cdots, Z_{n-1}, Z_n, x_1, x_2, \cdots, x_n)$ 满足 $Z_i = a + x_i \bmod p$，其中对于所有 $i \in [1, n]$，a、x_i 是从 $\mathbb{Z}_p$ 中随机选择的。给定 $(a, Z_1, Z_2, \cdots, Z_{n-1})$，敌手没有优势，只能以 $1/p$ 的概率计算 $Z_n = a + x_n$，其原因在于 a，$Z_1, Z_2, \cdots, Z_n$ 是随机且独立的。

- 假设 $(f(x), Z_1, Z_2, \cdots, Z_n, x_1, x_2, \cdots, x_n)$ 满足 $Z_i = f(x_i)$，其中 $\mathbb{Z}_p[x]$ 是一个从 $\mathbb{Z}_p$ 中随机选择的 n 次多项式。给定 $(Z_1, Z_2, \cdots, Z_n, x_1, x_2, \cdots, x_n)$，敌手没有优势，只能以 $1/p$ 的概率计算与 x_i 不同的新 x^* 的对 $(x^*, f(x^*))$，其原因在于 $Z_1, Z_2, \cdots, Z_{n-1}, f(x^*)$ 是随机且独立的。

- 假设 $(\mathbb{A}, Z_1, Z_2, \cdots, Z_{n-1}, Z_n, x_1, x_2, \cdots, x_n)$ 满足 $|\mathbb{A}| \neq 0 \bmod p$，$Z_i$ 是从 $Z_i = \sum_{j=1}^{n} a_{i,j} x_j \bmod p$ 计算得出的，其中 $\mathbb{A}$ 是一个 $n \times n$ 的矩阵，其元素都来自 $\mathbb{Z}_p$。对于所有 $j \in [1, n]$，x_j 是从 $\mathbb{Z}_p$ 中随机选择的。给定 $(\mathbb{A}, Z_1, Z_2, \cdots, Z_{n-1})$，敌手没有优势，只能以 $1/p$ 的概率计算 $Z_n = \sum_{j=1}^{n} a_{n,j} x_j$。其原因在于，$Z_1, Z_2, \cdots, Z_n$ 是随机且独立的。

- 假设 (g, h, Z, x, y) 满足 $Z = g^x h^y$，其中，$x, y \in \mathbb{Z}_p$ 是随机选择的。

给定 $(g,h,Z) \in \mathbb{G}$，敌手没有优势，只能以 $1/p$ 的概率计算 (x,y)。一旦敌手知道 x，它便可以立即通过 Z 计算出 y，但是 g、h、Z、x 是随机且独立的。

● 假设 (g,h,Z,x,c) 满足 $Z = g^x h^c$，其中，$x \in \mathbb{Z}_p$ 并且 $c \in \{0,1\}$ 是随机选择的。给定 $(g,h,Z) \in \mathbb{G}$，敌手没有优势，只能以 $1/2$ 的概率区分 Z 是 $g^x h^0$ 还是 $g^x h^1$。其原因在于，g、h、Z、c 是随机且独立的。

在实际的安全归约中，如果敌手在计算上述例子中的目标时优势为 1，那么它总是可以发起一个无用攻击。在本书给出的例子（方案的安全归约）中，读者可以找到更多的完全困难问题。

4.8　随机预言机模型

随机预言机（由 $\mathcal{O}$ 表示）通常用来表示理想的哈希函数 H，其输出在取值空间内随机均匀分布。随机预言机模型下的安全证明意味着所提方案中至少有一个哈希函数被视为随机预言机。

4.8.1　随机预言机下的安全证明

如果一个方案中包含哈希函数 H，则该方案可表示为

$$Scheme + H,$$

而随机预言机下所提方案的安全证明就是对

$$Scheme + \mathcal{O}$$

进行安全证明，其中哈希函数 H 被视为一个随机预言机 $\mathcal{O}$。也就是说，我们并不分析 $Scheme + H$ 的安全性，而是分析 $Scheme + \mathcal{O}$ 的安全性。如果 $Scheme + \mathcal{O}$ 是安全的，那么 $Scheme + H$ 被认为是安全的。需要注意的是，$Scheme + \mathcal{O}$ 和 $Scheme + H$ 的安全性不是完全等价的，其区别详见文献 [85]。

随机预言机模型下所提方案的安全证明需要至少将一个哈希函数看作随机预言机，而不需要将所有哈希函数都设为随机预言机。为了与不可区分模拟的概念保持一致，我们假设在随机预言机模型下，真实方案是指组合 $Scheme + \mathcal{O}$；否则，敌手可以立即将使用随机预言机的模拟方案与使用哈希函数的真实方案区分开。

4.8.2 哈希函数 VS 随机预言机

哈希函数和随机预言机在安全归约中的区别总结如下。

- **知识**。给定任意字符串 x，如果 H 是一个哈希函数，则敌手知道 H 的函数算法，从而知道如何计算 $H(x)$。但是，如果 H 被设为随机预言机，则敌手只有向随机预言机询问 x 才会知道 $H(x)$。

- **输入**。哈希函数和随机预言机有相同的输入空间。哈希函数的输入次数是指数级的，而随机预言机的输入次数是多项式级的。由于随机预言机询问必须在多项式时间内完成，所以随机预言机只允许多项式次数的输入。

- **输出**。哈希函数和随机预言机具有相同的输出空间。哈希函数的输出是由给定的输入和哈希函数算法计算的，而随机预言机的输出是由控制随机预言机的模拟器定义的。哈希函数的输出不要求是均匀分布的，但随机预言机的输出必须是随机且均匀分布的。

- **表示形式**。哈希函数可以看作从输入空间到输出空间的映射，该映射是通过哈希函数算法计算得出的。随机预言机可以看作理想的虚拟哈希函数，以一个仅由输入和输出组成的列表来表示。随机预言机本身没有任何规则或算法来定义映射，它只需要满足所有输出都是随机且独立的。哈希函数和随机预言机的对比见表 4.1。

表 4.1 哈希函数和随机预言机的对比

输入	哈希函数	输出	输入	随机预言机	输出
x_1		y_1	x_1		y_1
x_2		y_2	x_2		y_2
x_3	$H(x_i) = y_i$	y_3	x_3	模拟器	y_3
x_4		y_4	$\vdots$		$\vdots$
$\vdots$		$\vdots$	x_q		y_q

在实现安全归约的过程中，模拟器可以控制和选择任何看起来随机的输出，以此完成模拟或迫使敌手发起有用攻击，所以随机预言机对模拟器来说（在模拟方案或解决问题方面）是非常有用的。通常，随机预言机模型下的安全证明比无随机预言机模型下的安全证明要容易得多。

4.8.3　哈希列表

在随机预言机模型下的安全归约中，我们通常建立一张类似表 4.1 的列表来描述随机预言机的哈希询问及其应答。在该表中，敌手只知道其中的输入和输出，而模拟器可以自适应地计算输出（只要输出是随机且独立的）。计算输出的方式（在很多安全归约中）被记录，这可以帮助模拟器实现安全归约。令 x 为一个询问、y 是它的应答、S 是用于生成 y 的秘密状态，模拟器在以 $y = H(x)$ 应答次询问后，将元组 (x, y, S) 添加到一个哈希列表（记为 $\mathscr{L}$）中。

模拟器创建的哈希列表由输入、输出和相应的状态 S 组成。这个哈希列表应该满足以下条件：

- 在没有任何哈希询问之前，哈希列表初始为空。
- 所有与询问相关的元组都将添加到这个哈希列表中。
- 敌手不知道秘密状态 S。

在计算 y 的过程中，对于如何选择 S，完全取决于所提方案和安全归约。有些加密方案的安全归约在不使用秘密状态 S 的情况下可以随机选择 y，具体例子将在后续章节给出。

4.8.4　随机预言机模型下如何实现安全归约

对于随机预言机模型下的安全证明，模拟器应该在模拟中添加一个 H – 询问（通常在初始化之后）来描述哈希询问和应答。注意，此阶段只出现在安全归约中，不应该出现在安全模型中。

H – 询问。 敌手在此阶段进行哈希询问。模拟器准备一个哈希列表 $\mathscr{L}$ 来记录所有的询问和应答，其中哈希列表初始为空。敌手向随机预言机询问 x，如果 x 已经在哈希列表中，则模拟器根据哈希列表来应答该询问；否则，模拟器生成一个秘密状态 S，以 S 自适应地计算 $y = H(x)$，用 y 应答对 x 的询问，并将 (x, y, S) 添加到哈希列表中。

如果需要将多个哈希函数设置为随机预言机，模拟器就必须逐一描述每个随机预言机。在随机预言机模型下，敌手可以在任何时候（包括在敌手赢得游戏之后）对随机预言机进行询问。模拟器应该自适应地生成所有输出，以确保随机预言机能够帮助模拟器进行模拟（如签名模拟和私钥模拟）。如何自适应地应答敌手的哈希询问，这取决于所提方案、困难问题和安全归约，例子详见 4.12 节。

4.8.5　预言机应答及其概率分析

本小节给出预言机应答的通用步骤以及概率分析，我们首先假设 H 为一个随机预言机。

H - 询问。模拟器准备一个哈希列表 $\mathscr{L}$ 来记录所有的询问和应答，哈希列表初始为空。敌手向随机预言机询问 x，如果 x 已经在哈希列表中，则模拟器根据哈希列表应答该询问；否则，模拟器工作流程如下：

- 模拟器选择一个随机的秘密值 z 和一个秘密比特值 $c \in \{0,1\}$ 来计算 y（还没有定义如何选择 c）。这里，$S = (z,c)$，是用来计算 y 的秘密状态。
- 模拟器设 $H(x) = y$，并将 y 发送给敌手。
- 模拟器将 (x,y,z,c) 添加到哈希列表中。

令 q_H 为随机预言机询问的次数，则哈希列表由 q_H 个元组组成，记为

$$(x_1,y_1,z_1,c_1),(x_2,y_2,z_2,c_2),\cdots,(x_{q_H},y_{q_H},z_{q_H},c_{q_H}).$$

假设敌手不知道 $(z_1,c_1),(z_2,c_2),(z_3,c_3),\cdots,(z_{q_H},c_{q_H})$，那么敌手自适应地从这 q_H 个询问中选择 $q+1$ 个询问，

$$(x_1',x_2',\cdots,x_q',x^*),$$

其中 $q+1 \leqslant q_H$。令 $c_1',c_2',\cdots,c_q',c^*$ 为所选哈希询问对应的秘密比特值。我们定义以下成功概率：

$$P = \Pr[c_1' = c_2' = \cdots = c_q' = 0 \wedge c^* = 1].$$

一旦敌手知道了所有的 c_i，这个概率就无法计算。鉴于此，我们必须假设敌手并不知道所有的 c_i。

这个概率出现在许多安全证明中。以随机预言机模型下数字签名的安全证明为例，安全归约以下方式实现：如果 $c = 0$，则消息 x 的签名是可模拟的；如果 $c = 1$，则消息 x 的签名是可归约的。假设敌手首先询问消息 $x_1',x_2',\cdots,x_q'$ 的签名，然后输出消息 x^* 的伪造签名。成功模拟和有用攻击的概率为

$$\Pr[c_1' = c_2' = \cdots = c_q' = 0 \wedge c^* = 1].$$

该概率依赖于 c_i 的选择方法。接下来，我们介绍现有文献中提出的两种方法：第一种方法较容易理解，但是概率相对较小，丢失因子与所有哈希询问的次数（用 q_H 表示）呈线性关系；第二种方法较复杂，但是比第一种方法的成功概率大，并且丢失因子与所选哈希询问的次数（用 q 表示）呈线性关系。

● 在第一种方法中，模拟器随机选择 $i^* \in [1, q_H]$，猜测敌手输出的 x^* 来自第 i^* 次询问。当询问 x_i 时，模拟器设

$$c_i = \begin{cases} 1, & i = i^*, \\ 0, & \text{其他.} \end{cases}$$

令 P 为成功猜出 x^* 对应询问的概率。由于敌手进行了 q_H 次询问，并且一定询问了 x^*，因此我们有 $P = 1/q_H$。成功概率与所有哈希询问的次数呈线性关系。

● 在第二种方法中，模拟器猜测多个可能被选为 x^* 的 x 值，以增加成功的概率。模拟器随机选择一个比特 $b_i \in \{0, 1\}$，其中 $b_i = 0$ 的概率为 P_b，$b_i = 1$ 的概率为 $1 - P_b$。当询问 x_i 时，模拟器设

$$c_i = \begin{cases} 1, & b_i = 1, \\ 0, & \text{其他.} \end{cases}$$

由于所有的 b_i 都是根据概率 P_b 选择的，因此有

$$\begin{aligned} P &= \Pr[c_1' = c_2' = \cdots = c_q' = 0 \wedge c^* = 1] \\ &= \Pr[b_1 = b_2 = \cdots = b_q = 0 \wedge b^* = 1] \\ &= P_b^q(1 - P_b). \end{aligned}$$

该值在 $P_b = 1 - 1/(1 + q)$ 处取极大值，当 $\left(1 + \dfrac{1}{q}\right)^q \approx e$ 时，我们有 $P \approx 1/(eq)$。这个概率与所选哈希询问的次数呈线性关系，而不是所有哈希询问的次数。

在安全证明中，q_H 被认为远大于 q（如 $q_H = 2^{60}$，而 $q = 2^{30}$），因此第二种方法的成功概率比第一种方法大。然而，第一种方法比第二种方法更容易理解。本书所选方案的安全证明中，当需要使用这两种方法中的一种来进行安全归约时，我们采用第一种方法。为了达到更少的归约丢失，我们采用第二种方法。

4.8.6　随机预言机的使用总结

我们总结了随机预言机在安全证明中的应用，特别是在数字签名和加密方案中的应用。

● 随机预言机在安全证明中之所以有用，不是因为它的输出是随机且均匀分布的（该性质是为了方便我们进行模拟输出），而是因为敌手只有向随机预言机询问 x 才会知道对应的输出 $H(x)$，并且所有输出的计算完

全由模拟器控制。

- 在安全证明中，当一个哈希函数被设为随机预言机时，敌手并不知道哈希函数算法，只能通过询问随机预言机来访问"哈希函数"。

- 随机预言机通常被看作一个理想的哈希函数。在安全证明中，我们不需要考虑如何构造这样一个理想的哈希函数，模拟器的主要任务是考虑如何对每个询问做出应答。

- 只要从敌手的角度来看所有应答都是随机的，模拟器就可以自适应地输出任何元素来应答给定输入的询问。这个技巧对于"hash－then－sign"形式的数字签名安全证明非常有用。在 $H(m)$ 的设定中，$H(m)$ 对应的签名要么是可模拟的，要么是可归约的。

- 哈希列表创建时是空的，但模拟器可以在敌手对 x 进行询问之前在哈希列表中预定义一个元组 $(x, H(x), S)$。

- x 的秘密状态 S 对模拟器是非常有用的，特别是计算 x 的签名（对于数字签名）、计算 x 的私钥（对于基于身份的加密）、在不知道相应密钥的情况下执行解密。

- 如果攻破一个方案必须使用特定的对 $(x, H(x))$，那么敌手必须向随机预言机询问 x。在计算性困难假设下证明一个加密方案的安全性一定会用到该性质。

- 为了简化安全证明，我们会假设模拟器在模拟之前已经知道敌手进行随机预言机询问次数的上界。这个假设在概率计算中非常重要。

后续章节将给出更多关于使用随机预言机实现安全归约的细节。

4.9　数字签名的安全证明

4.9.1　证明结构

假设存在一个可以攻破所提签名方案的敌手 $\mathscr{A}$，我们构建一个模拟器 $\mathscr{B}$ 去解决某个计算性困难问题。安全证明将该困难问题的一个实例作为输入，我们必须在安全证明中指出：模拟器如何生成模拟方案；模拟器如何利用敌手的攻击解决困难问题；为什么安全归约是正确的。安全证明由以下三部分组成。

- **模拟**。模拟器如何利用问题实例生成一个模拟方案，并在存在不可伪造性安全模型下与敌手进行交互。如果模拟器必须中止，则安全归约失败。

- **求解**。模拟器如何利用敌手生成的伪造签名来解决困难问题。更为准确而言，模拟器应该能从伪造的签名中计算出问题实例的解。
- **分析**。我们需要进行以下分析：

（1）模拟和真实攻击是不可区分的。

（2）成功模拟的概率 P_S。

（3）有用攻击的概率 P_U。

（4）解决底层困难问题的优势 ε_R。

（5）解决底层困难问题的时间成本。

如果模拟器在计算公钥和应答所有签名询问时不中止，则模拟是成功的。如果所有计算的签名都能通过签名验证且模拟满足随机性，则模拟是不可区分的。如果模拟器能够从伪造的签名中得到问题实例的解，则敌手的攻击是有用攻击。

许多安全证明只计算了成功模拟的概率，而没有计算有用攻击的概率。事实上，在这些安全性定义中，成功模拟的概率包括了攻击的有用性，这在本质上和我们的分析是一样的。这种差异是对成功模拟的定义不同造成的。

数字签名的安全归约并不一定需要使用伪造签名来解决底层的困难问题。在有随机预言机的情况下，模拟器可以使用哈希询问代替伪造签名来解决困难问题，这种情况是比较少见的。后续章节会解释这类安全归约的动机。

4.9.2　优势计算

令 ε 为敌手攻破所提签名方案的优势，ε_R 为解决困难问题的优势，我们有

$$\varepsilon_R = P_S \cdot \varepsilon \cdot P_U.$$

模拟成功的概率为 P_S，且与真实攻击不可区分，则敌手能以概率 ε 成功伪造一个有效的签名。伪造签名是有用攻击的概率为 P_U，且可以归约到求解困难问题。因此，在安全归约中，我们解决困难问题的优势为 ε_R。

4.9.3　可模拟的和可归约的

在安全归约中，如果问题实例的解是从敌手伪造的签名中得到的，则

模拟方案中的所有签名都可以分为可模拟的和可归约的。

- **可模拟的**。如果一个签名能被模拟器计算出来，那么它就是可模拟的。如果伪造签名是可模拟的，那么伪造攻击必然是无用的。否则，模拟器可以自行计算伪造签名并充当敌手。即使没有敌手的帮助，安全归约也会成功，也就是说，模拟器可以自己解决底层的困难问题。这种安全归约（伪造签名是可模拟的）是错误的。

- **可归约的**。如果一个签名可以用来解决底层的困难问题，那么它就是可归约的。如果伪造签名是可归约的，则攻击是有用的。类似地，安全归约中的可归约签名无法由模拟器计算出，否则模拟器可以自行解决底层的困难问题。

在数字签名的安全归约中，模拟方案中的每个签名都应该是可模拟的或可归约的。一个成功的安全归约要求所有询问的签名是可模拟的且伪造的签名是可归约的，否则模拟器无法应答签名询问或无法利用伪造签名来解决困难问题。

4.9.4　密钥模拟

对于数字签名的安全归约，现有文献中大多数安全证明都是在模拟器不知道相应密钥的情况下进行安全归约的。直观地说，如果模拟器知道密钥，那么所有消息的签名（包括伪造签名）都是可模拟的。因此，此归约肯定不成功。这种观点是不正确的。实际上，在模拟器知道密钥的情况下实现正确的安全归约也是有可能的，例子详见文献 [7]。我们在此强调，即使模拟器知道密钥，某些签名也必须是可归约的；否则，安全归约一定是不正确的。此类安全归约必须解决这一矛盾（模拟器知道密钥但有些伪造签名也是可归约的）。

本书中所有介绍和给定方案都是以一种模拟器不知道密钥的方式实现安全归约的。在这样的一个模拟中，如果模拟器知道密钥，则模拟器可以立即解决底层困难问题。

4.9.5　划分

在模拟过程中，模拟器还必须向敌手隐藏哪些签名是可模拟的，哪些签名是可归约的。如果敌手总是输出一个可模拟的签名作为伪造签名，那么该归约在解决困难问题时不具备优势。我们把签名分割成上述两个集合的方法称为划分。模拟器必须阻止敌手（敌手知道归约算法并可以进行签名询问）找到划分。目前有两种不同的方法处理划分。

- **难以发现**。给定模拟（包括询问签名），计算能力无限的敌手无法以概率 1 找到划分。敌手返回的伪造签名是可归约的，其概率不可忽略，概率值为 P_U。在安全归约中，为了向计算能力无限的敌手隐藏划分，模拟器在模拟中隐藏划分时应利用完全困难问题。4.5.7 节介绍的秘密信息 II 可视为划分。

- **难以区分**。对模拟（包含询问签名和两个互补划分）而言，计算能力无限的敌手没有优势区分所采用的划分，其猜对划分的概率仅为 1/2。互补划分意味着任何签名在一种划分下是可模拟的而在另一种划分下是可归约的。在这种情况下，敌手输出的伪造签名是可归约的概率为 1/2。前面介绍的秘密信息 II 在数字签名的安全归约中就是指采用的划分。然而，这两个互补划分不必满足互补关系，只需要保证敌手无法从两个划分中找到一定是可模拟的签名（也就是说，一个签名在两个划分中都是可归约的也满足条件，但是这个两个划分不构成互补关系）。

与第一种方法相比，第二种方法不需要向敌手隐藏划分。在归约算法中，划分是固定的。为了保证第二种方法有两个不同的划分，我们必须提出两种不同的模拟算法，即归约算法由至少两种模拟算法和对应的求解算法组成，例子详见 4.14.3 节。

4.9.6　松归约与紧归约回顾

通过回顾松归约和紧归约的定义，我们可得出以下结论。

- 如果同一消息的所有签名要么是可模拟的，要么是可归约的，且随机选择的消息为可模拟的概率是 P，则归约必须是松归约。令 q_S 为签名询问的次数，如果敌手随机选择消息进行签名询问，则成功模拟和有用攻击的概率是 $P^{q_S}(1-P) \leq 1/q_S$。归约丢失与 q_S 呈线性关系，因此这个安全归约是松归约。

- 如果一个消息的签名可以生成可模拟的或可归约的，我们就可以实现紧归约。对于一个消息的签名询问，模拟器使其为可模拟的。在这种情况下，模拟器对签名询问的应答不会中止。令 $1-P$ 为伪造签名可归约的概率。成功模拟和有用攻击的概率是 $1 \cdot (1-P)$ 而不是 $P^{q_S}(1-P)$。如果 $1-P$ 是常量且很小，则安全归约为紧归约。

我们发现，之前所有具有紧归约的签名方案都在签名生成中使用了随机盐值，其中随机盐值被用来在可模拟与可归约之间进行功能切换。因此，在签名生成过程中不允许使用随机盐值的唯一签名（unique signature）[77]似乎不可能实现紧归约。然而，随机预言机可帮助具有特殊构造的唯一签名方案[53]实现紧归约，其底层困难问题的解来自一个哈希询问。5.8 节将给出一个简化方案。

4.9.7　正确安全归约小结

在模拟器不知道密钥的情况下，数字签名方案的正确安全归约需要满足以下条件，这些条件也可以辅助检查一个安全归约是否正确。
- 底层的困难问题是一个计算性困难问题。
- 模拟器不知道密钥。
- 所有询问的签名都可以在不知道密钥的情况下进行模拟。
- 模拟与真实攻击是不可区分的。
- 划分是难解的或不可区分的。
- 伪造签名是可归约的。
- 解决底层困难问题的优势 ε_R 是不可忽略的。
- 模拟的时间成本为多项式时间。

如果模拟器使用哈希询问解决困难问题或者模拟器知道密钥，那么安全归约方法将改变。但是，这两种情况非常特殊，本书对此不做详细解读。

4.10　判定性假设下加密方案的安全证明

4.10.1　证明结构

假设存在一个可以攻破所提加密方案的敌手 $\mathscr{A}$。为了解决判定性困难问题，我们构建一个模拟器 $\mathscr{B}$。将给定一个困难问题的实例 (X, Z) 作为输入，我们必须在安全证明中指出：模拟器如何生成模拟方案；模拟器如何利用敌手的攻击解决底层困难问题；为什么安全归约是正确的。此类安全证明由以下三部分组成。
- **模拟**。模拟器如何用问题实例 (X, Z) 生成模拟方案，并在 IND 安全模型下与敌手进行交互。这里，问题实例中的目标 Z 必须嵌入挑战密文。如果模拟器必须中止，它将输出对 Z 的随机猜测。

• **求解**。模拟器如何利用敌手对 c 的猜测 c' 解决判定性困难问题，其中挑战密文中的消息是 m_c。在所有的安全归约中，猜测 Z 的方法都是相同的：如果 $c' = c$，则模拟器输出 $Z = \text{True}$；如果 $c' \neq c$，则模拟器输出 $Z = \text{False}$。

• **分析**。在这部分中，我们需要提供以下分析：

（1）如果 $Z = \text{True}$，则模拟和真实攻击是不可区分的。

（2）成功模拟的概率 P_S。

（3）如果 $Z = \text{True}$，攻破挑战密文的概率 P_T。

（4）如果 $Z = \text{False}$，攻破挑战密文的概率 P_F。

（5）解决底层困难问题的优势 ε_R。

（6）解决底层困难问题的时间成本。

如果模拟器在计算公钥、应答询问和计算挑战密文时不会中止，模拟就会成功。$Z = \text{True}$ 的模拟与真实攻击不可区分需要满足以下三个条件：对询问的所有应答都是正确的；$Z = \text{True}$ 所生成的挑战密文是所提方案中定义的正确密文；在模拟中保持了随机性。

在本书中，攻破密文意味着敌手正确猜测出密文中的消息。该证明结构是 IND 安全模型判定性困难假设下加密方案的标准结构。对于随机预言机模型计算性困难假设下的加密方案，证明结构是完全不同的，详见 4.11.5 节。

4.10.2　密文分类

对于加密方案，强安全模型允许敌手对任何密文进行解密询问，但不能对挑战密文进行解密询问。模拟中的密文可以分为以下四种类型。

• **正确的密文**。如果密文可以由加密算法生成，那么它就是正确的。例如，将 $pk = (g, g_1, g_2) \in \mathbb{G}$ 和 $m \in \mathbb{G}$ 作为输入，一个加密算法随机选择 $r \in \mathbb{Z}_p$，并计算 $CT = (g^r, g_1^r, g_2^r \cdot m)$。任何可以由 m、r、pk 生成且具有这个结构的密文都是正确的密文。

• **不正确的密文**。如果一个密文不能由加密算法生成，则该密文是不正确的密文。我们仍然用上述示例中的加密算法，则 $(g^r, g_1^{r+1}, g_2^r \cdot m)$ 是一个不正确的密文。因为该加密算法使用任何随机数均无法生成此结构的密文。

• **有效的密文**。如果密文解密输出一个消息，则该密文是有效的。需要强调的是，解密输出的消息可以是除 $\perp$ 以外的任何消息。

- **无效的密文**。如果密文解密输出 ⊥ ，而不是其他任何消息，则密文是无效的。

在上述分类中，正确的密文和不正确的密文与密文结构相关，而有效的密文和无效的密文与解密结果相关。注意，正确的密文和有效的密文在其他文献中可视为等价。

当构造一个加密方案时，理想的解密算法应当接受所有正确的密文为有效的密文，并拒绝所有不正确的密文。在安全归约中，模拟的解密算法应该能够与所提的解密算法进行完全相同的解密（并得到相同的解密结果）；否则，模拟方案可能与真实方案是可区分的。事实上，在真实方案和模拟方案中构造这样一个完美的解密都是不容易的。

我们将密文分为以上四种类型，以精确分析解密模拟能否帮助敌手攻破挑战密文，特别在挑战密文由 $Z =$ False 生成的情况下，解密模拟如何工作。敌手进行解密询问的密文可以是上述四种类型中的一种，每一种类型都应以正确的方式得到不同的应答。这种分类是必须的，因为解密询问可能接受不正确的密文，使得解密结果成功帮助敌手攻破挑战密文。

挑战密文要么是正确的密文，要么是不正确的密文，这取决于密文生成中的 Z 。下一小节将进一步给出两种特殊类型的挑战密文。

4.10.3　挑战密文分类

在判定性困难问题的实例中，目标 Z 为 True 或 False。挑战密文由目标 Z 计算得出，它可以分为以下两种类型。

- **真挑战密文**。如果目标 Z 为 True，那么用目标 Z 生成的挑战密文是真挑战密文。攻破真挑战密文的概率记为

$$P_T = \Pr[\, c' = c \mid Z = \text{True}\,].$$

- **假挑战密文**。如果目标 Z 为 False，那么用目标 Z 生成的挑战密文是假挑战密文。攻破假挑战密文的概率记为

$$P_F = \Pr[\, c' = c \mid Z = \text{False}\,].$$

在模拟中，如果挑战密文是真挑战密文，就要求敌手以不可忽略的优势猜测加密的消息；否则，挑战密文为假挑战密文，敌手只能以可忽略的优势来猜测假挑战密文中加密的消息。

4.10.4　挑战密文模拟

在安全归约中，模拟器必须将目标 Z 嵌入挑战密文，使其满足以下条件。

- 如果 Z 为 True，则真挑战密文是一个正确的密文，其加密消息为 $m_c \in \{m_0, m_1\}$，其中 m_0、m_1 是敌手提供的两条等长消息（来自相同消息空间），c 由模拟器随机选择。我们应该实现不可区分的模拟，使得敌手能以攻破假设中定义的不可忽略的优势来正确猜测加密消息。

- 如果 Z 为 False，则假挑战密文既可以是正确的密文，也可以是错误的密文。但是，从敌手的角度来看，挑战密文不能是对消息 m_c 的加密。我们实现的模拟要保证敌手至多以可忽略的优势正确地猜测出加密消息。

如果挑战密文与 Z 无关，那么对挑战密文中信息的猜测必然也与 Z 无关，从而敌手的猜测是无用的（不能用于判断 Z 为 True 或 False）。因此，Z 必须嵌入挑战密文。

4.10.5　优势计算 1

解决底层困难问题的优势为

$$
\begin{aligned}
\varepsilon_R &= \Pr\left[\text{Guess } Z = \text{True} \mid Z = \text{True}\right] - \Pr\left[\text{Guess } Z = \text{True} \mid Z = \text{False}\right] \\
&= \Pr\left[\begin{array}{l}\text{模拟器猜测}\\ Z \text{ 为 True}\end{array} \middle| Z = \text{True}\right] - \Pr\left[\begin{array}{l}\text{模拟器猜测}\\ Z \text{ 为 True}\end{array} \middle| Z = \text{False}\right].
\end{aligned}
$$

设 US 为不成功模拟事件，SS 为成功模拟事件。如果模拟不成功，那么模拟器就随机猜测 Z。因此，我们有

$$
\Pr\left[\begin{array}{l}\text{模拟器猜测}\\ Z \text{ 为 True}\end{array} \middle| US\right] = \frac{1}{2}.
$$

否则，根据证明结构，我们有

$$
\Pr\left[\begin{array}{l}\text{模拟器猜测}\\ Z \text{ 为 True}\end{array} \middle| SS\right] = \Pr[c' = c].
$$

利用全概率公式，我们有

$$
\begin{aligned}
&\Pr\left[\begin{array}{l}\text{模拟器猜测}\\ Z \text{ 为 True}\end{array} \middle| Z = \text{True}\right] \\
&= \Pr\left[\begin{array}{l}\text{模拟器猜测}\\ Z \text{ 为 True}\end{array} \middle| Z = \text{True} \wedge SS\right] \Pr[SS] + \\
&\quad \Pr\left[\begin{array}{l}\text{模拟器猜测}\\ Z \text{ 为 True}\end{array} \middle| Z = \text{True} \wedge US\right] \Pr[US] \\
&= \Pr[c' = c \mid Z = \text{True}] \Pr[SS] + \frac{1}{2}\Pr[US] \\
&= P_T \cdot P_S + \frac{1}{2}(1 - P_S),
\end{aligned}
$$

$$\Pr\begin{bmatrix} \text{模拟器猜测} \\ Z \text{ 为 True} \end{bmatrix} Z = \text{False} \end{bmatrix}$$

$$= \Pr\begin{bmatrix} \text{模拟器猜测} \\ Z \text{ 为 True} \end{bmatrix} Z = \text{False} \wedge SS \end{bmatrix} \Pr[SS] +$$

$$\Pr\begin{bmatrix} \text{模拟器猜测} \\ Z \text{ 为 True} \end{bmatrix} Z = \text{False} \wedge US \end{bmatrix} \Pr[US]$$

$$= \Pr[c' = c \mid Z = \text{False}] \Pr[SS] + \frac{1}{2}\Pr[US]$$

$$= P_F \cdot P_S + \frac{1}{2}(1 - P_S).$$

上述分析可得出解决困难问题的优势，即

$$\varepsilon_R = \Pr\begin{bmatrix} \text{模拟器猜测} \\ Z \text{ 为 True} \end{bmatrix} Z = \text{True} \end{bmatrix} - \Pr\begin{bmatrix} \text{模拟器猜测} \\ Z \text{ 为 True} \end{bmatrix} Z = \text{False} \end{bmatrix}$$

$$= \left(P_T \cdot P_S + \frac{1}{2}(1 - P_S) \right) - \left(P_F \cdot P_S + \frac{1}{2}(1 - P_S) \right)$$

$$= P_S(P_T - P_F).$$

在安全归约中，为了以不可忽略的优势来解决一个判定性困难问题，我们应该设计一个安全归约，使得 P_T 尽可能大而 P_F 尽可能小。相反，为了使安全归约失败，敌手的目标是使得 $P_T \approx P_F$。根据有用攻击和无用攻击的定义，如果 $P_T - P_F$ 是不可忽略的，那么敌手的攻击就是有用的攻击，否则它是无用的攻击。

4.10.6　攻破真挑战密文的概率 P_T

我们假设存在一个敌手，它可以在多项式时间内以不可忽略的优势 ε 攻破所提方案。如果在真实方案中加密的消息是 m_c，则根据安全模型优势的定义，我们有

$$\varepsilon = 2\left(\Pr[c' = c] - \frac{1}{2} \right).$$

那么敌手能够以 $\Pr[c' = c] = 1/2 + \varepsilon/2$ 的概率正确猜测出真实方案中挑战密文的消息。

如果 Z 为 True，且从敌手的角度来看，模拟方案与真实方案是不可区分的，则敌手将（如同攻破真实方案）攻破模拟方案，并以 $1/2 + \varepsilon/2$ 的概率正确猜测出加密消息，我们有

$$P_T = \Pr[\,c' = c \mid Z = \text{True}\,] = \frac{1}{2} + \frac{\varepsilon}{2}.$$

4.10.7 攻破假挑战密文的概率

如果 Z 为 False，则假挑战密文应该是不正确密文，或者加密的消息既不是 m_0 也不是 m_1 的正确密文。因此，敌手知道给定的方案不是真实方案，而是模拟方案。这是因为，真实方案中的挑战密文应该是一个正确的密文，其加密的消息来自 $\{m_0, m_1\}$。

由于敌手（在安全归约中）是恶意的，因此即使它发现挑战密文是假的，也不会中止，而是尽最大努力地利用它所知道的东西去猜测 c，以达到 $P_F \approx P_T$。因此，概率 P_F 为

$$P_F = \Pr[\,c' = c \mid Z = \text{False}\,] \geqslant \frac{1}{2}.$$

此概率取决于模拟过程，且不小于 $1/2$，其中概率 $1/2$ 是通过随机猜测得到的。

4.10.8 优势计算 2

根据 4.10.5 节的推演，解决困难问题的优势是

$$
\begin{aligned}
\varepsilon_R &= \Pr[\,\text{Guess } Z = \text{True} \mid Z = \text{True}\,] - \Pr[\,\text{Guess } Z = \text{True} \mid Z = \text{False}\,] \\
&= \Pr\left[\begin{array}{c}\text{模拟器猜测} \\ Z \text{ 为 True}\end{array} \middle| Z = \text{True}\right] - \Pr\left[\begin{array}{c}\text{模拟器猜测} \\ Z \text{ 为 True}\end{array} \middle| Z = \text{False}\right] \\
&= P_S(P_T - P_F).
\end{aligned}
$$

如果概率 P_S 是不可忽略的，并且 Z 为 True 的模拟是不可区分的，将概率 P_T 和 P_F 结合在一起，我们有

$$\varepsilon_R = P_S(P_T - P_F) = P_S\left(\frac{1}{2} + \frac{\varepsilon}{2} - P_F\right).$$

当且仅当 $P_F \approx 1/2$ 时，其优势是不可忽略的；否则，如果 $P_F = 1/2 + \varepsilon/2$，解决底层困难问题的优势是 0。

模拟器旨在从抵抗恶意敌手的安全归约中获取一个不可忽略的 ε_R。根据以上推演，一个正确的安全归约需要满足以下条件：

- P_S 是不可忽略的；
- 如果 Z 为 True，则模拟方案与真实方案是不可区分的；

- $P_F \approx 1/2$，这意味着恶意敌手攻破假挑战密文几乎没有优势。

从敌手的角度来看，当且仅当消息 m_c 是一次一密的，理想概率 $P_F = 1/2$ 才成立。$P_F \approx 1/2$ 的概率意味着，从敌手的角度来看，攻破假挑战密文和攻破一次一密几乎一样困难。一次一密是一种特殊的加密方式，使得即使敌手具有无限的计算能力，它在猜测挑战密文中的消息时也没有优势。

通过以上分析，我们发现了一个有趣的归约结果。例如，即使模拟满足 $P_S = 1$、$\varepsilon = 1$、$P_F = 1/2$，并且模拟是不可区分的，我们也有

$$\varepsilon_R = P_S \left(\frac{1}{2} + \frac{\varepsilon}{2} - P_F \right) = \frac{1}{2} \neq 1.$$

也就是说，解决判定性困难问题的最大优势不是 100%，而是至多 50%。原因在于，即使给定一个假挑战密文（Z 为 False），敌手仍然以至少 1/2 的概率正确地猜测 c 并输出 $c' = c$，这样模拟器就会猜测 Z 为 True，但实际上 Z 为 False，因此 Z 的猜测并不总是正确的。

4.10.9　一次一密定义

一次一密在加密的安全证明中起着重要的作用。最简单的一次一密的例子为

$$CT = m \oplus K,$$

式中，$m \in \{0,1\}^n$ 是一个消息；$K \in \{0,1\}^n$ 是敌手不知道的随机密钥。对于这样的一次一密，即使敌手的计算能力是无限的，它也没有优势，只能以 $1/2^n$ 的成功概率猜测 CT 中的消息。如果 CT 通过由两个不同的消息 $\{m_0, m_1\}$ 中随机选择的一个进行加密生成的，敌手仍然没有优势，且只能以 1/2 的概率正确猜测出加密消息。因此，在 IND 安全模型下，一次一密可以达到完全安全，从而使得敌手在攻破密文方面没有优势。

一次一密的定义如下。

定义 4.10.9.1（一次一密）　令 $E(m, r, R)$ 是由公共参数 R 和秘密参数 r 对给定消息 m 的加密。如果对于来自同一明文空间的任意两个不同消息 m_0、m_1，在公共参数 R 下，CT 可以等概率地表示为由秘密参数 r_0 对消息 m_0 的加密，或者由秘密参数 r_1 对消息 m_1 的加密，即

$$\Pr[CT = E(m_0, r_0, R)] = \Pr[CT = E(m_1, r_1, R)].$$

那么密文 $E(m, r, R)$ 是一次一密。

在加密的安全证明中，我们需要证明：从敌手的角度来看，假挑战密文是一次一密。更准确地说，给定一个判定性困难问题的实例 (X, Z)，安全归约必须将 Z 嵌入挑战密文 CT^*，并且从敌手的角度来看，如果 Z 为 False，则 CT^* 是一次一密。"从敌手的角度"是极为重要的，我们不能简单地分析证明假挑战密文是一次一密的，具体原因见 4.10.11 节。

对基于群的加密的安全证明而言，我们对那些由循环群构造的一次一密更感兴趣。我们可以使用以下引理检查循环群上的密文从敌手（即使有无限的计算能力）的角度来看是否满足一次一密。

引理 4.10.1 令 $CT = (g^{x_1}, g^{x_2}, g^{x_3}, \cdots, g^{x_n}, g^{x^*} \cdot m_c)$ 是一个密文，其中 $m_c \in \{m_0, m_1\}$，敌手知道群 $(\mathbb{G}, g, p)$，消息 $m_0, m_1 \in \mathbb{G}$，那么密文 CT 是一次一密所需满足的条件：

- x^* 是 $\mathbb{Z}_p$ 中的一个随机数，且 x^* 独立于 $x_1, x_2, \cdots, x_n$。

密文 CT 不是一次一密所需满足的条件：

- x^* 不是 $\mathbb{Z}_p$ 中的一个随机数（敌手可以知道），或 x^* 取决于 $x_1, x_2, \cdots, x_n$（可以由 $x_1, x_2, \cdots, x_n$ 计算得出）。

证明：令 $CT^* = g^{x^*} m_c$。从敌手的角度来看，

- CT 可以看作 m_0 的加密，其中 $r_0 = x^* = \log_g C^* - \log_g m_0 \in \mathbb{Z}_p$。
- CT 可以看作 m_1 的加密，其中 $r_1 = x^* = \log_g C^* - \log_g m_1 \in \mathbb{Z}_p$。

因为 x^* 是随机的，并且独立于 $x_1, x_2, \cdots, x_n$，那么 $x^* = \log_g C^* - \log_g m_0$ 和 $x^* = \log_g C^* - \log_g m_1$ 的概率都是 $1/p$。因此，这个密文是一次一密。否则，如果敌手知道 x^* 或可以根据 $x_1, x_2, \cdots, x_n$ 计算出 x^*，则敌手可以解密密文中的消息 m_c，该密文不是一次一密。

为了证明 CT 是一次一密，我们还可以直接证明 $x^*, x_1, x_2, \cdots, x_n$ 是随机且独立的。但是，这是一个充分不必要条件。

4.10.10 一次一密示例

我们通过以下例子来介绍基于群的密码学中的一次一密。假设敌手知道以下信息：

- 循环群 $(\mathbb{G}, g, h, p)$，其中，g、h 是生成元，p 是群阶；
- 两条不同的消息 $m_0, m_1 \in \mathbb{G}$，以及密文的构造方式。

在以下密文中，$c \in \{0, 1\}$，$x, y, z \in \mathbb{Z}_p$ 是由模拟器随机选择的。敌手的目的是猜测 CT 中的 c。我们来分析以下密文是否为一次一密。

$$CT = (g^x, g^4 \cdot m_c) \tag{4.25}$$

$$CT = (g^x, g^y \cdot m_c) \tag{4.26}$$

$$CT = (g^x, h^x \cdot m_c) \tag{4.27}$$

$$CT = (g^x, g^y, g^{xy} \cdot m_c) \tag{4.28}$$

$$CT = (g^x, h^{x+y} \cdot m_c) \tag{4.29}$$

$$CT = (g^{2x+y+z}, g^{x+3y+z}, g^{4x+7y+3z} \cdot m_c) \tag{4.30}$$

$$CT = (g^{x+3y+3z}, g^{2x+3y+5z}, g^{9x+5y+2z} \cdot m_c) \tag{4.31}$$

$$CT = (g^{x+3y+3z}, g^{2x+6y+6z}, g^{9x+5y+2z} \cdot m_c) \tag{4.32}$$

根据引理 4.10.1，我们有以下的结果。

- **式（4.25）不是**。$x^* = 4$ 不是随机的。
- **式（4.26）是**。我们有

$$(x_1, x^*) = (x, y).$$

x^* 是随机的且独立于 x_1，因为 (x, y) 都是随机数。

- **式（4.27）不是**。我们有

$$(x_1, x^*) = (x, x \log_g h).$$

x^* 取决于 x_1 和 $\log_g h$，满足等式 $x^* = x_1 \log_g h$。

- **式（4.28）不是**。我们有

$$(x_1, x_2, x^*) = (x, y, xy).$$

x^* 取决于 x_1 和 x_2，满足等式 $x^* = x_1 x_2$。

- **式（4.29）是**。我们有

$$(x_1, x^*) = (x, x \log_g h + y \log_g h).$$

x^* 独立于 x_1，因为 y 是一个只出现在 x^* 中的随机数。

- **式（4.30）不是**。我们有

$$(x_1, x_2, x^*) = (2x + y + z, x + 3y + z, 4x + 7y + 3z).$$

系数矩阵的行列式为零，x^* 取决于 (x_1, x_2)，且满足 $x^* = x_1 + 2x_2$。

- **式（4.31）是**。我们有

$$(x_1, x_2, x^*) = (x + 3y + 3z, 2x + 3y + 5z, 9x + 5y + 2z).$$

系数矩阵的行列式非零。因此 x^* 是随机的，并且独立于 x_1、x_2。

- **式（4.32）是**。我们有

$$(x_1, x_2, x^*) = (x + 3y + 3z, 2x + 6y + 6z, 9x + 5y + 2z).$$

系数矩阵的行列式为零，其中 $x_2 = 2x_1$。但是，x^* 和 x_2 是独立的，因为存在一个 2×2 子矩阵，其行列式非零。

从最后一个示例中，我们发现一个有趣的结果：即使 $x_1, x_2, \cdots, x_n, x^*$ 不是随机且独立的，也不意味着可以从 $x_1, x_2, \cdots, x_n$ 计算出 x^*。这仅意味着 $\{x_1, x_2, \cdots, x_n, x^*\}$ 中至少有一个值可以由其他值计算得出。为了确保最后一个示例不会出现在分析中，如果 $x_1, x_2, \cdots, x_n$ 不是独立的，那么我们可以删除一些 x_i，直到剩余的 x_i 都是随机且独立的。详细的例子见 4.14.2 节。

4.10.11 一次一密分析

在加密的正确性分析中，仅证明假挑战密文是一次一密是不够的，我们必须证明攻破假挑战密文的困难性等同于攻破一次一密的困难性。也就是说，即使敌手从模拟方案中接收到一些参数，从它的角度来看，假挑战密文仍是一次一密。因为接收到的参数可能帮助敌手攻破假挑战密文，所以我们必须采用下述的分析方式。

令挑战密文 CT^* 为

$$CT^* = (g^{x_1}, g^{x_2}, g^{x_3}, \cdots, g^{x_n}, g^{x^*} \cdot m_c),$$

$g^{x_1'}, g^{x_2'}, \cdots, g^{x_q'}$ 为敌手从其他阶段获得的额外信息，其中 q 为询问次数。如果 Z 为 False，则我们必须分析假挑战密文的扩展

$$(g^{x_1'}, g^{x_2'}, \cdots, g^{x_q'}, g^{x_1}, g^{x_2}, g^{x_3}, \cdots, g^{x_n}, g^{x^*} \cdot m_c)$$

是一次一密，即 x^* 是随机且独立于 $x_1', x_2', \cdots, x_q', x_1, x_2, \cdots, x_n$。

以上解释只是为了得到一个理想的结果。实际上，敌手可能以一定的概率从其他阶段（如公钥和对询问的应答）获得有用的信息，从而成功攻破假挑战密文。例如，如果 $x, y, z \in \mathbb{Z}_p$ 是由模拟器在模拟中随机选择的，则挑战密文

$$CT^* = (g^{x+3y+3z}, g^{2x+3y+5z}, g^{9x+5y+2z} \cdot m_c)$$

是一次一密。然而，如果敌手可以从对解密询问的应答中获得一个新的群元素如 g^{x+y+z}，则挑战密文就不再是一次一密，因为敌手可以从其他三个群元素计算群元素 $g^{9x+5y+2z}$，从而解密得到消息 m_c。

4.10.12 解密模拟

安全性分析必须证明解密模拟是正确的。准确地说，解密模拟必须满足以下条件。

- 如果 Z 为 True，则解密模拟与真实方案的解密是不可区分的；否则，我们无法证明模拟与真实攻击是不可区分的。不可区分性意味着模拟方案将以与真实方案相同的方式接受正确的密文，并拒绝不正确的密文。为了保证解密模拟的不可区分性，最简单的方法是让模拟器能够为密文解密，生成有效的解密密钥。

- 如果 Z 为 False，则敌手无法通过解密询问来攻破假挑战密文，即敌手无法通过解密询问成功猜出挑战密文中的消息。证明敌手在攻破假挑战密文方面没有（或可以忽略的）优势，需要这个条件。如何阻止敌手利用解密询问来攻破假挑战密文是安全归约中最具挑战性的任务，这是因为所有用于解密询问的密文都可以由敌手自适应生成，比如，在 CCA 安全模型下，敌手可以通过修改挑战密文来生成用于解密询问的密文。

以上两个不同的条件是为了证明在判定性困难假设下加密方案的安全性。然而，在随机预言机模型下证明计算性困难假设下的加密方案时，由于给定的问题实例中没有目标 Z，因此解密模拟所需要的条件略有不同。

4. 10. 13　挑战解密密钥的模拟

令 (pk^*, sk^*) 为公钥加密方案中的公/私钥对，(ID^*, d_{ID^*}) 是基于身份的加密方案中敌手旨在挑战的密钥对，挑战密文由 pk^* 或 ID^* 生成。本节采用 sk^* 和 d_{ID^*} 表示挑战解密密钥。

在加密的安全归约中，我们不要求模拟器一定不知道解密密钥。当前，有两种与解密密钥有关的方法。

- 第一种方法。模拟器知道挑战解密密钥。由于知道解密密钥，模拟器就可以很容易地根据解密算法进行解密模拟。因此，模拟方案中的解密模拟与真实方案中的解密模拟是不可区分的。然而，模拟挑战密文具有一定的挑战性，我们应确保敌手仅以可忽略的优势攻破假挑战密文。

- 第二种方法。模拟器不知道挑战解密密钥。如果 Z 为 False，那么生成一个满足要求的假挑战密文较为容易。然而，在不知道解密密钥的情况下，如何正确模拟解密成为一个挑战。在这种情况下，模拟器不知道挑战解密密钥，但又不得不模拟解密。

我们不能自适应地选择上述两种方法中的某一种来实现所提方案的安

全归约，使用哪种方法取决于所提方案和困难问题。

4.10.14　P_F 的概率分析

此前我们已经解释过，如果 Z 为 False，那么仅简单分析假挑战密文为一次一密是不够的，我们还必须分析敌手至多以可忽略的优势攻破假挑战密文（敌手获取的信息不仅仅是假挑战密文）。为了计算攻破假挑战密文的概率 P_F，我们可能需要计算以下概率和优势。

- **概率** $P_F^W = 1/2$。在不进行任何解密询问的情况下，攻破假挑战密文的概率 P_F^W 为 $1/2$。这个概率实际上是 CPA 安全模型下攻破假挑战密文的概率，其中 CPA 安全模型下没有解密询问。CPA 的安全证明相对简单，因为我们不需要分析以下概率或优势。

- **优势** $A_F^K \overset{?}{=} 0$。利用挑战解密密钥攻破假挑战密文的优势 A_F^K 是 0 或 1。如果 $A_F^K = 0$，则意味着敌手无法利用挑战解密密钥来猜测假挑战密文中的消息，这便完成了对概率 P_F 的分析；如果 $A_F^K = 1$，则我们需要分析以下概率或优势。

- **优势** $A_F^C = 0$。利用对正确密文的解密询问来攻破假挑战密文的优势 A_F^C 是 0。由于正确的解密总是能够接受正确的密文，因此一个正确的安全归约要求正确密文的解密不能帮助敌手攻破假挑战密文；否则，就不可能达到 $P_F \approx 1/2$，安全归约将会失败。

- **优势** $A_F^I \overset{?}{=} 0$。利用对不正确密文的解密询问来攻破假挑战密文的优势 A_F^I 要么是 0，要么是 1。如果 $A_F^I = 0$ 为 0，对不正确的密文解密就不会帮助敌手攻破假挑战密文，这样就完成了对概率 P_F 的分析；否则，$A_F^I = 1$，我们需要分析下面的概率。

- **概率** $P_F^A \approx 0$。接受不正确密文的概率 P_F^A 是可忽略的，或敌手可以生成不正确的密文并使模拟器接受的概率可以忽略不计。如果 $P_F^A = 0$，就意味着所有用于解密询问的不正确密文都将被模拟器拒绝。

利用上述概率和优势，我们用以下公式定义概率 P_F，

$$P_F = P_F^W + A_F^K (A_F^C + A_F^I P_F^A).$$

概率 P_F 的分析流程图如图 4.2 所示。CCA 安全性的概率分析相对复杂，必须额外分析四种情况。

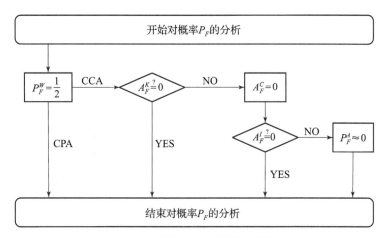

图 4.2　概率 P_F 的分析流程图

4.10.15　优势结果 A_F^K 和 A_F^I 示例

在正确的安全归约中，优势 A_F^K 和 A_F^I 可以是 0 或 1，这取决于所提方案和安全归约。我们给出了四个实例来引入安全归约中的 $A_F^K = 0$、$A_F^K = 1$、$A_F^I = 0$ 和 $A_F^I = 1$。

- $A_F^K = 0$。在公钥加密方案中，公/私钥对是 $(pk, sk) = (h, \alpha)$，其中 $SP = (\mathbb{G}, g, p)$、$h = g^\alpha$、$\alpha \in \mathbb{Z}_p$ 是随机选择的。因此，在该构造中，挑战解密密钥是 α。

假设假挑战密文为

$$CT^* = (C_1^*, C_2^*) = (g^x, Z \cdot m_c),$$

式中，目标 Z（False）是从 $\mathbb{G}$ 中随机选择的。从敌手的角度来看，当且仅当 Z 是随机并且敌手不知道 Z 时，挑战密文才是一次一密。即使敌手可以计算出挑战解密密钥 α，它也不能帮助敌手猜测出加密的消息。因此，$A_F^K = 0$。

- $A_F^K = 1$。在公钥加密方案中，公钥 $pk = h$，并且私钥 $sk = (\alpha, \beta, \gamma)$，其中 $SP = (\mathbb{G}, g_1, g_2, g_3, p)$，$h = g_1^\alpha g_2^\beta g_3^\gamma$，$\alpha, \beta, \gamma \in \mathbb{Z}_p$ 是随机选择的。这里，g_1、g_2、g_3 是三个不同的群元素。因此，在该构造中，挑战解密密钥是 (α, β, γ)。

假设假挑战密文为

$$CT^* = (C_1^*, C_2^*, C_3^*) = (g_1^x, Z, Z^\alpha \cdot m_c),$$

式中，目标 Z（False）是从 $\mathbb{G}$ 中随机选择的。消息由 Z^{α} 加密，且 Z 是挑战密文中的第二个元素。因此，从敌手的角度来看，当且仅当 α 是随机的并且敌手不知道 α，挑战密文才是一次一密。我们容易看出，在 (α,β,γ) 的帮助下，敌手可以很容易地攻破假挑战密文。因此，有 $A_F^K = 1$。

- $A_F^I = 0$。继续上述 $A_F^K = 1$ 的例子。即使敌手有无限的计算能力，它也无法通过公钥计算挑战解密密钥 (α,β,γ)。从敌手的角度来看，当 α 是随机的并且敌手不知道 α 时，假挑战密文才是一次一密。

令 $CT = (C_1, C_2, C_3)$ 是不正确的密文，模拟器解密此密文并将群元素 $m = C_3 \cdot C_2^{\gamma}$ 返回敌手。因为 C_2、C_3 是已知的，所以计算能力无限的敌手可以很容易地从这个群元素中得出 γ。但是，从群元素中计算出的 γ 不能帮助敌手攻破假挑战密文。因此，有 $A_F^I = 0$。注意：当且仅当敌手不会从所有不正确的密文的解密中知道 α 时，优势 $A_F^I = 0$ 成立。

- $A_F^I = 1$。继续上述 $A_F^K = 1$ 和 $A_F^I = 0$ 的例子。假设不正确密文的解密不会返回 $m = C_3 \cdot C_2^{\gamma}$，而是返回 $m = C_3 \cdot C_2^{-\alpha}$。用类似的分析，敌手可以从不正确密文的解密询问中获得 α，然后攻破假挑战密文。因此，有 $A_F^I = 1$。

敌手能否计算出挑战解密密钥会影响分析。我们有以下发现。

- 如果计算能力无限的敌手可以根据公钥计算出挑战解密密钥，则无论是正确密文还是不正确密文的解密都不能帮助敌手攻破假挑战密文，即 $A_F^C = A_F^I = 0$。其原因在于，敌手可以使用挑战解密密钥自行解密密文。因此，在这种情况下，我们不需要考虑解密询问能否帮助敌手攻破假挑战密文。

- 如果计算能力无限的敌手计算不出挑战解密密钥，则解密不正确密文可能有助于敌手攻破假挑战密文。其原因在于，挑战解密密钥在一次一密的构造中起着重要的作用，但是挑战解密密钥可能是由敌手通过对不正确密文进行解密询问获得的，所以假挑战密文不再是一次一密。因此，解密不正确的密文不一定对敌手有帮助，这取决于安全归约中一次一密的构造。

由于模拟器只对敌手的解密询问进行应答，所以在分析中向敌手提供挑战解密密钥是充分而不必要的。我们甚至可以跳过分析挑战解密密钥是否有助于敌手。然而，这仍然是一个有助于简化分析的有用方法（放缩法），特别是在挑战解密密钥不能帮助敌手的情况下，（分析）显得尤为简单。

4.10.16 优势计算 3

在优势计算中，我们已经证明

$$\varepsilon_R = \Pr[\text{Guess } Z = \text{True} \mid Z = \text{True}] - \Pr[\text{Guess } Z = \text{True} \mid Z = \text{False}]$$
$$= P_S(P_T - P_F).$$

当模拟与真实攻击无法区分时，利用攻破真/假挑战密文的概率，我们最终得到

$$\varepsilon_R = P_S\left(\frac{1}{2} + \frac{\varepsilon}{2} - P_F^W - A_F^K(A_F^C + A_F^I P_F^A)\right).$$

- 对 CPA 安全而言，其优势为

$$\varepsilon_R = P_S\left(\frac{1}{2} + \frac{\varepsilon}{2} - P_F^W\right).$$

这里我们只需要分析 P_S 是不可忽略，且 $P_F^W = \frac{1}{2}$。

- 对于 $A_F^K = 0$ 的 CCA 安全性，其优势为

$$\varepsilon_R = P_S\left(\frac{1}{2} + \frac{\varepsilon}{2} - P_F^W\right).$$

这里我们只需要分析 P_S 是不可忽略，且 $P_F^W = \frac{1}{2}$。

- 对于 $A_F^K = 1$ 的 CCA 安全性，其优势为

$$\varepsilon_R = P_S\left(\frac{1}{2} + \frac{\varepsilon}{2} - P_F^W - A_F^C - A_F^I P_F^A\right).$$

这里我们只需要分析 P_S 是不可忽略，并且

$$P_F^W = \frac{1}{2}, A_F^C = 0, A_F^I = 0 \text{ 或 } P_F^A \approx 0.$$

在所有情况下，我们都要求模拟不可区分。在 CCA 安全模型下，不可区分性分析要比在 CPA 安全模型下复杂得多，其原因在于我们还需要分析解密模拟在 Z 为 True 的情况下是不可区分的。

4.10.17　正确安全归约总结

加密方案的正确安全归约应满足以下条件，这些条件也可以用来检查安全归约是否正确。

- 所用的困难问题是一个判定性问题。
- 模拟器利用敌手的猜测来解决困难问题。
- 如果 Z 为 True，则模拟与真实攻击是不可区分的。
- 模拟成功的概率是不可忽略的。
- 攻破真挑战密文的优势是 ε。

- 攻破假挑战密文的优势是可忽略的。
- 解决困难问题的优势 ε_R 是不可忽略的。
- 模拟的时间成本为多项式时间。

在有随机预言机的安全证明中，我们可以在计算性困难假设下证明所提方案的安全性。其主要区别是如何解决底层困难问题。随机预言机的归约方法将在 4.11 节中给出。

4.11　计算性假设下加密方案的安全证明

本节介绍在计算性困难假设下如何使用随机预言机来实现加密方案的安全归约。计算性困难假设和判定性困难假设下加密方案的安全归约在挑战密文的模拟、问题实例的求解和正确性分析等方面有诸多不同。

4.11.1　回顾随机与独立

令 H 为一个密码哈希函数，x 是一个随机输入字符串。

- 如果 H 是一个密码哈希函数，则 $H(x)$ 依赖于 x 和哈希函数算法。也就是说，$H(x)$ 可以根据 x 和哈希函数 H 计算得出。
- 如果 H 被设为随机预言机，则 $H(x)$ 由模拟器随机选择。因此，$H(x)$ 是随机的，且独立于 x。

在随机预言机下的安全证明中，如果敌手没有向随机预言机询问 x，那么 $H(x)$ 就是随机的，且敌手不知道 $H(x)$。这是随机预言机下对加密进行安全归约的核心。

4.11.2　回顾一次一密

令 $H:\{0,1\}^* \rightarrow \{0,1\}^n$ 是一个密码哈希函数。我们用 x 加密消息得到密文

$$CT = (x, H(x) \oplus m_c).$$

式中，x 是任意的字符串；m_0、m_1 是从消息空间 $\{0,1\}^n$ 中选择的任意两个不同的消息；m_c 是从 $\{m_0, m_1\}$ 随机选择的。如果 H 是一个哈希函数，给定 x 和 H，敌手自己可以计算 $H(x)$ 并解密密文获得消息 m_c，那么上述密文就不是一次一密。如果 H 是一个随机预言机，敌手就不能自己计算 $H(x)$，而必须向随机预言机询问 x 才能知道 $H(x)$。我们可得到以下两个

有趣的结果。

- **询问 x 之前**。$H(x)$ 是随机的, 敌手不知道 $H(x)$, 而且消息是用一个随机且未知的加密密钥进行加密的。因此, 上述密文相当于一次一密, 敌手在猜测消息 m_c 时没有优势, 概率为 1/2。

- **询问 x 之后**。一旦敌手向随机预言机询问过 x 并收到 $H(x)$, 就可以利用 $H(x)$ 解密消息。因此, 上述密文不再是一次一密, 敌手猜出加密消息的优势为 1。

在随机预言机下的 IND 安全模型中, 模拟器将基于以上特点对所提加密方案进行安全归约, 以解决一个计算性困难问题。

4.11.3 回顾困难问题求解

在无随机预言机下的 IND 安全模型中, 加密方案的安全归约需要利用敌手对 c 猜测的结果来解决一个判定性困难问题。但是有了随机预言机的帮助, 我们可以设计一个安全归约去解决计算性困难问题。这里, 模拟器解决困难问题的方式是利用一个哈希询问而不是利用敌手对 c 猜测的结果。

令 $H:\{0,1\}^* \rightarrow \{0,1\}^n$ 是一个被设置为随机预言机的密码哈希函数, 给定计算性困难问题的一个实例 X, y 是它的解。假设模拟中的挑战密文为

$$CT = (X, H(y) \oplus m_c).$$

攻破假设表明, 存在一个敌手能以不可忽略的优势攻破上述密文。也就是说, 敌手能以不可忽略的优势正确猜测出 m_c。根据上一小节可知, 敌手必须向随机预言机询问 y。如果不向随机预言机询问 y, 那么 CT 相当于一次一密, 这与攻破假设矛盾。因此, 问题实例的解将出现在敌手进行的某一次哈希询问中。

在没有向随机预言机询问 Q^* 的情况下, 假如敌手没有任何优势去猜测加密的消息, 我们就把 Q^* 定义为挑战哈希询问。根据攻破假设, 敌手会以不可忽略的概率对随机预言机进行挑战哈希询问。由于对随机预言机进行哈希询问的次数是多项式的, 所以模拟器可以利用这些哈希询问来解决底层困难问题。例如, 模拟器可以随机选择一个哈希询问作为困难问题的解。在 q_H 个哈希询问中, 随机选择并选中挑战哈希询问的成功概率是 $1/q_H$, 这个概率是不可忽略的。这是在 IND 安全模型中计算性困难假设下使用随机预言机来证明加密方案安全性的神奇之处。

4.11.4　挑战密文的模拟

在无随机预言机的 IND 安全模型中，加密方案的安全归约将问题实例中的目标 Z 嵌入挑战密文，若 Z 为 True 就得到一个真挑战密文，若 Z 为 False 就得到一个假挑战密文。然而，在计算性困难假设下对加密方案进行安全归约时，问题实例中不存在目标 Z，因此对挑战密文的模拟必然有所不同。

模拟挑战密文有一个重要步骤，即模拟与挑战哈希询问相关的部分。我们用下面的例子来解释如何模拟挑战密文。我们继续上一节的例子，真实方案中的挑战密文构造为

$$CT^* = (X, H(y) \oplus m_c).$$

由于不知道给定问题实例 X 的解 y，故模拟器无法直接模拟挑战密文中的 $H(y) \oplus m_c$。幸运的是，这个问题在随机预言机的帮助下很容易解决。具体来说，模拟器选择一个随机字符串 $R \in \{0,1\}^n$ 来代替 $H(y) \oplus m_c$。模拟方案中的挑战密文设为

$$CT^* = (X, R).$$

如果 $H(y) = R \oplus m_c$，则挑战密文可以看作消息 $m_c \in \{m_0, m_1\}$ 的加密，其中

$$CT^* = (X, R) = (X, H(y) \oplus m_c).$$

然而，在该挑战密文发送给敌手后，模拟器可能不知道来自敌手的哪个哈希询问是解 y，并且会使用一个不同于 $R \oplus m_c$ 的随机元素来应答询问 y。因此，该询问应答是错误的，从而导致模拟中的挑战密文与真实方案中的挑战密文是可区分的。我们可以得到以下结果。

● **在询问 y 之前**。从敌手的角度来看，如果 $H(y) = R \oplus m_0$，则挑战密文是对 m_0 的加密。如果 $H(y) = R \oplus m_1$，挑战密文是对 m_1 的加密。如果不向随机预言机询问 y，敌手永远都不会知道 $H(y)$，因此模拟方案中的挑战密文与真实方案中的挑战密文是不可区分的。

● **在询问 y 之后**。一旦敌手向随机预言机询问 y，模拟器将用随机元素 $Y = H(y)$ 来应答询问。如果模拟器不知道哪个询问是挑战哈希询问 $Q^* = y$，那么对询问 y 的应答是独立于 R 的，因此 $Y \oplus m_0 = R$ 或 $Y \oplus m_1 = R$ 成立的概率是可忽略不计的。由于挑战密文中加密的消息既不是 m_0 也不是 m_1，因此模拟方案与真实方案是可区分的。然而，我们并不关心模拟现在变成了可区分模拟，因为模拟器已经从敌手那里收到了挑战哈希询问，并且可以用挑战哈希询问来解决底层困难问题。

4.11.5 证明结构

我们总结一下在计算性困难假设下加密方案的证明结构（其中至少有一个哈希函数被设置为随机预言机）。假设在相应的安全模型中存在一个可以攻破所提加密方案的敌手 $\mathscr{A}$。我们构建一个模拟器 $\mathscr{B}$ 来解决一个计算性困难问题。给定一个输入作为该困难问题的实例，安全证明必须指出：模拟器是如何生成模拟方案的；模拟器如何解决困难问题；为什么安全归约是正确的。安全证明由以下三部分组成。

- **模拟**。在这部分中，我们展示了模拟器如何模拟随机预言机，如何使用接收到的问题实例生成模拟方案，以及如何按照 IND 安全模型与敌手进行交互。如果模拟器中止，那么安全归约将失败。
- **求解**。在本部分中（在猜测阶段的最后），我们将展示模拟器如何使用哈希询问来解决计算性困难问题。确切地说，我们应该指出在此模拟中哪个哈希询问是挑战哈希询问 Q^*，如何从所有哈希询问中选择挑战哈希询问，以及如何通过挑战哈希询问来解决底层的困难问题。
- **分析**。在这一部分中，我们需要提供以下分析：
  （1）如果敌手没有进行挑战哈希询问，那么模拟与真实攻击是不可区分的。
  （2）成功模拟的概率 P_S。
  （3）如果敌手不对随机预言机进行挑战哈希询问，那么它在攻破挑战密文方面没有优势。
  （4）从哈希询问中找到正确解（挑战哈希询问）的概率 P_C。
  （5）解决底层困难问题的优势 ε_R。
  （6）解决底层困难问题的时间成本。

如果模拟器在计算公钥、应答询问和计算挑战密文时不中止模拟，模拟就会成功。在敌手进行挑战哈希询问之前，如果满足下面三个条件，则模拟是不可区分的：对询问的所有应答都是正确的；从敌手的角度来看，挑战密文是在所提方案中定义的正确密文；模拟具有随机性。

如果安全归约正确，则模拟器可以从挑战哈希询问中得到问题实例的解。简单起见，我们可以直接将挑战哈希询问视为问题实例的解（即挑战哈希询问 = 解）。这种类型的安全归约中不存在真挑战密文或假挑战密文。

4.11.6 挑战密文与挑战哈希询问

真实方案中的挑战密文是一个正确的密文，其加密消息是 m_c。如果敌手对随机预言机进行挑战哈希询问，那么它可以使用该应答去解密加密消息，然后攻破该方案。而在模拟方案中，当且仅当没有挑战哈希询问时，挑战密文才是正确的密文。一旦敌手对随机预言机进行挑战哈希询问，并且挑战哈希询问的应答是错误的，敌手就会立即发现挑战密文是不正确的，则模拟是可区分模拟。

根据4.11.4节中的解释，我们并不关心在敌手对随机预言机进行了挑战哈希询问之后会做如何反应（模拟器已经得到了问题的解）。在安全归约中，执行挑战哈希询问可以视为敌手发起的一种成功且有用的攻击。在敌手以不可忽略的概率发起这样的攻击之前，模拟方案必须与真实方案是不可区分的，并且敌手在攻破挑战密文方面没有优势。也就是说，从敌手的角度来看，挑战密文所加密的消息是 m_0 或 m_1 的概率必须相同。

4.11.7　优势计算

我们通常给出假设——在随机预言机模型下存在一个能以优势 ε 攻破该加密方案的敌手。我们通过以下引理[24]来计算优势。

引理 4.11.1　*如果敌手不对随机预言机进行挑战哈希询问就没有优势攻破加密方案，那么它将以概率 ε 对随机预言机进行挑战哈希询问。*

证明：根据攻破假设，我们有

$$\Pr[c' = c] = \frac{1}{2} + \frac{\varepsilon}{2}.$$

这是敌手根据攻破假设在真实方案中正确猜测加密消息的概率。

令 H^* 表示向随机预言机进行挑战哈希询问的事件，而 H^{*c} 是事件 H^* 的互补事件。根据引理，我们有

$$\Pr[c' = c \mid H^*] = 1, \Pr[c' = c \mid H^{*c}] = \frac{1}{2}.$$

那么，

$$\begin{aligned}
\Pr[c' = c] &= \Pr[c' = c \mid H^*]\Pr[H^*] + \Pr[c' = c \mid H^{*c}]\Pr[H^{*c}] \\
&= \Pr[H^*] + \frac{1}{2}\Pr[H^{*c}] \\
&= \Pr[H^*] + \frac{1}{2}(1 - \Pr[H^*]) \\
&= \frac{1}{2} + \frac{1}{2}\Pr[H^*].
\end{aligned}$$

我们可以得出 $\Pr[H^*] = \varepsilon$。至此，证明完成。

解决计算性困难问题的优势 ε_R 定义为

$$\varepsilon_R = P_S \cdot \varepsilon \cdot P_C.$$

如果成功模拟且不可区分的概率为 P_S，在不进行挑战哈希询问的情况下，敌手没有任何优势去攻破挑战密文，则挑战哈希询问出现在哈希列表中的概率为 ε。最后，从哈希列表中选择挑战哈希询问的概率是 P_C。因此，解决计算性困难问题的优势是 $P_S \cdot \varepsilon \cdot P_C$。

模拟器需要选择一个哈希询问作为挑战哈希询问，并从中求出问题实例的解。如果模拟器无法验证哪个哈希询问是正确的（挑战哈希询问），它就必须随机选择其中一个哈希询问作为挑战哈希询问。如果敌手在进行 q_H 次哈希询问后能够以优势 1 攻破挑战密文，那么其中一个哈希询问必定是挑战哈希询问。因此，从哈希列表中随机选择的询问是挑战哈希询问的概率是 $1/q_H$。如果该计算性困难问题的判定性变形体是简单的，那么从哈希询问中寻找解不会有归约丢失。其原因在于，模拟器可以对所有的哈希询问进行逐个测试，直到找到挑战哈希询问为止。然而，如果该计算性困难问题的判定性变形体是困难的，那么寻找解的丢失是无法避免的。

4.11.8 无优势分析

一个成功归约通常要求，敌手在从未向随机预言机进行挑战哈希询问的情况下，将没有任何优势去攻破挑战密文。要满足这个条件，从敌手的角度来看，挑战密文应该看起来像一次一密，其中 $c \in \{0,1\}$ 是随机且未知的。也就是说，挑战密文以等概率加密消息 m_0 或 m_1。但是，由于 c 在模拟的挑战密文中可能不是随机的，不可区分模拟不能保证敌手在攻破挑战密文方面一定没有优势。

例如，令 $\{0,1\}^{n+1}$ 为消息空间，$H : \{0,1\}^* \rightarrow \{0,1\}^n$ 为一个密码哈希函数，我们假设敌手选择了两个不同的消息 m_0、m_1 进行挑战，其中 m_0 和 m_1 的最小有效比特（LSB）分别为 0 和 1。假设真实方案中的挑战密文为

$$(x, H(x) \oplus m_c),$$

模拟方案中的挑战密文为

$$CT^* = (x, R).$$

式中，R 是从 $\{0,1\}^{n+1}$ 中随机选取的字符串。令 $CT^* = (C_1, C_2)$，我们有以下结论。

- 如果敌手没有向随机预言机对 x 进行挑战哈希询问，则挑战密文可以看作对 $\{m_0, m_1\}$ 中某一个消息的加密。因此，模拟与真实攻击是不可

区分的。

● 然而，挑战密文中的消息 m_c 可以很容易地根据 C_2 的最低有效比特进行识别，因为消息的 LSB 没有加密。根据消息 m_0、m_1 的选择，比特 c 等于 C_2 的 LSB。因此，敌手无须向随机预言机进行挑战哈希询问，就能以概率 1 正确猜测加密消息。

上述加密方案不是 IND – CPA 安全的。由于敌手在猜测挑战密文中的加密消息时具有不可忽略的优势，因此我们无法在 IND – CPA 安全模型下证明其安全性。

4.11.9　解密模拟的要求

在判定性困难假设下对一个加密方案进行安全归约时，当 Z 为 True 时，解密模拟必须与真实攻击不可区分；当 Z 为 False 时，解密模拟不能帮助敌手攻破假挑战密文。然而，解密模拟对这种类型的安全归约要求略有不同（因为没有 Z）。在敌手对随机预言机进行挑战哈希询问之前，我们有以下要求。

● 解密模拟与真实方案中的解密是不可区分的。否则，模拟与真实攻击是可区分的。为了实现这一点，在模拟方案中，任何密文的接受或拒绝都必须与真实方案完全一致。

● 解密模拟不能帮助敌手区分模拟方案和真实方案中的挑战密文。否则，模拟与真实攻击是可区分的。为了达到这一目的，我们可以构造一个方案并对其设计相应的安全归约，满足所有不正确的密文都被拒绝，且只有敌手自己创建的密文是正确的。在这种情况下，在挑战密文的任何修改基础之上的密文都将被判定为不正确的密文。

解密模拟的核心是找到一种方法，其可以确定敌手进行解密询问的密文是否正确。如果密文是正确的，那么它一定是由敌手生成的，模拟器必须能够模拟解密；否则，它必须被拒绝。该方法的具体细节取决于所提方案和安全归约。我们无法给出一般性的总结，但将在以下小节中提供一个示例。

4.11.10　解密模拟示例

在这种类型的安全归约中，挑战解密密钥通常被设为一个模拟器不知道的密钥，因此在这种情况下模拟解密是相当困难的。幸运的是，随机预言机可以帮助我们进行解密模拟。我们给出一个简单的示例来说明如何在没有解密密钥的情况下进行解密模拟（这取决于构造技巧）。

设系统参数 SP 为 $(\mathbb{G}, g, p, H)$，其中 $H: \{0,1\}^* \to \{0,1\}^n$ 是满足 $n = |p|$（与 p 相同的比特长）的密码哈希函数。假设一个公钥加密方案生成一个密钥对 (pk, sk)，其中 $pk = g_1 = g^\alpha$、$sk = \alpha$。加密算法以公钥 pk、消息 $m \in \{0,1\}^n$、系统参数 SP 为输入，选择一个随机数 $r \in \mathbb{Z}_p$ 并输出密文

$$CT = (C_1, C_2, C_3) = (g^r, H(0 \parallel g_1^r) \oplus r, H(1 \parallel g_1^r) \oplus m).$$

解密算法首先计算 $C_1^\alpha = g_1^r$；然后，通过 $H(0 \parallel C_1^\alpha) \oplus C_2$ 得到 r，通过 $H(1 \parallel C_1^\alpha) \oplus C_3$ 得到 m；最后，当且仅当 CT 是由解密得到的 r 和解密得到的 m 生成时，解密算法输出消息 m。

该加密方案在 IND − CCA 安全模型下是不安全的，但在 IND − CCA1 安全模型下是安全的。其原因在于，IND − CCA1 安全模型只允许敌手在挑战阶段之前进行解密询问（无法利用挑战密文构造密文并进行解密询问）。该加密方案在随机预言机模型和 CDH 假设下是安全的。CDH 假设：给定问题实例 (g, g^a, g^b)，计算 g^{ab} 是很困难的。

在安全归约中，私钥设为 $\alpha = a$，其中 a 是问题实例里的未知指数。那么，从敌手的角度来看，有了随机预言机的帮助，模拟器将如何应答解密询问？

在该加密方案中，如果 CT 可以由解密的随机数 r' 和解密的消息 m' 生成，则询问的密文 CT 是有效的，即

$$(g^r, H(0 \parallel g_1^r) \oplus r', H(1 \parallel g_1^r) \oplus m') = CT.$$

否则，它是无效的，模拟器将输出 $\bot$。考虑用于解密询问的密文 $CT = (C_1, C_2, C_3)$。对于某个指数 $r \in \mathbb{Z}_p$，令 $C_1 = g^r$。对于消息 m，如果 $CT = (g^r, H(0 \parallel g_1^r) \oplus r, H(1 \parallel g_1^r) \oplus m)$，则该密文将是正确密文。

- 如果敌手没有向随机预言机询问 $0 \parallel g_1^r$，则 $H(0 \parallel g_1^r)$ 对敌手来说是随机且未知的。对于 C_2 的任何自适应选择，$C_2 = H(0 \parallel g_1^r) \oplus r$ 都以可忽略的优势 $1/2^n$ 成立。

- 如果敌手没有向随机预言机询问 $1 \parallel g_1^r$，则 $H(1 \parallel g_1^r)$ 对敌手来说是随机且未知的。但 C_3 仍然可以被视为一个加密的消息，其中消息是 $C_3 \oplus H(1 \parallel g_1^r)$。

根据以上观察，除非敌手已向随机预言机询问过 $0 \parallel g_1^r$，并在生成密文时利用 $H(0 \parallel g_1^r)$，否则它至多以可忽略的概率 $1/2^n$（n 充分大）生成有效的密文。

假设$(x_1, y_1), (x_2, y_2), \cdots, (x_q, y_q)$在哈希列表中，其中$x$、$y$分别表示询问和应答。如果$CT$是一个有效的密文，则其中一个哈希询问必须等于$0 \parallel g_1^r$；否则，密文无效（出错概率至多$1/2^n$）。因此，模拟器可以在不知道挑战解密密钥的情况下模拟解密过程。

- 对于$i \in [1, q]$，逐个计算$r' = y_1 \oplus C_2$。
- 使用r'，计算$H(1 \parallel g_1^{r'}) \oplus C_3$获取解密消息$m'$。
- 检查是否可以用(r', m')生成密文CT。如果可以，则模拟器输出m'作为解密消息；否则，模拟器令$i = i + 1$，并重复上述过程。
- 如果所有y_i都不能正确解密密文，则模拟器输出$\perp$作为对询问的密文CT的解密结果，即CT是无效的。

至此，解密模拟完成。为了模拟在随机预言机的帮助下的解密，安全归约必须满足以下两个条件：

（1）我们可以使用哈希询问代替挑战解密密钥来模拟解密。当且仅当敌手向随机预言机进行正确的哈希询问时，密文才是有效的（这个条件取决于密文构造是否满足）。要想模拟器能正确地模拟解密，则这个条件是必要的。

（2）我们需要一种机制来检查哪个哈希询问是解密所需的正确哈希询问；否则，给定一个用于解密询问的密文，模拟器可能会根据多个哈希询问返回许多不同的结果。

4.11.11　正确安全归约总结

加密方案的安全归约在计算性困难假设和判定性困难假设下的差异不是因为使用了随机预言机，而是因为底层的困难问题假设不同。在判定性困难假设下的加密方案也可以在随机预言机下证明是安全的。

1. 公钥加密方案

在计算性困难假设下，公钥加密方案的正确安全归约必须满足以下条件：

- 所用的困难问题是一个计算性问题。
- 模拟器不知道密钥。
- 模拟器在CCA安全模型下可以模拟解密。
- 模拟成功的概率是不可忽略的。
- 在不进行挑战哈希询问的情况下，敌手将无法区分模拟方案和真实方案，在攻破挑战密文方面没有优势。

- 模拟器使用挑战哈希询问来解决困难问题。
- 解决底层困难问题的优势 ε_R 是不可忽视的。
- 模拟的时间成本是多项式时间。

2. 基于身份的加密方案

在计算性困难假设下，基于身份加密方案的安全归约必须满足以下条件：

- 所用的困难问题是一个计算性问题。
- 模拟器不知道主密钥。
- 模拟器可以模拟私钥的生成。
- 模拟器在 CCA 安全模型下可以模拟解密。
- 成功模拟的概率是不可忽略的。
- 模拟器不知道挑战身份的密钥。
- 在不进行挑战哈希询问的情况下，敌手将无法区分模拟方案和真实方案，并且在攻破挑战密文方面没有优势。
- 模拟器使用挑战哈希询问来解决困难问题。
- 解决底层困难问题的优势是不可忽略的。
- 模拟的时间成本是多项式时间。

我们发现，判定性困难假设下可证明安全的加密方案（大多数）都可以转为随机预言机和计算性困难假设下可证明安全的加密方案。因此，上述总结仅适用于某些加密方案，特别是那些在判定性困难假设下无法证明安全的加密方案。

4.12　使用随机预言机进行模拟与归约

前几节介绍了数字签名的可模拟性和可归约性，这两个概念对于数字签名和基于身份加密中的私钥都非常重要。在本节中，我们总结了签名方案和其他密码方案的构造中应用比较广泛的三种结构。我们在随机预言机模型下介绍这三种结构，其中随机预言机用来控制一个签名是可模拟的还是可归约的。

4.12.1 H 型：哈希到群

第一种 H 型签名结构描述为

$$\sigma_m = H(m)^a.$$

式中，$H:\{0,1\}^* \rightarrow \mathbb{G}$是一个密码哈希函数。CDH 问题的一个实例是$(g, g^a, g^b) \in \mathbb{G}$，目标是计算$g^{ab}$。

令 H 为一个随机预言机，当询问 m 时，模拟器的应答为

$$H(m) = g^{xb+y}.$$

式中，b 是问题实例中的未知秘密值；$x \in \mathbb{Z}_p$由模拟器自适应选择；$y \in \mathbb{Z}_p$由模拟器随机选择。因为 y 是从 $\mathbb{Z}_p$ 中随机选择的，所以 $H(m)$ 在 $\mathbb{G}$ 中是随机的。

可模拟和可归约的条件描述为

$$\sigma_m \text{ 是} \begin{cases} \text{可模拟的，} & x = 0, \\ \text{可归约的，} & \text{其他.} \end{cases}$$

- 如果 $x = 0$，则 H 型是可模拟的，因为

$$\sigma_m = H(m)^a = (g^{0b+y})^a = g^{ya} = (g^a)^y,$$

该式可以在不知道 a 的情况下通过 g^a 和 y 计算得出。

- 如果 $x \neq 0$，则 H 型是可归约的，我们可以计算

$$\left(\frac{\sigma_m}{(g^a)^y}\right)^{\frac{1}{x}} = \left(\frac{H(m)^a}{(g^a)^y}\right)^{\frac{1}{x}} = \left(\frac{g^{(xb+y)a}}{g^{ay}}\right)^{\frac{1}{x}} = (g^{x \cdot ab})^{\frac{1}{x}} = g^{ab},$$

将其作为 CDH 问题实例的解。

第二种 H 型签名结构描述为

$$\sigma_m = H(m)^{\frac{1}{a}},$$

式中，$H:\{0,1\}^* \rightarrow G^*$是一个密码哈希函数。这里，DHI 问题的一个实例是 $(g, g^a) \in \mathbb{G}$，目标是计算$g^{\frac{1}{a}}$。

令 H 为一个随机预言机，当询问 m 时，模拟器的应答为

$$H(m) = g^{y \cdot a + x}.$$

式中，a 是问题实例中的未知秘密值；$x \in \mathbb{Z}_p$由模拟器自适应选择；$y \in \mathbb{Z}_p^*$由模拟器随机选择。因为 y 是从 $\mathbb{Z}_p^*$ 中随机选择的，所以 $H(m)$ 在 $\mathbb{G}^*$ 中是随机的。

可模拟和可归约的条件描述为

$$\sigma_m \text{ 是} \begin{cases} \text{可模拟的,} & x = 0, \\ \text{可归约的,} & \text{其他.} \end{cases}$$

- 如果 $x = 0$，则 H 型是可模拟的，因为

$$\sigma_m = H(m)^{\frac{1}{a}} = (g^{ya+x})^{\frac{1}{a}} = g^y,$$

该式可以在不知道 a 的情况下通过 g 和 y 计算得出。

- 如果 $x \neq 0$，则 H 型是可归约的，我们可以计算

$$\left(\frac{\sigma_m}{g^y}\right)^{\frac{1}{x}} = \left(\frac{H(m)^{\frac{1}{a}}}{g^y}\right)^{\frac{1}{x}} = \left(\frac{g^{y+\frac{x}{a}}}{g^y}\right)^{\frac{1}{x}} = (g)^{\frac{1}{a}},$$

作为 DHI 问题实例的解。

4.12.2　C 型：可交换

C 型签名结构为

$$\sigma_m = (g^{ab} H(m)^r, g^r),$$

式中，$H:\{0,1\}^* \to \mathbb{G}$ 是一个密码哈希函数；$r \in \mathbb{Z}_p$ 是一个随机数。CDH 问题的一个实例是 $(g, g^a, g^b) \in \mathbb{G}$，目标是计算 g^{ab}。

令 H 为一个随机预言机，当询问 m 时，模拟器的应答为

$$H(m) = g^{xb+y}.$$

式中，b 是问题实例中的未知秘密值；$x \in \mathbb{Z}_p$ 由模拟器自适应选择；$y \in \mathbb{Z}_p$ 由模拟器随机选择。因为 y 是从 $\mathbb{Z}_p$ 中随机选择的，所以 $H(m)$ 在 $\mathbb{G}$ 中是随机的。

可模拟和可归约的条件描述为

$$\sigma_m \text{ 是} \begin{cases} \text{可模拟的,} & x = 0, \\ \text{可归约的,} & \text{其他.} \end{cases}$$

- 如果 $x \neq 0$，则 C 型是可模拟的，我们随机选择 $r' \in \mathbb{Z}_p$，令 $r = -\frac{a}{x} + r'$，则有

$$\begin{aligned} g^{ab} H(m)^r &= g^{ab} \left(g^{xb+y}\right)^{-\frac{a}{x}+r'} \\ &= g^{ab} \cdot g^{-ab+xr'b-\frac{ya}{x}+r'y} \\ &= (g^b)^{xr'} \cdot (g^a)^{-\frac{y}{x}} \cdot g^{r'y}, \\ g^r &= g^{-\frac{a}{x}+r'} \\ &= (g^a)^{-\frac{1}{x}} \cdot g^{r'}, \end{aligned}$$

该式可由 g、g^a、g^b 和 x、y、r' 计算。因为 r' 在 $\mathbb{Z}_p$ 中是随机的，所以 r 在模拟中也是随机的。

- 如果 $x=0$，则 C 型是可归约的，我们可以计算

$$\frac{g^{ab}H(m)^r}{(g^r)^y} = \frac{g^{ab}(g^{0b+y})^r}{g^{ry}} = g^{ab},$$

作为 CDH 问题实例的解。

如果哈希函数 $H(m)$ 可以用一个类似的函数替换，那么这种签名结构在无随机预言机的情况下也是可证明安全的。6.4 节将给出例子。

4.12.3 I 型：群指数的逆

I 型签名结构为

$$\sigma_m = h^{\frac{1}{a-H(m)}},$$

式中，$H:\{0,1\}^* \to \mathbb{Z}_p$ 是一个哈希函数。q − SDH 问题的一个实例是 $(g, g^a, g^{a^2}, \cdots, g^{a^q},) \in \mathbb{G}$，目标是计算 $\left(s, g^{\frac{1}{a+s}}\right)$，其中 $s \in \mathbb{Z}_p$。

令 H 为一个随机预言机，当询问 m 时，模拟器的应答为

$$H(m) = x \in \mathbb{Z}_p.$$

式中，$x \in \mathbb{Z}_p$ 是由模拟器随机选择的，因此 $H(m)$ 在 $\mathbb{Z}_p$ 中是随机的。

在模拟方案中，假设群元素 h 通过下式计算得出：

$$h = g^{(a-x_1)(a-x_2)\cdots(a-x_q)}.$$

式中，a 是问题实例中的未知秘密值；x_i 由模拟器随机选择。可模拟和可归约的条件描述为

$$\sigma_m \text{ 是} \begin{cases} \text{可模拟的，} & x \in \{x_1, x_2, \cdots, x_q\}, \\ \text{可归约的，} & \text{其他}. \end{cases}$$

- 如果 $x \in \{x_1, x_2, \cdots, x_q\}$，则 I 型是可模拟的，令 $x = x_1$，我们有

$$\begin{aligned} h^{\frac{1}{a-H(m)}} &= g^{\frac{(a-x_1)(a-x_2)\cdots(a-x_q)}{a-H(m)}} \\ &= g^{(a-x_2)(a-x_3)\cdots(a-x_q)} \\ &= (g^{a^{q-1}})^{w'_{q-1}} \cdot (g^{a^{q-2}})^{w'_{q-2}} \cdots (g^a)^{w'_1} \cdot g^{w'_0}, \end{aligned}$$

式中，w_i 是 $(a-x_2)(a-x_3)\cdots(a-x_q) = a^{q-1}w'_{q-1} + \cdots + a^1 w'_1 + w'_0$ 中 a^i 的系数。

- 如果 $x \notin \{x_1, x_2, \cdots, x_q\}$，则 I 型是可归约的，令 $f(a)$ 是定义在 $\mathbb{Z}_p[a]$ 中的多项式函数，记为

$$f(a) = (a - x_1)(a - x_2) \cdots (a - x_q).$$

因为 $x \notin \{x_1, x_2, \cdots, x_q\}$，我们有 $z = f(x) \neq 0$，且

$$\frac{f(a) - f(x)}{a - x}$$

是 a 的 $q-1$ 次多项式函数，上式可以变换为

$$\frac{f(a) - f(x)}{a - x} = a^{q-1} w_{q-1} + \cdots + a^1 w_1 + w_0.$$

然后，$g^{\frac{1}{a - H(m)}}$ 可以通过下式计算得出：

$$\left(\frac{\sigma_m}{\prod_{i=0}^{q-1} (g^{a^i})^{w_i}} \right)^{\frac{1}{z}} = \left(\frac{g^{\frac{f(a)}{a - H(m)}}}{\prod_{i=0}^{q-1} (g^{a^i})^{w_i}} \right)^{\frac{1}{z}}$$

$$= \left(\frac{g^{\frac{f(a) - z + z}{a - H(m)}}}{g^{\sum_{i=0}^{q-1} a^i w_i}} \right)^{\frac{1}{z}}$$

$$= \left(\frac{g^{\frac{f(a) - z}{a - H(m)}} \cdot g^{\frac{z}{a - H(m)}}}{g^{\sum_{i=0}^{q-1} a^i w_i}} \right)^{\frac{1}{z}}$$

$$= \left(g^{\frac{z}{a - H(m)}} \right)^{\frac{1}{z}}$$

$$= g^{\frac{1}{a - H(m)}}.$$

$(-H(m), g^{\frac{1}{a-H(m)}})$ 是 q-SDH 问题实例的解。

这个结构中，很重要的一点是 $\{x_1, x_2, \cdots, x_q\}$ 中的所有值在 $\mathbb{Z}_p$ 中是随机且相互独立的。否则，当大多数询问都用 $\{x_1, x_2, \cdots, x_q\}$ 中的哈希值应答时，模拟将变为可区分性模拟。例如，在一个数字签名方案中，我们假设：敌手对随机预言机进行 $q+1$ 次哈希询问，对模拟器进行 q 次签名询问，且要求 $q+1$ 次哈希询问中的 q 次询问都必须用 $\{x_1, x_2, \cdots, x_q\}$ 中的值来应答，以模拟签名。如果 $\{H(m_1), H(m_2), \cdots, H(m_q)\} = \{1, 2, \cdots, q\}$，由于集合 $\{H(m_1), H(m_2), \cdots, H(m_q)\}$ 在 $\mathbb{Z}_p$ 中不是随机的，因此模拟器将无法正确地模拟随机预言机。

4.13 错误安全归约示例

在安全归约中，恶意敌手可以利用它所知道的信息（方案算法、归约算法以及如何解决所有的计算性困难问题）来区分给定方案和真实方案，

或找到一种方法对该方案发起无用攻击。本节将给出三个例子来解释安全归约为什么会失败。需要注意的是，示例中的安全归约是不正确的，但这并不意味着所提方案是不安全的。实际上，示例中所有的方案都是可证明安全的（但需要换一种证明）。

4.13.1 示例 1：可区分性

系统初始化：系统参数生成算法以安全参数 λ 作为输入，选择一个双线性对群 $\mathbb{PG}=(\mathbb{G},\mathbb{G}_T,g,p,e)$，一个哈希函数 $H:\{0,1\}^*\to\mathbb{Z}_p$，并输出系统参数 $SP=(\mathbb{PG},H)$。

密钥生成：密钥生成算法以系统参数 SP 作为输入，选择随机数 α,β，$\gamma\in\mathbb{Z}_p$，计算 $g_1=g^\alpha$，$g_2=g^\beta$，$g_3=g^\gamma$，然后输出一个公/私钥对 (pk,sk)，其中

$$pk=(g_1,g_2,g_3)=(g^\alpha,g^\beta,g^\gamma),$$
$$sk=(\alpha,\beta,\gamma).$$

签名：签名算法以消息 $m\in\mathbb{Z}_p$、私钥 sk 和系统参数 SP 作为输入，计算 m 的签名 σ_m，其中

$$\sigma_m=g^{\frac{1}{\alpha+m\beta+H(m)\gamma}}.$$

验证：验证算法以消息 – 签名对 (m,σ_m)、公钥 pk 和系统参数 SP 作为输入。如果满足等式 $e(\sigma_m,g_1g_2^mg_3^{H(m)})=e(g,g)$，则它会接受该签名。

定理 4.13.1.1 假设哈希函数 H 是一个随机预言机。如果 1 – SDH 问题是困难的，那么所提方案在只允许询问两个签名的 EU – CMA 安全模型中是可证明安全的。而且，我们要求敌手在向随机预言机进行哈希询问之前，必须选择两个消息 m_1、m_2 进行签名询问。

不正确性证明：假设存在一个可以攻破该方案的敌手 $\mathcal{A}$，我们拟构建一个模拟器 $\mathcal{B}$ 来解决 1 – SDH 问题。给定双线性对群 $\mathbb{PG}$ 上一个问题实例 (g,g^a) 作为输入，$\mathcal{B}$ 控制随机预言机，运行 $\mathcal{A}$，并进行如下操作。

初始化。令 $SP=\mathbb{PG}$，H 为模拟器控制的随机预言机。模拟器从 $\mathbb{Z}_p$ 中随机选择 x_1、x_2、x_3、y，其对应私钥为

$$\alpha=x_1a,\quad\beta=x_2a+y,\quad\gamma=x_3a.$$

式中，a 为困难问题实例中的一个未知的随机数。对应的公钥为

$$(g_1,g_2,g_3)=((g^a)^{x_1},(g^a)^{x_2}g^y,(g^a)^{x_3}).$$

该公钥的所有群元素都是可计算的。

选择。令消息空间为 $\mathbb{Z}_p$。敌手选择两个消息 m_1、m_2 用于签名询问。

H - 询问。敌手在此阶段进行哈希询问。$\mathscr{B}$ 准备一个哈希列表来记录所有的询问和应答，哈希列表初始为空。

- 对于 $m_i \in \{m_1, m_2\}$ 上的哈希询问，模拟器计算满足

$$x_1 + x_2 m_i + x_3 w_i = 0$$

的 w_i，并将 $H(m_i) = w_i$ 记为对 m_i 进行哈希询问的应答。

- 对于 $m \notin \{m_1, m_2\}$ 上的哈希询问，模拟器随机选择 $w \in \mathbb{Z}_p$，并将 $H(m) = w$ 记为对 m 进行哈希询问的应答。

- 在哈希列表中添加相应的元组 $(m, H(m))$。

询问。对于 $m \in \{m_1, m_2\}$ 的签名询问，模拟器计算

$$\sigma_m = g^{\frac{1}{ym}}$$

作为消息 m 的签名。令 $H(m) = w$。根据随机预言机，我们有 $x_1 + x_2 m + x_3 w = 0$，以及

$$g^{\frac{1}{\alpha + m\beta + H(m)\gamma}} = g^{\frac{1}{x_1 a + (x_2 a + y)m + x_3 H(m)a}} = g^{\frac{1}{a(x_1 + x_2 m + x_3 w) + ym}} = g^{\frac{1}{ym}}.$$

因此，σ_m 是消息 m 的有效签名。

伪造。敌手输出对消息 m^* 的伪造签名 σ_{m^*}，其中，

$$\sigma_{m^*} = g^{\frac{1}{\alpha + m^*\beta + H(m^*)\gamma}}.$$

令 $H(m^*) = w^*$。由于 $m^* \notin \{m_1, m_2\}$，因此有 $x_1 + m^* x_2 + w^* x_3 \neq 0$，$\alpha + m^*\beta + H(m^*)\gamma = (x_1 + m^* x_2 + w^* x_3)a + ym^*$，我们可以计算出

$$\left(\frac{ym^*}{x_1 + m^* x_2 + w^* x_3}, g^{\frac{x_1 + m^* x_2 + w^* x_3}{\alpha + m^*\beta + H(m^*)\gamma}} \right) = \left(s, g^{\frac{1}{a+s}} \right),$$

作为 1 - SDH 问题实例的解。

至此，模拟和求解过程完成。这里我们省略了分析。

对安全归约的攻击。消息 m 的询问签名 σ_m 等于 $g^{\frac{1}{ym}}$。在收到两个询问签名后，敌手会发现，

$$(\sigma_{m_1})^{m_1} = (\sigma_{m_2})^{m_2} = g^{\frac{1}{y}}.$$

模拟方案与真实方案是可区分的。这是因为，该事件发生在真实方案中的概率为 $1/p$，该概率是可忽略的。因此，敌手通过在伪造询问阶段输出无效签名来破坏安全归约（输出一个无效的伪造签名和攻破假设不矛盾）。由此，所提方案不是可证明安全的。

技术方面的说明。在此安全归约中，当且仅当对 $(m, H(m))$ 满足 $x_1 +$

$x_2 m + x_3 H(m) = 0$ 时，m 的签名才是可模拟的。在不使用随机预言机的情况下，如果模拟器无法控制 $H(m_1)$ 和 $H(m_2)$，则它很难模拟 m_1、m_2 的两个询问签名。这就是在安全归约中使用随机预言机的优势（虽然该归约是错误的，但不影响此技术的正确性）。

4.13.2　示例2：通过公钥进行无用攻击

系统初始化：系统参数生成算法以安全参数 λ 作为输入，选择一个双线性对群 $\mathbb{PG} = (\mathbb{G}, \mathbb{G}_T, g, p, e)$，输出系统参数 $SP = \mathbb{PG}$。

密钥生成：密钥生成算法以系统参数 SP 作为输入，选择随机数 $\alpha, \beta, \gamma \in \mathbb{Z}_p$，计算 $g_1 = g^\alpha$，$g_2 = g^\beta$，$g_3 = g^\gamma$，输出公/私钥对 (pk, sk)，其中

$$pk = (g_1, g_2, g_3) = (g^\alpha, g^\beta, g^\gamma),$$
$$sk = (\alpha, \beta, \gamma).$$

签名：签名算法以消息 $m \in \mathbb{Z}_p$、私钥 sk 和系统参数 SP 作为输入，选择一个随机数 $r \in \mathbb{Z}_p$，计算 m 的签名 σ_m，其中

$$\sigma_m = (\sigma_1, \sigma_2) = \left(r, g^{\frac{1}{\alpha + m\beta + r\gamma}} \right).$$

验证：验证算法以消息-签名对 (m, σ_m)、公钥 pk 和系统参数 SP 作为输入。如果满足等式 $e(\sigma_2, g_1 g_2^m g_3^{\sigma_1}) = e(g, g)$，则它接受该签名。

定理 4.13.2.1　如果 1-SDH 问题是困难的，则在唯密钥安全模型（不允许敌手询问签名）下，所提方案是存在性不可伪造的。

不正确性证明：在唯密钥安全模型中，假设存在一个可以攻破该方案的敌手 $\mathcal{A}$，我们拟构建一个模拟器 $\mathcal{B}$ 来解决 1-SDH 问题。给定一个双线性对群 $\mathbb{PG}$ 上的问题实例 (g, g^a) 作为输入，$\mathcal{B}$ 运行 $\mathcal{A}$，并进行如下操作。

初始化。令 $SP = \mathbb{PG}$，模拟器从 $\mathbb{Z}_p$ 中随机选择 x、y，其对应私钥为

$$\alpha = a, \quad \beta = ya + x, \quad \gamma = xa.$$

式中，a 为困难问题实例中的一个未知的随机数。对应的公钥记为

$$(g_1, g_2, g_3) = (g^a, (g^a)^y g^x, (g^a)^x).$$

该公钥的所有群元素都是可计算的。

伪造。敌手输出消息 m^* 伪造签名 σ_{m^*}，其中，

$$\sigma_{m^*} = \left(r^*, g^{\frac{1}{\alpha + m^* \beta + r^* \gamma}} \right).$$

如果 $1 + ym^* + xr^* = 0$，就中止；否则，我们有

$$\alpha + m^*\beta + r^*\gamma = (1 + ym^* + xr^*)a + xm^*.$$

模拟器可以计算

$$\left(\frac{xm^*}{1 + ym^* + xr^*}, g^{\frac{1 + ym^* + xr^*}{\alpha + m^*\beta + r^*\gamma}} \right) = \left(s, g^{\frac{1}{a+s}} \right)$$

作为 1 – SDH 问题实例的解。

至此，模拟和求解过程完成。这里我们省略了分析。

对安全归约的攻击。在从模拟器接收到公钥后，敌手能够破坏安全归约，并返回一个无用的伪造签名（其不能归约到解决困难问题）。

当且仅当敌手没有优势来选择满足 $1 + ym^* + xr^* = 0$ 的 (m^*, r^*) 时，上述安全归约才是正确的；否则，伪造的签名将是一个无用攻击。然而，根据归约算法和接收到的公钥，计算能力无限的敌手知道模拟器如何模拟公钥中的 (α, β, γ)，如何按照归约算法描述的函数由所收到的公钥计算 x、y，其中

$$\alpha = a, \ \beta = ya + x, \ \gamma = xa.$$

准确地说，敌手通过解决问题实例 (g, g^α) 中的 DL 问题知道 a，通过解决问题实例 (g^α, g^γ) 中的 DL 问题知道 x，通过解决问题实例 (g, g^β) 中的 DL 问题来知道 $ya + x$，其中

$$x = \frac{\gamma}{\alpha}, \ y = \frac{\beta - \frac{\gamma}{\alpha}}{\alpha}.$$

然后，敌手输出消息 m^* 的一个伪造签名 $(r^*, g^{\frac{1}{\alpha + m^*\beta + r^*\gamma}})$ 来破坏安全归约，其中，r^* 满足等式

$$1 + \frac{\beta - \frac{\gamma}{\alpha}}{\alpha} \cdot m^* + \frac{\gamma}{\alpha} \cdot r^* = 0.$$

我们有

$$r^* = -\frac{1 + xm^*}{y} \bmod p.$$

伪造的签名对模拟器来说是无用的，因为 $1 + ym^* + xr^* = 0$。由此，该方案不是可证明安全的。

无限计算能力回顾。上述攻击基于这样的假设：具有无限计算能力的敌手知道如何由公钥计算 (α, β, γ)。也就是说，敌手知道如何解决比 1 – SDH 问题更困难的 DL 问题。这个例子引出了一个有趣的问题：当敌手无法解决 1 – SDH 问题时，这种安全归约是否安全？如果答案为"是"，

那么我们要证明敌手根据 g^a、g^{ya+x}、g^{xa} 找到满足 $1 + ym^* + xr^* = 0$ 的 (m^*, r^*) 时没有优势。实际上，敌手不需要解决 DL 问题。其等价问题是：给定 g^α、g^β、g^γ，找到满足 $g^\alpha g^{\beta m^*} g^{\gamma r^*} = g^{\frac{\gamma}{\alpha} m^*}$ 的 (m^*, r^*)。这意味着 $1 + ym^* + xr^* = 0$。要实现这样的证明是比较复杂的，因为如果 $1 - \mathrm{SDH}$ 问题对敌手来说是困难的，那么我们需要证明敌手无法解决这个问题。但是，敌手可能还有其他方法可以找到满足 $1 + ym^* + xr^* = 0$ 的 (m^*, r^*)。也就是说，如果我们需要实现一个正确的归约，我们就必须证明敌手在所有情况下都找不到 (m^*, r^*)。因此，为了简化分析，我们通常假设敌手具有无限的计算能力。

技术方面的说明。 在这种安全归约中，m 的签名要么是可归约的，要么是可模拟的，这取决于对应的随机数 r。如果 $1 + ym + xr = 0$，则签名是可模拟的；否则，它是可归约的。这样划分是根据给定的签名是否满足 $1 + ym + xr = 0$，对敌手而言，找到这个划分必须是困难的。

4.13.3　示例 3：通过签名进行无用攻击

系统初始化： 系统参数生成算法以安全参数 λ 作为输入，选择一个双线性对群 $\mathbb{PG} = (\mathbb{G}, \mathbb{G}_T, g, p, e)$，输出系统参数 $SP = \mathbb{PG}$。

密钥生成： 密钥生成算法以系统参数 SP 作为输入，选择随机数 α_0，$\alpha_1 \in \mathbb{Z}_p$，计算 $g_0 = g^{\alpha_0}$，$g_1 = g^{\alpha_1}$，输出一个公/私钥对 (pk, sk)，其中

$$pk = (g_0, g_1) = (g^{\alpha_0}, g^{\alpha_1}),$$
$$sk = (\alpha_0, \alpha_1).$$

签名： 签名算法以消息 $m \in \mathbb{Z}_p$、私钥 sk 和系统参数 SP 作为输入，随机选择 $c \in \{0, 1\}$ 并计算 m 的签名 σ_m，其中

$$\sigma_m = g^{\frac{1}{\alpha_c + m}}.$$

验证： 验证算法以消息 – 签名对 (m, σ_m)、公钥 pk 和系统参数 SP 作为输入。如果满足

$$e(\sigma_m, g_0 g^m) = e(g, g) \text{ 或 } e(\sigma_m, g_1 g^m) = e(g, g),$$

则它接受该签名。

定理 4.13.3.1 如果 $1 - \mathrm{SDH}$ 问题是困难的，那么在只允许询问一个签名的 EU – CMA 安全模型中，所提方案是可证明安全的。

不正确性证明： 假设存在一个可以攻破该方案的敌手 $\mathscr{A}$，我们拟构建

一个模拟器 $\mathscr{B}$ 来解决 1 – SDH 问题。给定一个双线性对群 $\mathbb{PG}$ 上的问题实例 (g, g^a) 作为输入，$\mathscr{B}$ 运行 $\mathscr{A}$，并进行如下操作。

初始化。 令 $SP = \mathbb{PG}$，模拟器随机选择 $x \in \mathbb{Z}_p$，$b \in \{0,1\}$ 并令公钥为

$$(g^{\alpha_0}, g^{\alpha_1}) = \begin{cases} (g^x, g^a), & b = 0, \\ (g^a, g^x), & \text{其他}. \end{cases}$$

式中，a 为困难问题实例中的一个未知的随机数。

询问。 对于 m 的签名询问，模拟器计算

$$\sigma_m = g^{\frac{1}{x+m}} = g^{\frac{1}{\alpha_b + m}}.$$

因为 $e(\sigma_m, g_0 g^m) = e(g, g)$ 或 $e(\sigma_m, g_1 g^m) = e(g, g)$，$\sigma_m$ 是一个有效的签名。

伪造。 敌手输出 m^* 的伪造签名 σ_{m^*}，其中

$$\sigma_{m^*} = g^{\frac{1}{\alpha_{c^*} + m^*}}.$$

如果 $c^* = b$，就中止；否则，我们有 $\alpha_{c^*} = a$，模拟器将

$$(m^*, \sigma^*) = \left(s, g^{\frac{1}{a+s}} \right)$$

作为 1 – SDH 问题实例的解。

至此，模拟和求解过程完成。这里我们省略了分析。

技术方面的说明。 在这种安全归约中，模拟器按以下方式进行模拟：使用 α_b 计算的任何消息签名都是可模拟的，而使用 α_{1-b} 计算的任何消息签名都是可归约的。因此，该划分基于值 b。如果敌手不知道 b 的值，那么将从 (α_0, α_1) 中自适应选择 α 的伪造签名，其可归约的概率为 $\Pr[c^* = 1 - b] = 1/2$。b 是由模拟器秘密选择的，敌手不知道 b 值。

对安全归约的攻击。 然而，在收到模拟签名后，敌手能够破坏安全归约并返回无用的伪造签名。给定归约算法和模拟签名，敌手通过验证被询问过的签名来知道在签名生成中使用了哪个 α，从而知道 b，以及如何生成一个无用的伪造签名。因此，该安全归约并不能解决 1 – SDH 问题。

4.14　正确安全归约示例

本节将给出三个示例来介绍如何设计正确的安全归约。鉴于一次签名方案（一次签名方案是指每个公/私钥对最多只能生成一个签名）的正确安全归约相对容易（解释安全归约），本节所给示例均为一次签名方案。

4.14.1   随机预言机模型下的一次签名方案

系统初始化：系统参数生成算法以安全参数 λ 作为输入，选择一个循环群 $(\mathbb{G},p,g)$，选择一个密码哈希函数 $H:\{0,1\}^* \to \mathbb{Z}_p$，输出系统参数 $SP = (\mathbb{G},p,g,H)$。

密钥生成：密钥生成算法以系统参数 SP 作为输入，选择随机数 $\alpha,\beta \in \mathbb{Z}_p$，计算 $g_1 = g^\alpha$，$g_2 = g^\beta$，输出一次公/私钥对 (opk,osk)，其中

$$opk = (g_1,g_2), \quad osk = (\alpha,\beta).$$

签名：签名算法以消息 $m \in \{0,1\}^*$、私钥 osk 和系统参数 SP 作为输入，计算 m 的签名 σ_m，其中

$$\sigma_m = \alpha + H(m) \cdot \beta \bmod p.$$

验证：验证算法以消息 - 签名对 (m,σ_m)、公钥 opk 和系统参数 SP 作为输入。如果满足等式 $g^{\sigma_m} = g_1 g_2^{H(m)}$，则它接受该签名。

定理 4.14.1.1   假设哈希函数 H 是一个随机预言机。如果离散对数问题是困难的，那么所提一次签名方案在只允许询问一次签名的 EU - CMA 安全模型下是可证明安全的，归约丢失为 q_H，其中 q_H 是向随机预言机进行询问的次数。

证明思路：令 (g,g^a) 为模拟器收到的一个离散对数问题实例。为了解决离散对数问题，模拟需要满足以下条件。

• α 和 β 都必须利用 a 进行模拟。否则，在模拟中不可能同时具有可归约签名和可模拟签名。也就是说，所有的签名都是可归约的或是可模拟的。

• 如果 $\alpha + H(m^*)\beta$ 包含 a，则消息 m^* 的签名是可归约的。当 α 和 β 都是利用 a 进行模拟时，给定任意的随机值 $H(m^*)$，$\alpha + H(m^*)\beta$ 包含 a 的概率接近 1。

• 如果 $\alpha + H(m)\beta$ 不包含 a，则消息 m 的签名是可模拟的。当 α 和 β 都是利用 a 进行模拟时，为确保签名询问不需要使用 a，$H(m)$ 必须是与 α、β 有关的一个特殊值。

证明：假设在只有允许询问一次签名的 EU - CMA 安全模型下存在一个可以攻破一次签名方案的敌手 $\mathscr{A}$，我们拟构建一个模拟器 $\mathscr{B}$ 来解决离散对数问题。给定一个循环群 $(\mathbb{G},p,g)$ 上的问题实例 (g,g^a) 作为输入，$\mathscr{B}$ 控制随机预言机，运行 $\mathscr{A}$，并进行如下操作。

初始化。令 $SP = (\mathbb{G}, p, g)$，H 是模拟器控制的随机预言机。模拟器随机选择 $x, y \in \mathbb{Z}_p$，设私钥为

$$\alpha = a, \quad \beta = -\frac{a}{x} + y.$$

公钥设为

$$opk = (g_1, g_2) = (g^a, (g^a)^{-\frac{1}{x}} g^y),$$

该公钥可以从问题实例和所选参数中计算得出。

H - 询问。敌手在此阶段进行哈希询问。在收到敌手的询问之前，$\mathscr{B}$ 随机选择一个整数 $i^* \in [1, q_H]$，其中 q_H 表示向随机预言机进行哈希询问的次数。然后，$\mathscr{B}$ 建立一个哈希列表来记录所有的询问和应答，哈希列表初始为空。

当 $\mathscr{A}$ 发起第 i 次询问时（设询问值为 m_i），如果哈希列表中已有 m_i 对应的项，则 $\mathscr{B}$ 根据哈希列表应答该询问。否则，令 m_i 为第 i 条新询问消息。$\mathscr{B}$ 随机选择 $w_i \in \mathbb{Z}_p$，并将 $H(m_i)$ 设为

$$H(m_i) = \begin{cases} x, & i = i^*, \\ w_i, & \text{其他}. \end{cases}$$

然后，$\mathscr{B}$ 以 $H(m_i)$ 作为该询问的应答，并在哈希列表中存储 $(m_i, H(m_i))$。

询问。敌手对 m 进行签名询问。如果 m 不是哈希列表中的第 i^* 个询问消息，就中止；否则，$\mathscr{B}$ 计算

$$\sigma_m = xy \bmod p.$$

因为 $H(m) = H(m_{i^*}) = x$，我们可以计算

$$\sigma_m = \alpha + H(m)\beta = a + x\left(-\frac{a}{x} + y\right) = xy,$$

所以，σ_m 是 m 的有效签名。

伪造。敌手输出消息 m^* 的伪造签名 σ_{m^*}。由于 $H(m^*) = w^* \neq H(m) = x$，因此有

$$\sigma_{m^*} = a + w^*\left(-\frac{a}{x} + y\right) = a\frac{x - w^*}{x} + w^* y.$$

$\mathscr{B}$ 可以计算

$$a = \frac{(\sigma_{m^*} - w^* y)x}{x - w^*}$$

作为离散对数问题实例的解。

至此，模拟和求解过程完成。接下来，进行正确性分析。

不可区分模拟。关于模拟结果的正确性，在前面已有介绍。模拟的随机性包括密钥生成和对哈希询问的应答中的所有随机数。它们是：

$$a, -\frac{a}{x} + y, w_1, \cdots, w_{i^*-1}, x, w_{i^*+1}, \cdots, w_{q_H}.$$

根据模拟过程中的设置可知，a、x、y、w_i 都是随机值，容易看出，从敌手的角度来说，它们是随机且独立的。因此，模拟与真实攻击是不可区分的。

成功模拟和有用攻击的概率。如果模拟器成功猜测到 i^*，则消息 $m = m_{i^*}$ 的签名询问是可模拟的，且伪造签名是可归约的。这是因为，签名询问选择的消息一定与 m_{i^*} 不同。由此，成功模拟和有用攻击的概率为 $1/q_H$。

优势和时间成本。假设敌手在执行 q_H 次哈希询问后以 $(t, 1, \varepsilon)$ 攻破该方案。解决离散对数问题的优势为 ε/q_H。令 T_S 表示模拟的时间成本，我们有 $T_S = O(1)$，$\mathscr{B}$ 将以 $(t + T_S, \varepsilon/q_H)$ 解决离散对数问题。

至此，定理 4.14.1.1 证明完成。

4.14.2　无随机预言机模型下的一次签名方案

系统初始化：系统参数生成算法以安全参数 λ 作为输入，选择一个循环群 $(\mathbb{G}, p, g)$，选择一个哈希函数 $H: \{0,1\}^* \to \mathbb{Z}_p$，输出系统参数 $SP = (\mathbb{G}, p, g, H)$。

密钥生成：密钥生成算法以系统参数 SP 作为输入，选择随机数 $\alpha, \beta, \gamma \in \mathbb{Z}_p$，计算 $g_1 = g^\alpha$，$g_2 = g^\beta$，$g_3 = g^\gamma$，输出一个一次公/私钥对 (opk, osk)，其中

$$opk = (g_1, g_2, g_3), \quad osk = (\alpha, \beta, \gamma).$$

签名：签名算法以消息 $m \in \{0,1\}^*$、私钥 osk 和系统参数 SP 作为输入，选择一个随机数 $r \in \mathbb{Z}_p$，计算 m 的签名 σ_m，其中

$$\sigma_m = (\sigma_1, \sigma_2) = (r, \alpha + H(m) \cdot \beta + r \cdot \gamma \bmod p).$$

验证：验证算法以消息 – 签名对 (m, σ_m)、公钥 opk 和系统参数 SP 作为输入。如果满足等式 $g^{\sigma_2} = g_1 g_2^{H(m)} g_3^{\sigma_1}$，则它接受该签名。

定理 4.14.2.1　如果 DL 问题是困难的，那么上述一次签名方案在只询问一次签名的 EU – CMA 安全模型下是可证明安全的，其中归约丢失约为 $L = 1$。

证明思路：令 (g, g^a) 为模拟器收到的一个离散对数问题实例，σ_m 为询问阶段由随机数 r 生成的签名，σ_{m^*} 为随机数 r^* 生成的伪造签

名，其中

$$\sigma_m = (r, \alpha + H(m)\beta + r\gamma),$$

$$\sigma_{m^*} = (r^*, \alpha + H(m^*)\beta + r^*\gamma).$$

令 $H(m^*) = u \cdot H(m)$，其中 $u \in \mathbb{Z}_p$。如果敌手知道归约算法并具有无限的计算能力，那么我们将看到以下有关 α、β、γ 模拟的有趣结果，其前提是安全归约只提供一个模拟（注：一个安全归约可以有多个不同的模拟）。

- 如果 α 不包含 a，则对模拟器来说，$H(m)\beta + r\gamma$ 是可模拟的。令 $r^* = ru$，则

$$\sigma_{m^*} = (r^*, \alpha + H(m^*)\beta + r^*\gamma) = (ru, \alpha + u(H(m)\beta + r\gamma))$$

一定是可模拟的。因此，如果 α 的模拟不包含 a，那么敌手就可以生成这样的签名，从而发起一个无用攻击。

- 如果 β 不包含 a，则对模拟器来说，$\alpha + r\gamma$ 是可模拟的。令 $r^* = r$，则

$$\sigma_{m^*} = (r^*, \alpha + H(m^*)\beta + r^*\gamma) = (r, \alpha + H(m^*)\beta + r\gamma)$$

一定是可模拟的。因此，如果 β 的模拟不包含 a，那么敌手就可以生成这样的签名，从而发起一个无用攻击。

- 如果只有 α、β 包含 a，则只有一个消息的签名是可模拟的。但是，模拟器并不知道敌手将询问的是哪个消息。因此，成功模拟的概率可忽略不计。

根据以上分析可知，模拟中所有密钥都必须包含 a。模拟器使用选择的随机数 r 来确保任何消息的签名询问都是可模拟的。模拟过程还要求敌手无法找到划分，否则，伪造的签名将是无效签名。

证明：假设在只询问一次签名的 EU－CMA 安全模型下存在一个可以攻破一次签名方案的敌手 $\mathscr{A}$，我们拟构建一个模拟器 $\mathscr{B}$ 来解决 DL 问题。给定一个循环群 $(\mathbb{G}, g, p)$ 上的问题实例 (g, g^a) 作为输入，$\mathscr{B}$ 运行 $\mathscr{A}$，并进行如下操作。

初始化。令 $SP = (\mathbb{G}, p, g, H)$，$\mathscr{B}$ 随机选择 $x_1, x_2, y_1, y_2 \in \mathbb{Z}_p$，并设私钥为

$$\alpha = x_1 a + y_1, \quad \beta = x_2 a + y_2, \quad \gamma = a.$$

公钥记为

$$opk = (g_1, g_2, g_3) = ((g^a)^{x_1} g^{y_1}, (g^a)^{x_2} g^{y_2}, g^a).$$

该公钥可以从问题实例和所选参数中计算得出。

询问。敌手对消息 m 进行签名询问，$\mathscr{B}$ 计算 σ_m 为

$$\sigma_m = (\sigma_1, \sigma_2) = (-x_1 - H(m)x_2, y_1 + H(m)y_2).$$

令 $r = -x_1 - H(m)x_2$，我们有

$$\alpha + H(m)\beta + r\gamma$$
$$= (x_1 a + y_1) + H(m)(x_2 a + y_2) + ra$$
$$= a(x_1 + H(m)x_2 + r) + y_1 + H(m)y_2$$
$$= y_1 + H(m)y_2.$$

因此，σ_m 是消息 m 的有效签名。

伪造。敌手输出某个 m^* 的伪造签名 σ_{m^*}，令 σ_{m^*} 为

$$\sigma_{m^*} = (\sigma_1, \sigma_2) = (r^*, \alpha + H(m^*)\beta + r^*\gamma)。$$

如果 $x_1 + H(m^*)x_2 + r^* = 0$，就中止；否则，我们有

$$\alpha + H(m^*)\beta + r^*\gamma = a(x_1 + H(m^*)x_2 + r^*) + y_1 + H(m^*)y_2.$$

最后，$\mathscr{B}$ 可以计算

$$a = \frac{\sigma_2 - y_1 - H(m^*)y_2}{x_1 + H(m^*)x_2 + r^*}$$

作为 DL 问题实例的解。

至此，模拟和求解过程完成。接下来，进行正确性分析。

不可区分性模拟。模拟结果的正确性在前面已经说明。模拟的随机性包括密钥生成和哈希询问中的所有随机数。它们是：

$$x_1 a + y_1, \quad x_2 a + y_2, \quad a, \quad -x_1 - H(m)x_2.$$

根据以下分析可知，模拟和真实攻击是不可区分的，因为这些随机数是随机且独立的。

成功模拟和有用攻击的概率。模拟中没有中止。如果 $r^* \neq -x_1 - H(m^*)x_2$，则伪造签名是可归约的。要证明敌手在计算 $-x_1 - H(m^*)x_2$ 时没有优势，我们只需要证明 $-x_1 - H(m^*)x_2$ 是随机且独立于给定的参数即可。由于签名询问中的 σ_2 可由私钥和 σ_1 计算，因此我们只需要证明

$$(\alpha, \beta, \gamma, r, -x_1 - H(m^*)x_2)$$
$$= (x_1 a + y_1, x_2 a + y_2, a, -x_1 - H(m)x_2, -x_1 - H(m^*)x_2)$$

是随机且独立的。

根据上述模拟过程可知，

$$(\alpha, \beta, r, -x_1 - H(m^*)x_2)$$
$$= (x_1 a + y_1, x_2 a + y_2, -x_1 - H(m)x_2, -x_1 - H(m^*)x_2).$$

上式可以变换为

$$\begin{pmatrix} a & 0 & 1 & 0 \\ 0 & a & 0 & 1 \\ -1 & -H(m) & 0 & 0 \\ -1 & -H(m^*) & 0 & 0 \end{pmatrix} \begin{pmatrix} x_1 \\ x_2 \\ y_1 \\ y_2 \end{pmatrix}.$$

不难发现，该矩阵行列式的绝对值是 $|H(m^*) - H(m)| \neq 0$。因此，α、β、r、$-x_1 - H(m^*)x_2$ 是随机且独立的。结合引理 4.7.2 和上面的结果可知，r^* 是随机且独立于给定的参数。因此，成功模拟和有用攻击的概率为 $1 - 1/p \approx 1$。

优势和时间成本。假设敌手以 $(t, 1, \varepsilon)$ 攻破方案。令 T_S 表示模拟的时间成本，我们有 $T_S = O(1)$，$\mathcal{B}$ 将以 $(t + T_S, \varepsilon)$ 解决 DL 问题。

至此，定理 4.14.2.1 证明完成。

4.14.3　不可区分划分的一次签名方案

定理 4.14.2.1 中的安全证明基于敌手无法从给定的参数中找到划分 $x_1 + H(m^*)x_2 + r^* = 0$ 的事实。本节将介绍由两个不同的模拟构成的安全证明，它们的划分是相反的。也就是说，用随机数生成的签名在一个模拟中是可模拟的，在另一个模拟中是可归约的。如果敌手无法区分模拟器采用的是哪个模拟，那么敌手生成的伪造签名为可归约的概率是 1/2。

定理 4.14.3.1　如果 DL 问题是困难的，那么 4.14.2 节中的一次签名方案在只询问一次签名的 EU – CMA 安全模型下是可证明安全的，其中归约丢失约为 $L = 2$。

证明：假设在只询问一次签名的 EU – CMA 安全模型下存在一个可以攻破一次签名方案的敌手 $\mathcal{A}$，我们拟构建一个模拟器 $\mathcal{B}$ 来解决 DL 问题。给定一个循环群 $(\mathbb{G}, g, p)$ 上的问题实例 (g, g^a) 作为输入，$\mathcal{B}$ 运行 $\mathcal{A}$，并进行如下操作。

$\mathcal{B}$ 随机选择 $\mu \in \{0, 1\}$，并以下述两种方式来实现模拟过程。

- $\mu = 0$

初始化。令 $SP = (\mathbb{G}, g, p, H)$，$\mathcal{B}$ 随机选择 $x_1, y_1, y_2 \in \mathbb{Z}_p$，并设私钥 $\alpha = x_1 a + y_1$，$\beta = 0a + y_2$，$\gamma = a$，公钥设为

$$opk = (g_1, g_2, g_3) = ((g^a)^{x_1} g^{y_1}, g^{y_2}, g^a).$$

该公钥可从问题实例和所选参数中计算得出。

询问。敌手对消息 m 进行签名询问，$\mathcal{B}$ 计算 σ_m，有

$$\sigma_m = (\sigma_1, \sigma_2) = (-x_1, y_1 + H(m)y_2).$$

令 $r = -x_1$，则

$$\alpha + H(m)\beta + r\gamma = x_1 a + y_1 + H(m)y_2 - x_1 a = y_1 + H(m)y_2.$$

σ_m 是消息 m 的有效签名。

伪造。 敌手输出某个 m^* 上的伪造的签名 σ_{m^*}，令 σ_{m^*} 为

$$\sigma_{m^*} = (\sigma_1, \sigma_2) = (r^*, \alpha + H(m^*)\beta + r^*\gamma).$$

如果 $r^* = -x_1$，就中止；否则，我们有

$$\sigma_2 = \alpha + H(m^*)\beta + r^* y = a(x_1 + r^*) + y_1 + H(m^*)y_2.$$

最后，$\mathscr{B}$ 可以计算

$$a = \frac{\sigma_2 - y_1 - H(m^*)y_2}{x_1 + r^*}$$

作为 DL 问题实例的解。

- $\mu = 1$

初始化。 令 $SP = (\mathbb{G}, g, p, H)$，$\mathscr{B}$ 随机选择 $x_2, y_1, y_2 \in \mathbb{Z}_p$，并设私钥 $\alpha = 0a + y_1$，$\beta = x_2 a + y_2$，$\gamma = a$，公钥设为

$$opk = (g_1, g_2, g_3) = (g^{y_1}, (g^a)^{x_2} g^{y_2}, g^a).$$

这可从问题实例和所选参数中计算得出。

询问。 敌手对消息 m 进行签名询问，$\mathscr{B}$ 计算 σ_m 为

$$\sigma_m = (\sigma_1, \sigma_2) = (-H(m)x_2, y_1 + H(m)y_2).$$

令 $r = -H(m)x_2$，则

$$\alpha + H(m)\beta + r\gamma = y_1 + H(m)(x_2 a + y_2) - H(m)x_2 a = y_1 + H(m)y_2,$$

因此，σ_m 是消息 m 的有效签名。

伪造。 敌手输出消息 m^* 的伪造签名 σ_{m^*}，令 σ_{m^*} 为

$$\sigma_{m^*} = (\sigma_1, \sigma_2) = (r^*, \alpha + H(m^*)\beta + r^*\gamma)。$$

如果 $r^* = -H(m^*)x_2$，就中止；否则，我们有

$$\sigma_2 = \alpha + H(m^*)\beta + r^*\gamma = a(H(m^*)x_2 + r^*) + y_1 + H(m^*)y_2.$$

最后，$\mathscr{B}$ 可以计算

$$a = \frac{\sigma_2 - y_1 - H(m^*)y_2}{H(m^*)x_2 + r^*}$$

作为 DL 问题实例的解。

至此，模拟和求解过程完成。接下来，进行正确性分析。

不可区分模拟。 模拟结果的正确性在前面已经说明。模拟的随机性包

括密钥生成和签名生成的所有随机数。它们是：

$$(\alpha,\beta,\gamma,r) = \begin{cases} (x_1 a + y_1, 0 + y_2, a, -x_1), & \mu = 0, \\ (0 + y_1, x_2 a + y_2, a, -H(m)x_2), & \mu = 1. \end{cases}$$

根据模拟过程中的设置可知，x_1、x_2、y_1、y_2、a 是随机值，很容易看出，从敌手的角度来看，无论是 $\mu = 0$ 还是 $\mu = 1$，这些随机数都是随机且独立的。因此，模拟与真实攻击是不可区分的，敌手从模拟中猜测出 μ 没有优势。

成功模拟和有用攻击的概率。模拟中没有中止。令询问的签名和伪造的签名所用随机数分别为 r 和 r^*，则：

- 当 $\mu = 0$ 时，如果 $r^* \neq r$，伪造签名是可归约的。

- 当 $\mu = 1$ 时，如果 $\dfrac{r^*}{r} \neq \dfrac{H(m^*)}{H(m)}$，伪造签名是可归约的。

由于这两个模拟是不可区分的，并且模拟器随机选择其中一个，因此伪造签名为可归约的概率 $\Pr[success]$ 描述如下：

$$\begin{aligned} \Pr[success] &= \Pr[success \mid \mu = 0]\Pr[\mu = 0] + \Pr[success \mid \mu = 1]\Pr[\mu = 1] \\ &= \Pr[r^* \neq r]\Pr[\mu = 0] + \Pr[r^* \neq rH(m^*)/H(m)]\Pr[\mu = 1] \\ &\geqslant \Pr[r^* \neq r]\Pr[\mu = 0] + \Pr[r^* = r]\Pr[\mu = 1] \\ &= \Pr[r^* \neq r]\frac{1}{2} + \Pr[r^* = r]\frac{1}{2} \\ &= \frac{1}{2}. \end{aligned}$$

注意：如果敌手输出一个伪造签名，该签名满足 $r^* \notin \left\{ r, \dfrac{H(m^*)r}{H(m)} \right\}$，那么对于以上两种情况，签名一定是可归约的。因此，模拟成功和有用攻击的概率至少为 1/2。

优势和时间成本。假设敌手以 $(t, 1, \varepsilon)$ 攻破该签名方案。解决离散对数问题的优势至少为 $\varepsilon/2$。令 T_S 表示模拟的时间成本，我们有 $T_S = O(1)$，$\mathcal{B}$ 将以 $(t + T_S, \varepsilon/2)$ 解决 DL 问题。

至此，定理 4.14.3.1 证明完成。

4.15 概念总结

本节作为本章的最后一节，将回顾公钥密码学安全证明的概念，并对其进行分类。充分理解这些概念并掌握如何应用，这是很重要的。本章中的一些概念（如优势和有效的密文）在其他文献中可能有不同解释。

4.15.1 与证明有关的概念

与证明相关的各种概念因目的和侧重点的不同而有不同的解释，我们主要有以下概念。

● **反证法**。在公钥密码学中，我们利用反证法引入了归约形式的可证明安全。我们将在 4.15.2 节中回顾有关反证法的一些预备知识和重要概念。

● **安全证明**。安全证明主要包括归约算法及其正确性分析。正确性分析应该表明，利用恶意敌手的自适应攻击来解决困难问题的优势是不可忽略的。

● **安全归约**。这是模拟器根据归约算法执行的归约。安全归约应该介绍如何模拟一个方案，以及如何将对该方案的攻击归约到解决困难问题。我们将在 4.15.3 节回顾一些有关安全归约的重要概念。

● **模拟**。这是敌手和模拟器（使用问题实例生成模拟方案）之间的交互。与安全归约相比，模拟侧重于实现一个与真实攻击不可区分的模拟。我们将在 4.15.4 节中回顾一些关于模拟的重要概念。

安全证明并不是严格意义上的数学证明，它无法以数学形式来证明所提方案的安全性。实际上，安全证明仅提出一个归约算法，以该算法说明：假设存在一个能够攻破所提方案的敌手，我们可以运行归约算法，将敌手的攻击归约到解决某个底层困难问题。安全证明本质上仅是一个算法。我们不能直接运行归约算法来说服大家所提方案是安全的，而是需要通过一个理论分析来论证提出的归约算法确实有效。换言之，我们可以将恶意敌手（它有无限的计算能力）的任意自适应攻击以不可忽略的优势归约到解决底层困难问题。

4.15.2 预备知识和反证法

数学是现代密码学的基础。我们在数学原语上定义数学困难问题，并构造方案。每个数学原语都是由安全参数 λ 生成的。数学原语上定义的特定数学问题 P 的求解计算复杂度可以用 $p(\lambda)$ 表示，它取决于问题定义和 λ 的大小。复杂度也称为安全级别。假设在同一个数学原语上定义了两个困难问题 A 和 B，它们的安全级别分别是 $P_A(\lambda)$ 和 $P_B(\lambda)$。如果 $P_A(\lambda)$

远高于 $P_B(\lambda)$，则我们认为 A 是相对较弱的困难假设，而 B 为相对较强的困难假设。这里，"弱"比"强"好。在基于群的密码学中，循环群是数学原语，安全参数是群元素的比特长度。定义在循环群上的离散对数问题的安全级别取决于这个循环群的构造和安全参数 λ。例如，使用安全参数 $\lambda = 1\,024$ 生成的模乘群安全级别大约为 2^{80}，而安全参数 $\lambda = 1\,024$ 生成的椭圆曲线群安全级别最高可达 2^{512}。

　　目前，所有的算法可以分为确定性算法和概率算法，其中概率算法被认为是比确定性算法更有效的一种算法。一个概率算法通常由时间成本 t 和一个值 $\varepsilon \in \{0,1\}$ 来度量，这个值具体是概率还是优势取决于定义。如果 t 是多项式级且 ε 是不可忽略的，则相应的算法是计算有效的；否则，如果 t 是指数级或 ε 是可忽略的，则相应的算法是计算无效的。所有的密码算法可以分为四种类型：实现密码系统的方案算法；攻破所提方案的攻击算法；解决困难问题的求解算法；归约算法（用于指定如何将对模拟方案的攻击归约到解决一个底层困难问题）。方案算法的概率 ε 必须接近于 1，而其他三种算法的优势 ε 只要是不可忽略的即可。当针对方案的所有攻击算法都是计算无效时，则该方案是安全的。如果存在一个计算有效的求解算法，则数学问题就是容易的；如果所有已知的求解算法都是计算无效的，那么数学问题就可能被认为是困难的（一种主观认为）。我们不能从数学形式上证明一个问题是困难的，目前唯一有效的方法是证明解决这个问题并不比解决另一个公认困难的问题容易。

　　我们利用反证法证明任何敌手在多项式时间无法以不可忽略的优势攻破所提方案。首先，有一个公认的困难问题；其次，我们假设存在一个可以攻破该方案的敌手，并通过安全归约将敌手的攻击归约到解决底层困难问题；最后，（由于该问题是困难的）我们得出该方案是安全的。其中的矛盾点在于，存在一个可以攻破该方案的敌手的假设成立意味着底层困难问题是一个简单问题，这显然不符合事实。

4.15.3　安全归约及其困难性

　　安全模型将攻击刻画为挑战者和敌手之间的一个游戏，它定义了敌手什么时候可以询问、询问什么以及如何赢得游戏。每个密码系统都有对应的安全模型。一个密码系统可能存在不同的安全模型去定义相同的安全服务。这是因为，有些方案只在弱安全模型下才能实现可证明安全（弱安全模型下敌手与方案的交互受到限制）。与弱安全模型相比，强安全模型允许敌手灵活、自适应地询问更多信息。因此，强安全模型是优于弱安全模型的（如果我们能够在强安全模型下证明所提方案的安全性）。定义新密码系统的安全模型需要禁止可以帮助敌手赢得游戏的平凡询问；否则，无论如何构造所提方案，敌手总是能够赢得游戏（也就是说，在该安全模型下，方案一直都是不安全的）。

在安全归约中，我们首先假设在相应的安全模型下，存在一个在多项式时间内以不可忽略的优势攻破所提方案的敌手，我们能构建一个模拟器。该模拟器利用给定的问题实例生成一个模拟方案，然后利用敌手对模拟方案的攻击解决一个困难问题。安全归约只是一种归约算法，它仅仅指出了模拟器在安全归约时应该做什么。安全归约将敌手对方案的攻击归约到解决困难问题时总是存在归约成本和归约丢失。如果归约丢失与询问次数次线性相关或者归约丢失是常量（与敌手的询问次数无关），那么安全归约就是一个紧归约；否则，它是一个松归约。

敌手的攻击可分为四类：不能攻破方案的失败攻击；可以攻破方案的成功攻击；可以归约到解决困难问题的有用攻击；不能归约到解决困难问题的无用攻击。敌手对模拟方案发起攻击时可能失败（敌手的攻击不会总成功），对模拟方案的攻击也可能是无用攻击（归约失败）。一个成功的安全归约要求敌手的攻击是有用的，但成功攻击不能保证一定是有用攻击。一个正确的安全归约必须提供正确性分析，以论证利用敌手的攻击解决一个困难问题的优势是不可忽略的。

攻破假设只限制了敌手攻破方案的时间和优势。敌手是黑盒敌手，它将发起自适应攻击，包括自适应询问和自适应输出。为了能够计算出解决底层困难问题的优势，我们将黑盒敌手放大为具有无限计算能力的恶意黑盒敌手。一个正确的安全归约是复杂的，因为我们给予的正确性分析必须在计算能力无限的敌手进行自适应的攻击下分析解决底层困难问题的优势是不可忽略的。在安全归约分析中，我们假设敌手知道所提方案的方案算法、归约算法以及如何解决所有计算性困难问题。另外，我们可以实现一个正确的安全归约，因为敌手不知道模拟器选择的随机数、给定的问题实例，以及如何解决完全困难问题。

在安全归约中，敌手的攻击与安全归约的底层困难问题是息息相关的。我们可以将计算性攻击归约到解决计算性困难问题，例如，在数字签名的安全归约中，我们主要利用敌手的伪造签名来解决一个计算性困难问题。我们也可以将判定性攻击归约到解决判定性困难问题，例如，在加密的安全归约中，我们主要利用猜测挑战密文中随机选择的消息 m_c 来解决判定性困难问题。在加密的安全归约中，我们利用随机预言机还可以将 IND 安全模型中的判定性攻击归约到解决一个计算性困难问题。需要强调的是，每种类型的归约在模拟、求解和分析等方面的差别是很大的。

4.15.4　模拟及其要求

安全归约的第一步是模拟。模拟器利用给定的问题实例生成模拟方案。模拟过程有可能中止，导致模拟不成功。在模拟中，敌手会发起失败攻击或成功攻击。我们没有必要给出一个完整的模拟方案（模拟所有的方案算法），只需要实现涉及询问应答的算法。如果正确性和随机性成立，则模拟方案与真实方案是不可区分的。模拟要求模拟器对询问（如签名询问和解密询问）的所有应答必须是正确的。模拟过程中的所有随机数（包括随机群元素）必须是随机且独立的。这里，不可区分性很重要，因为我们假设敌手能够攻破一个看起来真实的方案，如果给定方案与真实方案是可区分的，那么我们不能保证敌手能以同样的优势攻破给定的模拟方案。

在有随机预言机的安全归约中，模拟器控制随机预言机，可以在对哈希询问的应答中嵌入任何特殊的整数/元素（只要满足所有应答是均匀分布即可）。模拟器可以控制哈希询问，以帮助实现模拟过程。敌手可以向随机预言机进行多项式次数的哈希询问。只要敌手没有向随机预言机询问过 x，那么 $H(x)$ 就是随机的且对敌手来说是未知的。哈希列表记录敌手询问、对哈希询问的应答以及用于计算应答的秘密状态。

现有文献中，大多数字签名方案的安全归约都是在模拟器不知道相应密钥的情况下进行模拟的。模拟器利用敌手的伪造签名解决底层困难问题。模拟过程中的签名可以分为可模拟签名和可归约签名。这里，划分指定哪些签名是可模拟的，哪些签名是可归约的。如果安全归约利用伪造签名来解决底层困难问题，那么所有签名询问必须是可模拟的，伪造签名必须是可归约的。敌手应无法从模拟中找到或区分出划分；否则，它将选择一个可模拟签名作为伪造签名，从而使得伪造成为一个无用攻击。

与数字签名相比，加密的模拟要复杂得多。根据所提方案和安全模型，我们可以设计一个安全归约来解决判定性困难问题或计算性困难问题，其归约方式大不相同。

- 如果通过安全归约来解决一个判定性困难问题，那么我们利用敌手对挑战密文中所选消息的猜测来解决困难问题。相应的模拟必须将问题实例的目标 Z 嵌入挑战密文，从而使得挑战密文满足几个条件。如果 Z 为 True，则模拟方案与真实的方案是不可区分的。根据攻破假设可知，敌手会以 $1/2 + \varepsilon/2$ 的概率正确猜测出加密消息；否则，敌手攻破假挑战密文等同于攻破一次一密的密文，其成功猜测出加密消息的概率仅为 $1/2$。如果敌手可以进行解密询问，那么分析攻破假挑战密文的概率并不容易。为了分析攻破假挑战密文的概率 P_F，就需要分析 P_F^W、A_F^K、A_F^C、A_F^I 和 P_F^A 的概率或优势。在加密方案的模拟中，挑战解密密钥对模拟器来说既可以是已知的，也可以是未知的，这取决于所提方案和安全归约。

- 如果我们在 IND 安全模型和随机预言机下解决计算性困难问题，那么该安全归约的形式不同于解决判定性困难问题的安全归约。特别地，模拟器应该利用其中某个哈希询问（即挑战哈希询问）解决计算性困难问题。这种类型的模拟不考虑真/假挑战密文。在敌手对随机预言机进行挑战哈希询问之前，模拟与真实方案不可区分，且敌手在攻破挑战密文方面必须没有优势。如果上述条件成立，则敌手必将对随机预言机进行挑战哈希询问来满足攻破假设定义的优势。在这种安全归约中，我们通常在模拟器不知道挑战解密密钥的情况下实现模拟。CCA 安全模型下的安全归约要求哈希询问必须能够帮助解密模拟。也就是说，所有正确的密文都可以通过正确的哈希询问进行解密，而所有不正确的密文都可以通过哈希询问来判断并拒绝。

在判定性困难假设下的加密安全归约中，当 Z 为 True 时，解密模拟与真实攻击是不可区分的；当 Z 为 False 时，解密模拟不能帮助敌手攻破假挑战密文。在计算性困难假设下加密的安全归约中，解密模拟与真实攻击是不可区分的，并且不能帮助敌手区分模拟方案和真实方案中的挑战密文。

4.15.5 实现正确的安全归约

从安全归约到正确的安全归约，需要分析解决底层困难问题的优势都是不可忽略的。在图 4.3 中，我们给出了分析步骤。

- 安全归约包含模拟算法和求解算法。模拟是敌手和模拟方案之间的交互，模拟方案由问题实例生成并遵循模拟算法。如果模拟器在模拟过程中没有中止，则模拟成功；如果中止，则是因为它无法正确应答敌手的询问。

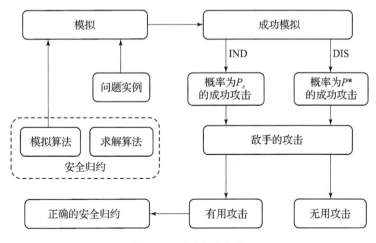

图 4.3 正确安全归约

• 如果模拟是成功的，敌手就会对模拟方案发起攻击。该攻击有可能是成功攻击，具体取决于模拟和归约算法。如果模拟方案与真实方案不可区分，那么敌手应以攻破假设中的概率 P_ε 对模拟方案发起一次成功攻击。如果模拟方案与真实方案可区分，那么敌手将以恶意概率 $P^* \in [0,1]$ 对模拟方案发起成功攻击。这个恶意概率取决于归约算法。

（1）对于数字签名，不管安全归约是通过伪造签名实现还是通过哈希询问实现，敌手都不会发起成功攻击（即恶意概率为0）。

（2）对于判定性困难问题下的加密，如果 Z 为 False，模拟是可区分的，那么敌手将尝试以概率 $P^* = P_\varepsilon$ 发起一次成功攻击。

（3）对于计算性困难问题下的加密，如果在敌手对随机预言机进行挑战哈希询问之前，模拟是可区分的，那么敌手不会尝试去发起一次成功攻击（恶意概率为0）。

• 无论是成功攻击还是失败攻击，敌手的攻击都有可能是能解决底层困难问题的有用攻击。这取决于密码系统和归约算法。只有有用攻击可以归约到解决困难问题。

（1）对于数字签名来说，如果安全归约利用伪造签名，则敌手的攻击只有在伪造签名可归约的情况下是有用攻击。

（2）对于判定性困难问题下的加密来说，如果敌手从真挑战密文中正确猜测出消息的概率为 $1/2 + \varepsilon/2$，从假挑战密文中正确猜测消息的概率至多为 $1/2$，那么攻击是有用攻击。

（3）对于安全归约包含哈希询问的所有密码系统来说，如果用来解决底层困难问题的挑战哈希询问存在于敌手的哈希询问中，那么攻击是有用攻击。

● 最后，假设敌手可以在多项式时间内以不可忽略的优势攻破真实方案，如果解决底层困难问题的优势是不可忽略的，则安全归约是正确的。

至此，正确性分析中的所有步骤完成，这些步骤足以证明该安全归约是一个正确的安全归约。

4.15.6　其他一些易混淆的概念

与"模型"相关的一些概念有完全不同的意义，列举如下。

● **安全模型**。安全模型用于刻画攻击。它是敌手和挑战者之间的游戏，其中，挑战者制定方案供敌手攻击。每个安全模型都可以看作一个抽象的攻击类，其定义了敌手如何攻破方案。安全模型应该出现在密码系统的安全定义中。

● **标准安全模型**。一个密码系统可以有许多安全模型，且其中一个作为标准安全模型。需要强调的是，标准安全模型并不是密码系统中最强的安全模型。

● **标准模型**。标准模型是一种计算模型（而不是安全模型）。在标准模型中，敌手仅受攻破密码系统所需时间的限制。随机预言机是一个不同于标准模型的特殊模型，它对敌手有更多限制。

● **随机预言机模型**。随机预言机模型不是密码系统的安全模型，而是一种计算模型。在随机预言机模型中，至少有一个哈希函数被设定为由模拟器控制的随机预言机，而敌手必须访问随机预言机，以知道对应的哈希值。随机预言机模型只出现在安全证明中（不可以出现在安全模型的定义中）。

● **通用群模型**。通用群模型是为分析循环群上定义的问题是否困难而提出的一种计算模型。在通用群模型中，敌手看不到群构造方式及任何群元素，只能看到群元素的编码。在该假设下，我们可以分析一个问题的困难性。通用群模型的作用是对新困难问题进行困难性分析。

在安全归约中，我们经常提到"不可区分"，它主要包括不可区分安全和不可区分模拟。

● **不可区分安全**。在加密的不可区分安全定义中，挑战者或模拟器选择随机消息（m_0 或 m_1）来生成挑战密文。如果敌手在猜测挑战密文中的加密消息时仅仅有可忽略的优势，则加密方案是不可区分安全的。

- **不可区分模拟**。给定一个模拟方案，敌手以攻破假设中定义的优势对模拟方案发起攻击，这要求模拟方案与真实方案是不可区分的。否则，敌手可以不受限制地发起任何攻击，该攻击既可能是失败攻击也可能是成功攻击。

第 **5** 章

随机预言机模型下的
数字签名方案

本章将分别介绍 H 型、C 型和 I 型结构下的 BLS 数字签名方案[26]、BB[RO]数字签名方案[20] 和 ZSS 数字签名方案[104]。利用随机"加盐"，我们可以引入随机比特将 BLS 数字签名方案修改为 BLS[+] 数字签名方案，引入随机数[48]将 BLS 数字签名方案修改为 BLS[#]数字签名方案。同样的方法也可以应用于 ZSS 数字签名方案，这是因为，ZSS 数字签名方案的安全性基于 q – SDH 假设，其哈希询问的应答是不同的。最后，本章将介绍 BLS[G] 数字签名方案。作为文献［53］的一个简化版本，BLS[G] 数字签名方案基于 BLS 数字签名方案，在没有使用随机"加盐"的情况下，BLS[G] 数字签名方案实现了一个全新的紧安全归约。本章给出的数字签名方案和（或）其证明可能与原文献略有不同。

5.1 BLS 数字签名方案

系统初始化：系统参数生成算法以安全参数 λ 作为输入，选择一个双线性对群 $\mathbb{PG} = (\mathbb{G}, \mathbb{G}_T, g, p, e)$，选择一个哈希函数 $H: \{0,1\}^* \to \mathbb{G}$，输出系统参数 $SP = (\mathbb{PG}, H)$。

密钥生成：密钥生成算法以系统参数 SP 作为输入，选择随机数 $\alpha \in \mathbb{Z}_p$，

计算 $h = g^{\alpha}$，输出一个公/私钥对 (pk, sk)，其中

$$pk = h, \quad sk = \alpha.$$

签名：签名算法以消息 $m \in \{0, 1\}^*$、私钥 sk 和系统参数 SP 作为输入，计算 m 的签名 σ_m，其中

$$\sigma_m = H(m)^{\alpha}.$$

验证：验证算法以消息–签名对 (m, σ_m)、公钥 pk 和系统参数 SP 作为输入。如果满足等式 $e(\sigma_m, g) = e(H(m), h)$，那么它接受该签名。

定理 5.1.0.1　假设哈希函数 H 是一个随机预言机。如果 CDH 问题是困难的，那么该数字签名方案在 EU – CMA 安全模型下是可证明安全的，其归约丢失为 $L = q_H$，其中 q_H 是向随机预言机进行哈希询问的次数。

证明：假设在 EU – CMA 安全模型下存在一个能以 (t, q_S, ε) 攻破该签名方案的敌手 $\mathscr{A}$，我们拟构建一个模拟器 $\mathscr{B}$ 来解决 CDH 问题。给定一个双线性对群 $\mathbb{PG}$ 上的问题实例 (g, g^a, g^b)，$\mathscr{B}$ 控制随机预言机，运行 $\mathscr{A}$，并进行如下操作。

初始化。令 $SP = \mathbb{PG}$，H 为模拟器控制的随机预言机。$\mathscr{B}$ 设公钥为 $h = g^a$，其对应私钥为 $\alpha = a$。公钥可从问题实例中获得。

H – 询问。敌手在此阶段进行哈希询问。在敌手开始询问之前，$\mathscr{B}$ 随机选择一个整数 $i^* \in [1, q_H]$，其中 q_H 表示向随机预言机进行哈希询问的次数。然后，$\mathscr{B}$ 建立一个哈希列表来记录所有的询问和应答，哈希列表初始为空。

当 $\mathscr{A}$ 发起第 i 次询问时（设询问值为 m_i），如果哈希列表中已有 m_i 对应的项，则 $\mathscr{B}$ 根据哈希列表应答该询问。否则，$\mathscr{B}$ 随机选择 $w_i \in \mathbb{Z}_p$，并将 $H(m_i)$ 设为

$$H(m_i) = \begin{cases} g^{b + w_i}, & i = i^*, \\ g^{w_i}, & \text{其他}. \end{cases}$$

然后，$\mathscr{B}$ 将 $H(m_i)$ 记作该询问的应答，并在哈希列表中添加相应元组 $(i, m_i, w_i, H(m_i))$。

签名询问。敌手在此阶段进行签名询问。$\mathscr{A}$ 询问 m_i（m_i 表示第 i 次 H – 询问的询问值）的签名，如果 m_i 是存储在哈希列表中第 i^* 个询问的消息（即 $i = i^*$），就模拟中止；否则，有 $H(m_i) = g^{w_i}$，$\mathscr{B}$ 计算

$$\sigma_{m_i} = (g^a)^{w_i}.$$

根据签名定义和模拟过程，我们有

$$\sigma_{m_i} = H(m_i)^{\alpha} = (g^{w_i})^a = (g^a)^{w_i}.$$

因此，σ_{m_i} 是 m_i 的有效签名。

伪造。敌手输出某个未被询问过的 m^* 的伪造签名 σ_{m^*}，如果 m^* 不是存储在哈希列表中第 i^* 个询问的消息（即 $i \neq i^*$），就中止；否则，$H(m^*) = g^{b+w_{i^*}}$。

根据签名定义和模拟过程，我们有

$$\sigma_{m^*} = H(m^*)^{\alpha} = (g^{b+w_{i^*}})^a = g^{ab+aw_{i^*}}.$$

模拟器 $\mathscr{B}$ 可以计算

$$\frac{\sigma_{m^*}}{(g^a)^{w_{i^*}}} = \frac{g^{ab+aw_{i^*}}}{(g^a)^{w_{i^*}}} = g^{ab}$$

作为 CDH 问题实例的解。

至此，模拟和求解过程完成。接下来，进行正确性分析。

不可区分模拟。模拟结果的正确性在前面已经说明。模拟的随机性包括密钥生成和哈希询问中的所有随机数。它们是：

$$a, w_1, \cdots, w_{i^*-1}, b+w_{i^*}, w_{i^*+1}, \cdots, w_{q_H}.$$

根据模拟过程可知，a、b、w_i 都是随机值，从敌手的角度来说，它们是随机且独立的。因此，模拟与真实攻击是不可区分的。

成功模拟和有用攻击的概率。如果模拟器成功猜测到 i^*，则所有的签名询问是可模拟的，并且伪造签名是可归约的。这是因为模拟器无法为签名询问选择一个消息 m_{i^*} 且 m_{i^*} 能用于签名伪造。因此，对于 q_H 次询问，成功模拟和有用攻击的概率为 $1/q_H$。

优势和时间成本。假设敌手在对随机预言机执行 q_H 次哈希询问后以 (t, q_S, ε) 攻破该签名方案，则解决 CDH 问题的优势为 ε/q_H。令 T_S 表示模拟的时间成本，我们有 $T_S = O(q_H + q_S)$，其主要由预言机应答和签名生成来控制。因此，$\mathscr{B}$ 将以 $(t + T_S, \varepsilon/q_H)$ 解决 CDH 问题。

定理 5.1.0.1 的证明完成。

5.2 BLS⁺ 数字签名方案

系统初始化：系统参数生成算法将安全参数 λ 作为输入，选择一个双线性对群 $\mathbb{PG} = (\mathbb{G}, \mathbb{G}_T, g, p, e)$，选择一个哈希函数 $H: \{0,1\}^* \to \mathbb{G}$，输出系统参数 $SP = (\mathbb{PG}, H)$。

密钥生成：密钥生成算法以系统参数 SP 作为输入，选择随机数 $\alpha \in \mathbb{Z}_p$，计算 $h = g^\alpha$，输出一个公/私钥对 (pk, sk)，其中

$$pk = h, \quad sk = \alpha.$$

签名：签名算法以消息 $m \in \{0,1\}^*$、私钥 sk 和系统参数 SP 作为输入，随机选择一个 $c \in \{0,1\}$ 并计算 m 的签名 σ_m，其中

$$\sigma_m = (\sigma_1, \sigma_2) = (c, H(m,c)^\alpha).$$

在生成消息 m 的签名时，签名算法总是使用相同的随机比特 c。

验证：验证算法以消息－签名对 (m, σ_m)、公钥 pk 和系统参数 SP 作为输入。令 $\sigma_m = (\sigma_1, \sigma_2)$，如果满足 $e(\sigma_2, g) = e(H(m, \sigma_1), h)$，则它接受该签名。

定理 5.2.0.1　假设哈希函数 H 是一个随机预言机。如果 CDH 问题是困难的，那么 BLS$^+$ 数字签名方案在 EU－CMA 安全模型下是可证明安全的，归约丢失为 $L = 2$。

证明：假设在 EU－CMA 安全模型下存在一个能以 (t, q_s, ε) 攻破该签名方案的敌手 $\mathscr{A}$，我们拟构建一个模拟器 $\mathscr{B}$ 来解决 CDH 问题。给定一个双线性对群 $\mathbb{PG}$ 上的问题实例 (g, g^a, g^b) 作为输入，$\mathscr{B}$ 控制随机预言机，运行 $\mathscr{A}$，并进行如下操作。

初始化。令 $SP = \mathbb{PG}$，H 为模拟器控制的随机预言机。$\mathscr{B}$ 设公钥为 $h = g^a$，其对应私钥为 $\alpha = a$。公钥可从问题实例中获得。

H－询问。敌手在此阶段进行哈希询问。$\mathscr{B}$ 建立一个哈希列表来记录所有的询问和应答，哈希列表初始为空。

当 $\mathscr{A}$ 发起第 i 次询问时（设询问值为 (m_i, c_i)），其中 $c_i \in \{0,1\}$，如果哈希列表中已有 m_i 对应的项，则 $\mathscr{B}$ 根据哈希列表应答该询问。否则，$\mathscr{B}$ 随机选择 $x_i \in \{0,1\}$、$y_i, z_i \in \mathbb{Z}_p$，并将 $H(m_i, 0)$、$H(m_i, 1)$ 设为

$$H(m_i, 0) = \begin{cases} g^{b+y_i}, & x_i = 0, \\ g^{y_i}, & x_i = 1. \end{cases}$$

$$H(m_i, 1) = \begin{cases} g^{z_i}, & x_i = 0, \\ g^{b+z_i}, & x_i = 1. \end{cases}$$

然后，$\mathscr{B}$ 将 $H(m_i, c)$ 作为该询问的应答，并在哈希列表中添加相应元组 $(m_i, x_i, y_i, z_i, H(m_i, 0), H(m_i, 1))$。

签名询问。敌手在此阶段进行签名询问，$\mathscr{A}$ 询问 m_i 的签名。令对应

的哈希元组为 $(m_i, x_i, y_i, z_i, H(m_i, 0), H(m_i, 1))$。$\mathcal{B}$ 计算

$$\sigma_{m_i} = (c_i, H(m_i, c_i)^\alpha) = \begin{cases} (1, (g^a)^{z_i}), & x_i = 0, \\ (0, (g^a)^{y_i}), & x_i = 1. \end{cases}$$

根据签名定义和模拟过程，我们有：

- 如果 $x_i = 0$，则 $c_i = 1$ 且 $H(m_i, c_i)^\alpha = H(m_i, 1)^\alpha = (g^{z_i})^a = (g^a)^{z_i}$；
- 如果 $x_i = 1$，则 $c_i = 0$ 且 $H(m_i, c_i)^\alpha = H(m_i, 0)^\alpha = (g^{y_i})^a = (g^a)^{y_i}$。

因此，σ_{m_i} 是 m_i 的有效签名。

伪造。 敌手输出某个未曾询问过的 m^* 的伪造签名 σ_{m^*}。令伪造签名为 $(\sigma_1^*, \sigma_2^*) = (c^*, H(m^*, c^*)^\alpha)$，其在哈希列表上的哈希元组为 $(m^*, x^*, y^*, z^*, H(m^*, 0), H(m^*, 1))$。如果 $c^* \neq x^*$，就中止；否则，

$$c^* = x^*, \quad H(m^*, c^*) = \begin{cases} g^{b+y^*}, & c^* = x^* = 0, \\ g^{b+z^*}, & c^* = x^* = 1. \end{cases}$$

根据签名定义和模拟过程，我们有

$$\sigma_2^* = H(m^*, c^*)^\alpha = (g^{b+w^*})^a = g^{ab+aw^*}, \quad w^* = y^* \text{ 或 } z^*.$$

模拟器 $\mathcal{B}$ 计算

$$\frac{\sigma_2^*}{(g^a)^{w^*}} = \frac{g^{ab+aw^*}}{(g^a)^{w^*}} = g^{ab},$$

作为 CDH 问题实例的解。

至此，模拟和求解过程完成。接下来，进行正确性分析。

不可区分模拟。 模拟结果的正确性在前面已经说明。模拟的随机性包括密钥生成、哈希询问，以及签名生成中的所有随机数。它们是：

$$pk : a,$$
$$H(m_i, 0), H(m_i, 1) : (b+y_i, z_i) \text{ 或 } (y_i, b+z_i)$$
$$c_i : x_i.$$

根据模拟过程，a、b、x_i、y_i、z_i 都是随机值，从敌手的角度来说，它们是随机且独立的。因此，模拟与真实攻击是不可区分的。

成功模拟和有用攻击的概率。 如果 $c^* = x^*$，则所有的签名询问都是可模拟的，并且伪造签名是可归约的。根据模拟过程，我们有

$$H(m^*, 0) = \begin{cases} g^{b+y^*}, & x^* = 0, \\ g^{y^*}, & x^* = 1. \end{cases}$$

$$H(m^*, 1) = \begin{cases} g^{z^*}, & x^* = 0, \\ g^{b+z^*}, & x^* = 1. \end{cases}$$

当 y^*、z^* 是由模拟器随机选择时，敌手在猜测哪个哈希询问是由 b 应答时没有优势。因此，x^* 是随机的，并且敌手不知道 x^*，所以 $c^* = x^*$ 成立的概率为 $1/2$。因此，成功模拟和有用攻击的概率为 $1/2$。

优势和时间成本。假设敌手在对随机预言机执行 q_H 次哈希询问后以 (t, q_S, ε) 攻破该签名方案，则解决 CDH 问题的优势为 $\varepsilon/2$。令 T_S 表示模拟的时间成本，我们有 $T_S = O(q_H + q_S)$，这主要由预言机应答和签名生成来控制。因此，$\mathscr{B}$ 将以 $(t + T_S, \varepsilon/2)$ 解决 CDH 问题。

定理 5.2.0.1 的证明完成。

5.3　BLS#数字签名方案

系统初始化：系统参数生成算法以安全参数 λ 作为输入，选择一个双线性对群 $\mathbb{PG} = (\mathbb{G}, \mathbb{G}_T, g, p, e)$，选择一个哈希函数 $H: \{0,1\}^* \to \mathbb{G}$，输出系统参数 $SP = (\mathbb{PG}, H)$。

密钥生成：密钥生成算法以系统参数 SP 作为输入，选择随机数 $\alpha \in \mathbb{Z}_p$，计算 $h = g^\alpha$，输出一个公/私钥对 (pk, sk)，其中

$$pk = h, \quad sk = \alpha.$$

签名：签名算法以消息 $m \in \{0,1\}^*$、私钥 sk 和系统参数 SP 作为输入，选择一个随机数 $r \in \mathbb{Z}_p$ 并计算 m 的签名 σ_m，其中

$$\sigma_m = (\sigma_1, \sigma_2) = (r, H(m,r)^\alpha).$$

在生成消息 m 的签名时，签名算法使用相同的随机数 r。

验证：验证算法以消息–签名对 (m, σ_m)、公钥 pk 和系统参数 SP 作为输入。令 $\sigma_m = (\sigma_1, \sigma_2)$，如果满足 $e(\sigma_2, g) = e(H(m, \sigma_1), h)$，则它接受该签名。

定理 5.3.0.1　假设哈希函数 H 是一个随机预言机。如果 CDH 问题是困难的，那么 BLS#数字签名方案在 EU – CMA 安全模型下是可证明安全的，归约丢失约为 $L = 1$。

证明：假设在 EU – CMA 安全模型下存在一个能以 (t, q_S, ε) 攻破该签名方案的敌手 $\mathscr{A}$，我们拟构建一个模拟器 $\mathscr{B}$ 来解决 CDH 问题。给定一个双线性对群 $\mathbb{PG}$ 上的问题实例 (g, g^a, g^b) 作为输入，$\mathscr{B}$ 控制随机预言机，运行 $\mathscr{A}$，并进行如下操作。

初始化。令 $SP = \mathbb{PG}$ ，H 为模拟器控制的随机预言机。$\mathcal{B}$ 设公钥为 $h = g^a$ ，其对应私钥为 $\alpha = a$ 。公钥可从问题实例中获得。

H - 询问。敌手在此阶段进行哈希询问。$\mathcal{B}$ 建立一个哈希列表来记录所有的询问和应答，哈希列表初始为空。

敌手对 (m, r) 进行询问，其中 $r \in \mathbb{Z}_p$ ，如果哈希列表中已有 (m, r) 对应的项，则 $\mathcal{B}$ 根据哈希列表应答该询问。否则，$\mathcal{B}$ 随机选择 $z \in \mathbb{Z}_p$ ，然后以 $H(m, r) = g^{b+z}$ 作为该询问的应答，并在哈希列表中存储 $(m, r, z, H(m, r), \mathcal{A})$ 。这里的 $\mathcal{A}$ 意味着 (m, r) 是由敌手询问的。

签名询问。敌手在此阶段进行签名询问，询问 m_i 的签名，如果哈希列表中已有元组 $(m_i, r_i, y_i, H(m_i, r_i), \mathcal{B})$ ，则模拟器利用该元组生成签名。否则，$\mathcal{B}$ 随机选择 $r_i, y_i \in \mathbb{Z}_p$ ，计算 $H(m_i, r_i) = g^{y_i}$ ，并将 $(m_i, r_i, y_i, H(m_i, r_i), \mathcal{B})$ 存储到哈希列表中。如果 (m_i, r_i) 曾经由敌手生成过，就中止；否则，$\mathcal{B}$ 计算

$$\sigma_{m_i} = (r_i, H(m_i, r_i)^\alpha) = (r_i, (g^a)^{y_i}).$$

根据签名定义和模拟过程，我们有

$$H(m_i, r_i)^\alpha = (g^{y_i})^a = (g^a)^{y_i}.$$

因此，σ_{m_i} 是 m_i 的有效签名。

伪造。敌手输出某个未曾询问过的 m^* 的伪造签名 σ_{m^*} 。令伪造签名为 $(\sigma_1^*, \sigma_2^*) = (r^*, H(m^*, r^*)^\alpha)$ ，对应的哈希元组为 $(m^*, r^*, z^*, H(m^*, r^*))$ 。我们有

$$H(m^*, r^*) = g^{b+z^*}.$$

根据签名定义和模拟过程，我们可以得出

$$\sigma_2^* = H(m^*, r^*)^\alpha = (g^{b+z^*})^a = g^{ab+az^*}.$$

模拟器 $\mathcal{B}$ 可以计算

$$\frac{\sigma_2^*}{(g^a)^{z^*}} = \frac{g^{ab+az^*}}{(g^a)^{z^*}} = g^{ab}$$

作为 CDH 问题实例的解。

至此，模拟和求解过程完成。接下来，进行正确性分析。

不可区分模拟。模拟结果的正确性在前面已经说明。模拟的随机性包括密钥生成、哈希询问，以及签名生成中的所有随机数。它们是：

$$pk: \qquad a,$$
$$H(m,r): \qquad z+b, r \text{ 由敌手选择},$$
$$H(m_i, r_i): \qquad y_i, r_i \text{ 由模拟器选择},$$
$$\text{随机数}: \qquad r_i.$$

根据模拟过程，a、b、z、y_i、r_i 都是随机值，从敌手的角度来说，它们是随机且独立的。因此，模拟与真实攻击是不可区分的。

成功模拟和有用攻击的概率。 当签名询问阶段选择的随机数 r_i 不同于哈希询问阶段的所有随机数时，伪造签名是可归约的，并且所有询问的签名都是可模拟的。随机选择的数字与哈希询问阶段中的所有数字不同的概率为 $1 - q_H/p$。因此，成功模拟和有用攻击的概率为 $(1 - q_H/p)^{q_S} \approx 1$。

优势和时间成本。 假设敌手在对随机预言机执行 q_H 次哈希询问后以 (t, q_S, ε) 攻破该签名方案，则解决 CDH 问题的优势约为 ε。令 T_S 表示模拟的时间成本，我们有 $T_S = O(q_H + q_S)$，这主要由预言机应答和签名生成来控制。因此，$\mathcal{B}$ 将以 $(t + T_S, \varepsilon)$ 解决 CDH 问题。

定理 5.3.0.1 的证明完成。

5.4　BB^{RO} 数字签名方案

系统初始化： 系统参数生成算法以安全参数 λ 作为输入，选择一个双线性对群 $\mathbb{PG} = (\mathbb{G}, \mathbb{G}_T, g, p, e)$，一个哈希函数 $H: \{0,1\}^* \to \mathbb{G}$，输出系统参数 $SP = (\mathbb{PG}, H)$。

密钥生成： 密钥生成算法以系统参数 SP 作为输入，随机选择 $g_2 \in \mathbb{G}$、$\alpha \in \mathbb{Z}_p$，并计算 $g_1 = g^\alpha$，然后输出一个公/私钥对 (pk, sk)，其中

$$pk = (g_1, g_2), \quad sk = \alpha.$$

签名： 签名算法以消息 $m \in \{0,1\}^*$、私钥 sk 和系统参数 SP 作为输入，选择一个随机数 $r \in \mathbb{Z}_p$ 并计算 m 的签名 σ_m，其中

$$\sigma_m = (\sigma_1, \sigma_2) = (g_2^\alpha H(m)^r, g^r).$$

验证： 验证算法以消息–签名对 (m, σ_m)、公钥 pk 和系统参数 SP 作为输入。令 $\sigma_m = (\sigma_1, \sigma_2)$，如果满足 $e(\sigma_1, g) = e(g_1, g_2) e(H(m), \sigma_2)$，则它接受该签名。

定理 5. 4. 0. 1 假设哈希函数 H 是一个随机预言机。如果 CDH 问题是困难的，那么 $\mathrm{BB}^{\mathrm{RO}}$ 数字签名方案在 EU – CMA 安全模型下是可证明安全的，归约丢失为 $L = q_H$，其中 q_H 是对随机预言机进行哈希询问的次数。

证明： 假设在 EU – CMA 安全模型下存在一个能以 (t, q_S, ε) 攻破该签名方案的敌手 $\mathscr{A}$，我们拟构建一个模拟器 $\mathscr{B}$ 来解决 CDH 问题。给定一个双线性对群 $\mathbb{PG}$ 上的问题实例 (g, g^a, g^b) 作为输入，$\mathscr{B}$ 控制随机预言机，运行 $\mathscr{A}$，并进行如下操作。

初始化。令 $SP = \mathbb{PG}$，H 为模拟器控制的随机预言机。$\mathscr{B}$ 设公钥为

$$g_1 = g^a, \quad g_2 = g^b,$$

其对应私钥为 $\alpha = a$。公钥可从问题实例中获得。

H – 询问。敌手在此阶段进行哈希询问。在敌手开始询问之前，$\mathscr{B}$ 随机选择 $i^* \in [1, q_H]$，其中 q_H 表示向随机预言机进行哈希询问的次数。然后，$\mathscr{B}$ 建立一个哈希列表来记录所有的询问和应答，哈希列表初始为空。

当 $\mathscr{A}$ 发起第 i 次询问时（询问值为 m_i），如果哈希列表中已有 m_i 对应的项，则 $\mathscr{B}$ 根据哈希列表应答该询问；否则，$\mathscr{B}$ 随机选择 $w_i \in \mathbb{Z}_p$，并设 $H(m_i)$ 为

$$H(m_i) = \begin{cases} g^{w_i}, & i = i^*, \\ g^{b + w_i}, & \text{其他}. \end{cases}$$

然后，$\mathscr{B}$ 以 $H(m_i)$ 作为该询问的应答，并在哈希列表中添加 $(i, m_i, w_i, H(m_i))$。

签名询问。敌手在此阶段进行签名询问。$\mathscr{A}$ 询问 m_i（m_i 表示第 i 次 H – 询问的询问值）的签名，如果 m_i 是存储在哈希列表中第 i^* 个询问的消息（即 $i = i^*$），就中止；否则，$H(m_i) = g^{b + w_i}$。$\mathscr{B}$ 选择一个随机数 $r_i' \in \mathbb{Z}_p$ 并计算 σ_{m_i} 为

$$\sigma_{m_i} = ((g^a)^{-w_i} \cdot H(m_i)^{r_i'}, (g^a)^{-1} g^{r_i'}).$$

令 $r_i = -a + r_i'$，根据签名定义和模拟过程，我们有

$$g_2^{\alpha} H(m_i)^{r_i} = g^{ab} \cdot (g^{b + w_i})^{-a + r_i'} = (g^a)^{-w_i} \cdot H(m_i)^{r_i'}$$

$$g^{r_i} = g^{-a + r_i'} = (g^a)^{-1} g^{r_i'}.$$

因此，σ_{m_i} 是 m_i 的有效签名。

伪造。敌手输出某个未曾询问过的 m^* 的伪造签名 σ_{m^*}，如果 m^* 不是存储在哈希列表中第 i^* 个询问的消息，就中止；否则，$H(m^*) = g^{w_{i^*}}$。

根据签名定义和模拟过程，我们有

$$\sigma_{m^*} = (\sigma_1^*, \sigma_2^*) = (g_2^\alpha H(m^*)^r, g^r) = (g^{ab}(g^{w_{i^*}})^r, g^r).$$

模拟器 $\mathscr{B}$ 可以计算

$$\frac{\sigma_1^*}{(\sigma_2^*)^{w_{i^*}}} = \frac{g^{ab}(g^{w_{i^*}})^r}{(g^r)^{w_{i^*}}} = g^{ab}$$

作为 CDH 问题实例的解。

至此，模拟和求解过程完成。接下来，进行正确性分析。

不可区分模拟。模拟结果的正确性在前面已经说明。模拟的随机性包括密钥生成、对哈希询问的应答以及签名生成中的所有随机数。它们是：

$$pk: a, b,$$

$$H(m_i): w_1, \cdots, w_{i^*-1}, b+w_{i^*}, w_{i^*+1}, \cdots, w_{q_H},$$

$$r_i: -a + r_i'.$$

根据模拟过程，a、b、w_i、r_i' 都是随机值，从敌手的角度来说，它们是随机且独立的。因此，模拟与真实攻击是不可区分的。

成功模拟和有用攻击的概率。如果模拟器成功猜测到 i^*，则所有的签名询问是可模拟的，并且伪造签名是可归约的，这是因为无法为签名询问选择消息 m_{i^*}，并且 m_{i^*} 将用于签名伪造。因此，对于 q_H 次询问，成功模拟和有用攻击的概率为 $1/q_H$。

优势和时间成本。假设敌手在对随机预言机执行 q_H 次哈希询问后以 (t, q_S, ε) 攻破该签名方案，则解决 CDH 问题的优势约为 ε/q_H。令 T_S 表示模拟的时间成本，我们有 $T_S = O(q_H + q_S)$，这主要由预言机应答和签名生成来控制。因此，$\mathscr{B}$ 将以 $(t + T_S, \varepsilon/q_H)$ 解决 CDH 问题。

定理 5.4.0.1 的证明完成。

5.5 ZSS 数字签名方案

系统初始化：系统参数生成算法以安全参数 λ 作为输入，选择一个双线性对群 $\mathbb{PG} = (\mathbb{G}, \mathbb{G}_T, g, p, e)$，选择一个哈希函数 $H: \{0,1\}^* \to \mathbb{Z}_p$，然后输出系统参数 $SP = (\mathbb{PG}, H)$。

密钥生成：密钥生成算法以系统参数 SP 作为输入，选择随机数 $h \in \mathbb{G}$、$\alpha \in \mathbb{Z}_p$，并计算 $g_1 = g^\alpha$，然后输出一个公/私钥对 (pk, sk)，其中

$$pk = (g_1, h), \quad sk = \alpha.$$

签名：签名算法以消息 $m \in \{0,1\}^*$、私钥 sk 和系统参数 SP 作为输入，并计算 m 的签名 σ_m，其中

$$\sigma_m = h^{\frac{1}{\alpha + H(m)}}.$$

验证：验证算法以消息 – 签名对 (m, σ_m)、公钥 pk 和系统参数 SP 作为输入。如果满足 $e(\sigma_m, g_1 g^{H(m)}) = e(h, g)$，则它接受该签名。

定理 5.5.0.1 假设哈希函数 H 是一个随机预言机。如果 q – SDH 问题是困难的，那么 ZSS 数字签名方案在 EU – CMA 安全模型下是可证明安全的，归约丢失为 $L = q_H$，其中 q_H 是向随机预言机进行询问的次数。

证明：假设在 EU – CMA 安全模型下存在一个能以 (t, q_S, ε) 攻破该签名方案的敌手 $\mathcal{A}$，我们拟构建一个模拟器 $\mathcal{B}$ 来解决 q – SDH 问题。给定一个双线性对群 $\mathbb{PG}$ 上的问题实例 $(g, g^a, g^{a^2}, g^{a^q})$ 作为输入，$\mathcal{B}$ 控制随机预言机，运行 $\mathcal{A}$，并进行如下操作。

初始化。令 $SP = \mathbb{PG}$，H 为模拟器控制的随机预言机。$\mathcal{B}$ 从 $\mathbb{Z}_p$ 中随机选择 $w_1, w_2, \cdots, w_q$，设公钥为

$$g_1 = g^a, \quad h = g^{(a+w_1)(a+w_2)\cdots(a+w_q)},$$

其对应私钥为 $\alpha = a$。我们假设 $q = q_H$，q_H 表示对随机预言机进行哈希询问的次数。公钥可从问题实例和所选参数中计算得出。

H – 询问。敌手在此阶段进行哈希询问。在敌手开始询问之前，$\mathcal{B}$ 随机选择一个整数 $i^* \in [1, q_H]$ 和一个整数 $w^* \in \mathbb{Z}_p$。然后，$\mathcal{B}$ 建立一个哈希列表来记录所有的询问和应答，哈希列表初始为空。

当 $\mathcal{A}$ 发起第 i 次询问时（设询问值为 m_i），如果哈希列表中已有 m_i 对应的项，则 $\mathcal{B}$ 根据哈希列表应答该询问；否则，$\mathcal{B}$ 将 $H(m_i)$ 设为

$$H(m_i) = \begin{cases} w^*, & i = i^*, \\ w_i, & \text{其他}. \end{cases}$$

然后，$\mathcal{B}$ 以 $H(m_i)$ 作为该询问的应答，并在哈希列表中添加 $(i, m_i, w_i, H(m_i))$ 或 $(i^*, m_{i^*}, w^*, H(m_{i^*}))$。本次模拟要求 $w^* \neq w_{i^*}$。

签名询问。敌手在此阶段进行签名询问，$\mathcal{A}$ 询问 m_i（m_i 表示第 i 次 H – 询问的询问值）的签名。如果 m_i 是存储在哈希列表中第 i^* 个询问的消息，就中止；否则，$H(m_i) = w_i$。

$\mathcal{B}$ 利用 $g, g^a, \cdots, g^{a^q}$ 和 $w_1, w_2, \cdots, w_q$ 计算 σ_{m_i}，其中

$$\sigma_{m_i} = g^{(a+w_1)\cdots(a+w_{i-1})(a+w_{i+1})\cdots(a+w_q)}.$$

根据签名定义和模拟过程，我们有

$$\sigma_{m_i} = h^{\frac{1}{\alpha + H(m_i)}} = g^{\frac{(a+w_1)\cdots(a+w_i)\cdots(a+w_q)}{a+w_i}} = g^{(a+w_1)\cdots(a+w_{i-1})(a+w_{i+1})\cdots(a+w_q)}.$$

因此，σ_{m_i} 是 m_i 的有效签名。

伪造。敌手输出某个未曾询问过的 m^* 的伪造签名 σ_{m^*}，如果 m^* 不是存储在哈希列表中第 i^* 个询问的消息，就中止；否则，$H(m^*) = w^*$。

根据签名定义和模拟，我们有

$$\sigma_{m^*} = h^{\frac{1}{\alpha + H(m^*)}} = g^{\frac{(a+w_1)(a+w_2)\cdots(a+w_q)}{a+w^*}}.$$

上式可以变换为

$$g^{f(a) + \frac{d}{a+w^*}}.$$

式中，$f(a)$ 是关于 a 的 $q-1$ 次多项式函数；d 是一个非零整数。

模拟器 $\mathcal{B}$ 可以计算

$$\left(\frac{\sigma_{m^*}}{g^{f(a)}} \right)^{\frac{1}{d}} = \left(\frac{g^{f(a) + \frac{d}{a+w^*}}}{g^{f(a)}} \right)^{\frac{1}{d}} = g^{\frac{1}{a+w^*}},$$

并输出 $\left(w^*, g^{\frac{1}{a+w^*}} \right)$ 作为 q-SDH 问题实例的解。

至此，模拟和求解过程完成。接下来，进行正确性分析。

不可区分模拟。模拟结果的正确性在前面已经说明。模拟的随机性包括密钥生成和对哈希询问的应答中的所有随机数。它们是：

$$pk : a, (a+w_1)(a+w_2)\cdots(a+w_q),$$

$$H(m_i) : w_1, \cdots, w_{i^*-1}, w^*, w_{i^*+1}, \cdots, w_{q_H}.$$

根据模拟过程，$a, w_1, w_2, \cdots, w_q, w^*$ 都是随机值，从敌手的角度来说，它们是随机且独立的。因此，模拟与真实攻击是不可区分的。

成功模拟和有用攻击的概率。如果模拟器成功猜测到 i^*，则所有的签名询问是可模拟的，并且伪造签名是可归约的，这是因为无法为签名询问选择消息 m_{i^*}，并且 m_{i^*} 将用于签名伪造。因此，对于 q_H 次询问，成功模拟和有用攻击的概率为 $1/q_H$。

优势和时间成本。假设敌手在对随机预言机执行 q_H 次哈希询问后以 (t, q_S, ε) 攻破该签名方案，则解决 q-SDH 问题的优势为 ε/q_H。令 T_S 表示模拟的时间成本，我们有 $T_S = O(q_S q_H)$，这主要由签名生成来控制。因此，$\mathcal{B}$ 将以 $(t + T_S, \varepsilon/q_H)$ 解决 q-SDH 问题。

定理 5.5.0.1 的证明完成。

5.6 ZSS⁺数字签名方案

系统初始化：系统参数生成算法以安全参数 λ 作为输入，选择一个双线性对群 $\mathbb{PG} = (\mathbb{G}, \mathbb{G}_T, g, p, e)$，选择一个哈希函数 $H : \{0,1\}^* \to \mathbb{Z}_p$，输出系统参数 $SP = (\mathbb{PG}, H)$。

密钥生成：密钥生成算法以系统参数 SP 作为输入，选择随机数 $h \in \mathbb{G}$、$\alpha \in \mathbb{Z}_p$，计算 $g_1 = g^{\alpha}$，输出一个公/私钥对 (pk, sk)，其中

$$pk = (g_1, h), \quad sk = \alpha.$$

签名：签名算法以消息 $m \in \{0,1\}^*$、私钥 sk 和系统参数 SP 作为输入，随机选择 $c \in \{0,1\}$ 并输出 m 的签名 σ_m，其中

$$\sigma_m = (\sigma_1, \sigma_2) = (c, h^{\frac{1}{\alpha + H(m,c)}}).$$

在生成消息 m 的签名时，签名算法使用相同的随机比特 c。

验证：验证算法以消息－签名对 (m, σ_m)、公钥 pk 和系统参数 SP 作为输入。令 $\sigma_m = (\sigma_1, \sigma_2)$，如果满足 $e(\sigma_2, g_1 g^{H(m, \sigma_1)}) = e(h, g)$，则它接受该签名。

定理 5.6.0.1 假设哈希函数 H 是一个随机预言机。如果 q－SDH 问题是困难的，那么 ZSS⁺数字签名方案在 EU－CMA 安全模型下是可证明安全的，归约丢失为 $L = 2$。

证明：假设在 EU－CMA 安全模型下存在一个能以 (t, q_S, ε) 攻破该签名方案的敌手 $\mathcal{A}$，我们拟构建一个模拟器 $\mathcal{B}$ 来解决 q－SDH 问题。给定一个双线性对群 PG 上的问题实例 $(g, g^a, g^{a^2}, \cdots, g^{a^q})$ 作为输入，$\mathcal{B}$ 控制随机预言机，运行 $\mathcal{A}$，并进行如下操作。

初始化。令 $SP = \mathbb{PG}$，H 为模拟器控制的随机预言机。$\mathcal{B}$ 从 $\mathbb{Z}_p$ 中随机选择 $y_1, y_2, \cdots, y_q, w$，设公钥为

$$g_1 = g^a, \quad h = g^{w(a+y_1)(a+y_2)\cdots(a+y_q)},$$

其对应私钥为 $\alpha = a$。本次证明要求 $q = q_H$，其中 q_H 表示对随机预言机进行哈希询问的次数。公钥可从问题实例和所选参数中计算得出。

H－询问。敌手在此阶段进行哈希询问。$\mathcal{B}$ 建立一个哈希列表来记录所有的询问和应答，哈希列表初始为空。

当 $\mathscr{A}$ 发起第 i 次询问时（设询问值为 (m_i,c_i)，其中 $c_i \in \{0,1\}$），如果哈希列表中已有 m_i 对应的项，则 $\mathscr{B}$ 根据哈希列表应答该询问；否则，$\mathscr{B}$ 随机选择 $x_i \in \{0,1\}$、$y_i,z_i \in \mathbb{Z}_p$，并设 $H(m_i,0)$、$H(m_i,1)$ 为

$$H(m_i,0) = \begin{cases} y_i, & x_i = 0, \\ z_i & x_i = 1. \end{cases}$$

$$H(m_i,1) = \begin{cases} z_i, & x_i = 0, \\ y_i & x_i = 1. \end{cases}$$

然后，$\mathscr{B}$ 以 $H(m_i,c_i)$ 作为该询问的应答，并在哈希列表中添加 $(m_i,x_i, y_i,z_i,H(m_i,0),H(m_i,1))$。

签名询问。敌手在此阶段进行签名询问，$\mathscr{A}$ 询问 m_i（第 i 次 H – 询问）的签名。令对应的哈希元组为 $(m_i,x_i,y_i,z_i,H(m_i,0),H(m_i,1))$。$\mathscr{B}$ 利用 $g,g^a,\cdots,g^{a^q}$ 和 $y_1,y_2,\cdots,y_q$ 计算 σ_{m_i} 为

$$\sigma_{m_i} = \left(x_i,h^{\frac{1}{a+H(m_i,x_i)}}\right) = \left(x_i,g^{w(a+y_1)\cdots(a+y_{i-1})(a+y_{i+1})\cdots(a+y_q)}\right).$$

根据签名定义和模拟过程，我们有 $c_i = x_i$ 和 $H(m_i,x_i)$ 可以使得

$$h^{\frac{1}{a+H(m_i,c_i)}} = g^{\frac{w(a+y_1)\cdots(a+y_{i-1})(a+y_i)(a+y_{i+1})\cdots(a+y_q)}{a+y_i}} = g^{w(a+y_1)\cdots(a+y_{i-1})(a+y_{i+1})\cdots(a+y_q)}$$

成立。因此，σ_{m_i} 是 m_i 的有效签名。

伪造。敌手输出某个未曾询问过的 m^* 的伪造签名 σ_{m^*}。令 $\sigma_{m^*} = (\sigma_1^*, \sigma_2^*) = \left(c^*,h^{\frac{1}{a+H(m^*,c^*)}}\right)$，对应的哈希元组为 $(m^*,x^*,y^*,z^*,H(m^*,0), H(m^*,1))$。如果 $c^* = x^*$，就中止；否则，我们有

$$c^* \neq x^*, \quad H(m^*,c^*) = H(m^*,1-x^*) = z^*.$$

根据签名定义和模拟过程，我们有 $z^* \notin \{y_1,y_2,\cdots,y_q\}$ 和

$$\sigma_2^* = h^{\frac{1}{a+H(m^*,c^*)}} = g^{\frac{w(a+y_1)(a+y_2)\cdots(a+y_q)}{a+z^*}}.$$

上式可以变换为

$$g^{f(a)+\frac{d}{a+z^*}}.$$

式中，$f(a)$ 是关于 a 的 $q-1$ 次多项式函数；d 是一个非零整数。

模拟器 $\mathscr{B}$ 可以计算

$$\left(\frac{\sigma_2^*}{g^{f(a)}}\right)^{\frac{1}{d}} = \left(\frac{g^{f(a)+\frac{d}{a+z^*}}}{g^{f(a)}}\right)^{\frac{1}{d}} = g^{\frac{1}{a+z^*}}$$

并输出 $\left(z^*,g^{\frac{1}{a+z^*}}\right)$ 作为 q – SDH 问题实例的解。

至此，模拟和求解过程完成。接下来，进行正确性分析。

不可区分模拟。模拟结果的正确性在前面已经说明。模拟的随机性包括密钥生成和哈希询问以及签名生成中的所有随机数。它们是：

$$pk: a, (a+y_1)(a+y_2)\cdots(a+y_q),$$
$$H(m_i, 0), H(m_i, 1): (y_i, z_i) \text{ 或} (z_i, y_i),$$
$$c_i: x_i.$$

根据模拟过程，a、w、y_i、z_i、x_i 都是随机值，容易看出，从敌手的角度来说，它们是随机且独立的。因此，模拟与真实攻击是不可区分的。

成功模拟和有用攻击的概率。如果 $c^* \neq x^*$，则所有的签名询问都是可模拟的，并且伪造签名是可归约的。根据设置，我们有

$$H(m^*, 0) = \begin{cases} y^*, & x^* = 0, \\ z^*, & x^* = 1. \end{cases}$$

$$H(m^*, 1) = \begin{cases} z^*, & x^* = 0, \\ y^*, & x^* = 1. \end{cases}$$

如果敌手找到 $H(m^*, 0)$ 或 $H(m^*, 1)$ 中的哪个哈希值是 $w(a+y_1)\cdots(a+y_q)$ 的根，它就会知道 x^*。因为 $w(a+y_1)\cdots(a+y_q)$、y^*、z^* 是随机且独立的，所以敌手在找到 x^* 方面没有优势。因此，成功模拟和有用攻击的概率为 1/2。

优势和时间成本。假设敌手在对随机预言机执行 q_H 次哈希询问后以 (t, q_s, ε) 攻破该签名方案。则解决 q-SDH 问题的优势为 $\varepsilon/2$。令 T_S 表示模拟的时间成本，我们有 $T_S = O(q_s q_H)$，这主要由签名生成来控制。因此，$\mathscr{B}$ 将以 $(t + T_S, \varepsilon/2)$ 解决 q-SDH 问题。

定理 5.6.0.1 的证明完成。

5.7　ZSS#数字签名方案

系统初始化：系统参数生成算法以安全参数 λ 作为输入，选择一个双线性对群 $\mathbb{PG} = (\mathbb{G}, \mathbb{G}_T, g, p, e)$，选择一个哈希函数 $H: \{0,1\}^* \rightarrow \mathbb{Z}_p$，输出系统参数 $SP = (\mathbb{PG}, H)$。

密钥生成：密钥生成算法以系统参数 SP 作为输入，选择随机数 $h \in \mathbb{G}$、$\alpha \in \mathbb{Z}_p$，并计算 $g_1 = g^\alpha$，然后输出一个公/私钥对 (pk, sk)，其中

$$pk = (g_1, h), \quad sk = \alpha.$$

签名：签名算法以消息 $m \in \{0,1\}^*$、私钥 sk 和系统参数 SP 作为输入，选择一个随机数 $r \in \mathbb{Z}_p$ 并计算 m 的签名 σ_m，其中

$$\sigma_m = (\sigma_1, \sigma_2) = (r, h^{\frac{1}{\alpha + H(m,r)}}).$$

在生成消息 m 的签名时，签名算法使用相同的随机数 r。

验证：验证算法以消息－签名对 (m, σ_m)、公钥 pk 和系统参数 SP 作为输入。令 $\sigma_m = (\sigma_1, \sigma_2)$，如果满足 $e(\sigma_2, g_1 g^{H(m,\sigma_1)}) = e(h,g)$，则它接受该签名。

定理 5.7.0.1　假设哈希函数 H 是一个随机预言机。如果 q－SDH 问题是困难的，那么 ZSS# 数字签名方案在 EU－CMA 安全模型下是可证明安全的，归约丢失为 $L = 1$。

证明：假设在 EU－CMA 安全模型下存在一个能以 (t, q_S, ε) 攻破该签名方案的敌手 $\mathscr{A}$，我们拟构建一个模拟器 $\mathscr{B}$ 来解决 q－SDH 问题。给定一个双线性对群 $\mathbb{PG}$ 上的问题实例 $(g, g^a, g^{a^2}, \cdots, g^{a^q})$ 作为输入，$\mathscr{B}$ 控制随机预言机，运行 $\mathscr{A}$，并进行如下操作。

初始化。令 $SP = \mathbb{PG}$，H 为模拟器控制的随机预言机。$\mathscr{B}$ 从 $\mathbb{Z}_p$ 中随机选择 $y_1, y_2, \cdots, y_q, w$，设公钥为

$$g_1 = g^a, \quad h = g^{w(a+y_1)(a+y_2)\cdots(a+y_q)},$$

其对应私钥为 $\alpha = a$。本证明要求 $q = q_S$。公钥可从问题实例和所选参数中计算得出。

H－询问。敌手在此阶段进行哈希询问。$\mathscr{B}$ 建立一个哈希列表来记录所有的询问和应答，哈希列表初始为空。

敌手对 (m, r) 进行询问，如果哈希列表中已有 (m, r)，则 $\mathscr{B}$ 根据哈希列表应答该询问。否则，$\mathscr{B}$ 随机选择 $z \in \mathbb{Z}_p$，并设置 $H(m, r) = z$，然后，$\mathscr{B}$ 以 $H(m, r)$ 作为该询问的应答，并在哈希列表中添加 $(m, r, z, H(m, r), \mathscr{A})$。这里，$\mathscr{A}$ 表示 (m, r) 是由敌手询问的。

签名询问。敌手在此阶段进行签名询问，$\mathscr{A}$ 询问 m_i（m_i 表示第 i 次 H－询问的询问值）的签名。如果哈希列表中存在着一个元组 $(m_i, r_i, y_i, H(m_i, r_i), \mathscr{B})$，则模拟器使用这个元组来生成签名；否则，$\mathscr{B}$ 随机选择 r_i，$y_i \in \mathbb{Z}_p$，设 $H(m_i, r_i) = g^{y_i}$ 并将 $(m_i, r_i, y_i, H(m_i, r_i), \mathscr{B})$ 存储到哈希列表中。如果 (m_i, r_i) 曾经由敌手生成过，就中止；$\mathscr{B}$ 利用 $g, g^a, \cdots, g^{a^q}, w$，$y_1, y_2, \cdots, y_q$ 计算

$$\sigma_{m_i} = (r_i, h^{\frac{1}{\alpha + H(m_i, r_i)}}) = (r_i, g^{w(a+y_1)\cdots(a+y_{i-1})(a+y_{i+1})\cdots(a+y_q)}).$$

根据签名定义和模拟过程，我们有 $H(m_i, r_i) = y_i$ 可以使下式成立：

$$h^{\frac{1}{\alpha + H(m_i, r_i)}} = g^{\frac{w(a+y_1)\cdots(a+y_{i-1})(a+y_i)(a+y_{i+1})\cdots(a+y_q)}{a+y_i}} = g^{w(a+y_1)\cdots(a+y_{i-1})(a+y_{i+1})\cdots(a+y_q)}.$$

因此，σ_{m_i} 是 m_i 的有效签名。

伪造。敌手返回某个未曾询问过的 m^* 的伪造签名 σ_{m^*}。令

$$\sigma_{m^*} = (\sigma_1^*, \sigma_2^*) = \left(r^*, h^{\frac{1}{a+H(m^*, r^*)}} \right),$$

对应的哈希元组为 $(m^*, r^*, z^*, H(m^*, r^*))$。

根据签名定义和模拟过程，我们发现 z^* 是从 $\mathbb{Z}_p$ 中随机选择的，且不同于 $\{y_1, y_2, \cdots, y_q\}$，则

$$\sigma_2^* = h^{\frac{1}{\alpha + H(m^*, r^*)}} = g^{\frac{w(a+y_1)(a+y_2)\cdots(a+y_q)}{a+z^*}}.$$

上式可以变换为

$$g^{f(a) + \frac{d}{a+z^*}}.$$

式中，$f(a)$ 是关于 a 的 $q-1$ 次多项式函数；d 是一个非零整数。

模拟器 $\mathscr{B}$ 可以计算

$$\left(\frac{\sigma_2^*}{g^{f(a)}} \right)^{\frac{1}{d}} = \left(\frac{g^{f(a) + \frac{d}{a+z^*}}}{g^{f(a)}} \right)^{\frac{1}{d}} = g^{\frac{1}{a+z^*}}$$

并输出 $\left(z^*, g^{\frac{1}{a+z^*}} \right)$ 作为 q-SDH 问题实例的解。

至此，模拟和求解过程完成。接下来，进行正确性分析。

不可区分模拟。模拟结果的正确性在前面已经说明。模拟的随机性包括密钥生成和对哈希询问的应答以及签名生成中的所有随机数。它们是：

$$pk: a, w(a+y_1)(a+y_2)\cdots(a+y_q),$$

$$H(m, r): z, \quad r \text{ 由敌手选择}$$

$$H(m_i, r_i): y_i, \quad r_i \text{ 由模拟器选择}$$

$$\text{随机数}: r_i.$$

根据模拟过程，a、w、z、y_i、r_i 都是随机值，从敌手的角度来说，它们是随机且独立的。因此，模拟与真实攻击是不可区分的。

成功模拟和有用攻击的概率。当签名询问阶段选择的随机数 r_i 不同于哈希询问阶段的所有随机数时，伪造签名是可归约的，并且所有询问的签名是可模拟的。随机选择的数字与哈希询问阶段中的所有数字不同的概率为 $1 - q_H/p$。因此，成功模拟和有用攻击的概率为 $(1 - q_H/p)^{q_S} \approx 1$。

优势和时间成本。假设敌手在对随机预言机执行 q_H 次哈希询问后以

(t,q_S,ε) 攻破该签名方案，则解决 q - SDH 问题的优势约为 ε。令 T_S 表示模拟的时间成本，我们有 $T_S = O(q_S^2)$，这主要由签名生成来控制。因此，$\mathscr{B}$ 将以 $(t + T_S, \varepsilon)$ 解决 q - SDH 问题。

定理 5.7.0.1 的证明完成。

5.8　BLS^G 数字签名方案

系统初始化：系统参数生成算法以安全参数 λ 作为输入，选择一个双线性对群 $\mathbb{PG} = (\mathbb{G}, \mathbb{G}_T, g, p, e)$，选择一个哈希函数 $H: \{0,1\}^* \to \mathbb{G}$，输出系统参数 $SP = (\mathbb{PG}, H)$。

密钥生成：密钥生成算法以系统参数 SP 作为输入，随机选择 $\alpha \in \mathbb{Z}_p$，计算 $h = g^\alpha$，输出一个公/私钥对 (pk, sk)，其中

$$pk = h, \quad sk = \alpha.$$

签名：签名算法以消息 $m \in \{0,1\}^*$、私钥 sk 和系统参数 SP 作为输入，计算 m 的签名 σ_m，其中

$$\sigma_m = (\sigma_1, \sigma_2, \sigma_3) = (H(m)^\alpha, H(m \| \sigma_m^1)^\alpha, H(m \| \sigma_m^2)^\alpha),$$

其中，$\sigma_m^i = (\sigma_1, \sigma_2, \cdots, \sigma_i)$。在该签名方案中我们称 σ_i 为块签名。最终签名 σ_m 等于 σ_m^3。

验证：验证算法以消息 - 签名对 (m, σ_m)、公钥 pk 和系统参数 SP 作为输入。当且仅当下式成立，

$$e(\sigma_1, g) = e(H(m), h),$$
$$e(\sigma_2, g) = e(H(m \| \sigma_m^1), h),$$
$$e(\sigma_3, g) = e(H(m \| \sigma_m^2), h).$$

它会接受该签名。

定理 5.8.0.1　假设哈希函数 H 是一个随机预言机。如果 CDH 问题是困难的，那么 BLS^G 数字签名方案在 EU - CMA 安全模型下是可证明安全的，归约丢失为 $2\sqrt{q_H}$，其中 q_H 是对随机预言机进行哈希询问的次数。

证明：假设在 EU - CMA 安全模型下存在一个能以 (t, q_S, ε) 攻破该签名方案的敌手 $\mathscr{A}$，我们拟构建一个模拟器 $\mathscr{B}$ 来解决 CDH 问题。给定双线性对群 $\mathbb{PG}$ 上的一个问题实例 (g, g^a, g^b) 作为输入，$\mathscr{B}$ 控制随机预言

机，运行 $\mathscr{A}$，并进行如下操作。

初始化。令 $SP = \mathbb{PG}$，H 为模拟器控制的随机预言机。$\mathscr{B}$ 设公钥为 $h = g^a$，其对应私钥为 $\alpha = a$。公钥可从问题实例中获得。

H – 询问。敌手在此阶段进行哈希询问。在敌手开始询问之前，$\mathscr{B}$ 随机选择 $c^* \in \{0,1\}$，然后从区间 $\left[1, q_H^{1-\frac{c^*}{2}}\right]$ 中选择另一个随机值 k^*，其中 q_H 表示对随机预言机进行哈希询问的次数。准确地说，如果 $c^* = 0$，则该区间为 $\left[1, q_H\right]$；如果 $c^* = 1$，则该区间为 $\left[1, q_H^{\frac{1}{2}}\right]$。然后，$\mathscr{B}$ 建立一个哈希列表来记录所有询问和应答，哈希列表初始为空。

对于每个元组，格式定义和描述为 $(x, I_x, T_x, O_x, U_x, z_x)$。其中，$x$ 是指询问输入；I_x 指的是身份，既可以是敌手 $\mathscr{A}$，也可以是模拟器 $\mathscr{B}$；T_x 是指哈希询问的类型；O_x 是指同一类型中询问的顺序索引；U_x 是指对 x 的应答，如 $U_x = H(x)$；z_x 是指计算 U_x 的秘密。

令哈希询问为 x 或敌手询问 $H(x)$。如果 x 已经在哈希列表中，则 $\mathscr{B}$ 根据哈希列表来应答该询问；否则，模拟器对该询问的应答如下。

对象 I_x 的应答。对象 I_x 用于识别谁是第一个生成 x 并向随机预言机提交 x 的对象。询问的意义在于，尽管随机预言机是由模拟器控制的，但是敌手和模拟器都可以对随机预言机进行询问。如果敌手首先生成并提交关于 x 的询问，那么我们就说这个询问是由敌手首先生成的，并设 $I_x = \mathscr{A}$；否则，设 $I_x = \mathscr{B}$。

以新消息 m 为例。假设敌手首先向随机预言机询问 $H(m)$、$H(m \parallel \sigma_m^1)$，然后向模拟器询问 m 的签名。需要注意的是，模拟器生成消息 m 的签名需要知道

$$H(m), \quad H(m \parallel \sigma_m^1), \quad H(m \parallel \sigma_m^2).$$

因为哈希列表没有记录如何应答哈希询问 $H(m \parallel \sigma_m^2)$，所以模拟器必须先向随机预言机询问 $H(m \parallel \sigma_m^2)$，然后生成 m 的签名。需要注意的是，敌手在收到签名后可能再次询问 $H(m \parallel \sigma_m^2)$ 以进行签名验证，但是这个哈希询问是由模拟器首先生成并执行的。因此，我们定义

- 对于 $x \in \{m, m \parallel \sigma_m^1\}$，$x$ 对应的 I_x 是 $I_x = \mathscr{A}$；
- 对于 $x = m \parallel \sigma_m^2$，$x$ 对应的 I_x 是 $I_x = \mathscr{B}$。

对象 T_x 的应答。我们假设 "$\parallel$" 是一个永远不会出现在消息中的连接符号。模拟器还可以运行验证算法来验证每个块签名是否正确。因此，很容易区分所有哈希询问的输入结构。我们把对随机预言机进行的哈希询

问定义成四种类型。

类型 i。 $x = m \parallel \sigma_m^i$。这里 σ_m^i 表示 m 的第一个 i 块签名，i 是指任意整数 $i \in \{0, 1, 2\}$。为了便于分析，我们假设 $m \parallel \sigma_m^0 = m$。

类型 D。 x 是不同于前三种类型的询问。例如，$x = m \parallel R_m$ 但 $R_m \neq \sigma_m^i$，其中 $i \in \{0, 1, 2\}$，或 $x = m \parallel \sigma_m^{i'}$，其中 $i' \geq 3$。

对象 T_x 的设置如下。如果 $I_x = \mathscr{B}$，则 $T_x = \perp$。否则假设 $I_x = \mathscr{A}$，然后，模拟器可以运行验证算法，得知 x 属于哪个类型，并设

$$T_x = \begin{cases} i, & \text{对于任意的 } i \in \{0, 1, 2\}, x \text{ 属于类型 i,} \\ \perp, & x \text{ 属于类型 D.} \end{cases}$$

需要强调的是，T_x 和 O_x 仅用于标记由敌手生成的"有效"询问。我们定义类型 D 是因为敌手可以生成任意字符串作为对随机预言机的询问。最后一种类型的询问永远不会在签名生成或签名伪造中使用。

对象 O_x 的应答。 对象 O_x 设置如下：

- 如果 $T_x = \perp$，则 $O_x = \perp$；
- 否则，假设 $T_x = c$。然后，如果 x 是在 $T_x = c$ 询问中添加到哈希列表的第 k 个新询问，那么 $O_x = k$。

为了计算新询问 x 所用的整数 k，模拟器必须计算哈希列表存储了多少个询问，其中只有具有相同 T_x 的询问才会被计算。需要强调的是，对 O_x 的设置需要首先知道 T_x 的值。对于对象 I_x、T_x 和 O_x，哈希列表中的所有元组只有三种情况。它们分别是：

$$(I_x, T_x, O_x) = (\mathscr{A}, c, k),$$
$$(I_x, T_x, O_x) = (\mathscr{A}, \perp, \perp),$$
$$(I_x, T_x, O_x) = (\mathscr{B}, \perp, \perp).$$

式中，$c \in \{0, 1, 2\}$；$k \in [1, q_H]$。

对象 (U_x, z_x) 的应答。 设 (I_x, T_x, O_x) 是根据上述描述对询问 x 的应答。模拟器随机选择 $z_x \in \mathbb{Z}_p$，并根据所选择的 (c^*, k^*) 设置应答 U_x，

$$U_x = H(x) = \begin{cases} g^{b+z_x}, & (T_x, O_x) = (c^*, k^*), \\ g^{z_x}, & \text{其他.} \end{cases}$$

我们用 z_x 表示对 x 的应答的秘密。接下来，如果询问 x 写成 $x = m \parallel \sigma_m^i$，则对应的秘密将变换为 z_m^i。

最后，模拟器为新的询问 x 定义一个元组 $(x, I_x, T_x, O_x, U_x, z_x)$，并将该元组存储到哈希列表中。哈希询问及应答的描述完成。

对于元组 $(x, I_x, T_x, O_x, U_x, z_x)$，只要 $(T_x, O_x) \neq (c^*, k^*)$，那么对于任何询问 x，模拟器都可以计算出 $H(x)^\alpha = U_x^a = (g^a)^{z_x}$。如果 $(T_x, O_x) = (c^*, k^*)$，我们有

$$H(x)^\alpha = U_x^a = (g^{b+z_x})^a = g^{ab+az_x}.$$

对于元组 $(x, I_x, T_x, O_x, U_x, z_x)$，如果 $(T_x, O_x) = (i, j)$，就令 $m_{i,j}$ 表示询问输入 x 中的消息，我们定义

$$\mathcal{M}_i = \{m_{i,1}, m_{i,2}, \cdots, m_{i,q_i}\}$$

作为 q_i 消息的消息集。其中，$\mathcal{M}_i$ 包含属于类型 i（$T_x = i$）的元组中的所有消息。根据预言机应答情况，属于类型 i 的哈希询问（$i \in \{0, 1, 2\}$），最多三个消息集 $\mathcal{M}_0$、$\mathcal{M}_1$、$\mathcal{M}_2$ 获得这些询问中的所有消息。下方列出了上面提到的所有询问消息，其中，如果 $j < j'$，那么与 $m_{i,j}$ 消息关联的询问在与 $m_{i,j'}$ 消息关联的另一个询问之前进行。

$\mathcal{M}_0 = \{m_{0,1}, m_{0,2}, m_{0,3}, \cdots, \cdots, \cdots, m_{0,q_0}\}$

$\mathcal{M}_1 = \{m_{1,1}, m_{1,2}, m_{1,3}, \cdots, \cdots, \cdots, m_{1,q_1}\}$

$\mathcal{M}_2 = \{m_{2,1}, m_{2,2}, m_{2,3}, \cdots, \cdots, m_{2,q_2}\}$

在进行与 m 相关联的哈希询问之前，如果不知道 m 的签名 σ_m，那么敌手必须将哈希询问 $H(m)$、$H(m \| \sigma_m^1)$、$H(m \| \sigma_m^2)$ 按顺序排列，因为询问 $m \| \sigma_m^i$ 中的 σ_m^i 包含

$$H(m)^\alpha, H(m \| \sigma_m^1)^\alpha, \cdots, H(m \| \sigma_m^{i-1})^\alpha.$$

对于消息 m，敌手可以在询问该消息的签名之前询问所有三个哈希询问 $H(m)$、$H(m \| \sigma_m^1)$、$H(m \| \sigma_m^2)$ 或更少，如 $H(m)$、$H(m \| \sigma_m^1)$。因此，不等式和子集关系

$$q_2 \leq q_1 \leq q_0, \quad \mathcal{M}_2 \subseteq \mathcal{M}_1 \subseteq \mathcal{M}_0$$

成立。假设敌手最终可以伪造出消息 m^* 的有效签名。为了计算 $H(m^* \| \sigma_{m^*}^2)^\alpha$，敌手必须进行哈希询问 $H(m^* \| \sigma_{m^*}^2)^\alpha$，这保证了 $q_2 \geq 1$。因为哈希询问的次数最多是 q_H，所以我们有 $q_0 < q_H$。需要强调的是，q_1 的次数是由敌手自适应决定的。但是，它必须是

$$q_1 < \sqrt{q_H} \text{ 或 } q_1 \geq \sqrt{q_H}.$$

签名询问：敌手在此阶段进行签名询问。敌手自适应选择消息 m，并进行签名询问，模拟器计算签名 σ_m 如下。

如果从未向随机预言机询问过 m，那么模拟器的工作原理为：从 $i=1$ 到 $i=3$，其中 i 每次自增 1。

- 添加对 $m \parallel \sigma_m^{i-1}$ 的询问，并将其应答添加到哈希列表（$m \parallel \sigma_m^0 = m$）。根据随机预言机的模拟，对应的元组记为

$$(m \parallel \sigma_m^{i-1}, \mathscr{B}, \perp, \perp, g^{z_m^{i-1}}, z_m^{i-1}).$$

- 计算块签名 σ_i，

$$\sigma_i = H(m \parallel \sigma_m^{i-1})^\alpha = (g^a)^{z_m^{i-1}}.$$

在上述签名生成过程中，对于所有的 $i \in \{1,2,3\}$，σ_i 都是由模拟器计算得出的，σ_m 的签名为 $\sigma_m^3 = (\sigma_1, \sigma_2, \sigma_3)$。因此，模拟器可以计算出 m 的签名。

假设敌手曾经向随机预言机询问过消息 m，其中敌手进行了以下与消息 m 相关的询问：

$$m \parallel \sigma_m^0, \cdots, m \parallel \sigma_m^{r_m}, \quad r_m \in \{0,1,2\}.$$

这里，整数 r_m 是由敌手自适应决定的。令 $(x, I_x, T_x, O_x, U_x, z_x)$ 为 $x = m \parallel \sigma_m^{r_m}$ 的元组，也就是 $T_x = r_m$。

- 如果 $(T_x, O_x) = (c^*, k^*)$，则模拟器中止，因为 $H(m \parallel \sigma_m^{r_m}) = g^{b+z_x}$ 和 $\sigma_{r_m+1} = H(m \parallel \sigma_m^{r_m})^\alpha = U_x^a = (g^{b+z_x})^a = g^{ab+az_x}$ 无法由模拟器计算，从而使得模拟器无法为敌手模拟签名，特别是块签名 σ_{r_m+1}。

- 否则，$(T_x, O_x) \neq (c^*, k^*)$，$\sigma_{r_m+1}$ 可由模拟器计算，因为

$$H(m \parallel \sigma_m^{r_m}) = g^{z_x}, \quad \sigma_{r_m+1} = H(m \parallel \sigma_m^{r_m})^\alpha = (g^a)^{z_x}.$$

与从未向随机预言机询问 m 的情况类似，模拟器可以生成并对随机预言机执行下列哈希询问

$$H(m \parallel \sigma_m^{r_m+1}), \cdots, H(m \parallel \sigma_m^2).$$

最后，它为敌手计算签名 σ_m。

因此，σ_m 是 m 的有效签名。签名生成的描述完成。

伪造。敌手输出某个未曾询问过的 m^* 的伪造签名 σ_{m^*}。因为敌手不能对某个 m^* 进行签名询问，因此敌手对随机预言进行以下询问：

$$m^* \parallel \sigma_{m^*}^0, \quad m^* \parallel \sigma_{m^*}^1, \quad m^* \parallel \sigma_{m^*}^2.$$

问题实例的解不必与伪造消息 m^* 相关。模拟器按照以下方法解决困难问题。

- 模拟器搜索哈希列表，以找到第一个满足 $(T_x, O_x) = (c^*, k^*)$ 的元组 $(x, I_x, T_x, O_x, U_x, z_x)$。如果此元组不存在，就中止；否则，这个元组

的消息 m_{c^*,k^*} 用 $\hat{m}$ 表示。也就是说，$m_{c^*,k^*}=\hat{m}$，且我们有 $\hat{m}\in\mathscr{M}_{c^*}$。需要注意的是，$\hat{m}$ 可能与 m^* 不同。因此，这个元组等价于

$$(x,I_x,T_x,O_x,U_x,z_x)=(\hat{m}\parallel\sigma_{\hat{m}}^{c^*},\mathscr{A},c^*,k^*,g^{bz_{\hat{m}}^{c^*}},z_{\hat{m}}^{c^*}).$$

也就是说，$H(\hat{m}\parallel\sigma_{\hat{m}}^{c^*})=g^{b+z_{\hat{m}}^{c^*}}$ 包含 g^b。

- 模拟器搜索哈希列表找第二个元组 $(x',I_{x'},T_{x'},O_{x'},U_{x'},z_{x'})$，其中 x' 是关于消息 $\hat{m}$ 的询问，且 $T_{x'}=c^*+1$。如果此元组不存在，就中止；否则，我们有 $\hat{m}\in\mathscr{M}_{c^*+1}$ 且

$$x'=\hat{m}\parallel\sigma_{\hat{m}}^{c^*},$$

式中，$\sigma_{\hat{m}}^{c^*}$ 包含 $\sigma_{c^*+1}=H(m\parallel\sigma_m^{c^*})^\alpha$。

- 模拟器可以计算并输出

$$\frac{H(\hat{m}\parallel\sigma_{\hat{m}}^{c^*})^\alpha}{(g^a)^{z_{\hat{m}}^{c^*}}}=\frac{g^{ab+az_{\hat{m}}^{c^*}}}{(g^a)^{z_{\hat{m}}^{c^*}}}=g^{ab}$$

作为 CDH 问题实例的解。

至此，模拟和求解过程完成。接下来，进行正确性分析。

不可区分性模拟。 模拟结果的正确性在前面已经说明。模拟的随机性包括密钥生成和对哈希询问的应答中的所有随机数。它们是 a、z_x、$b+z_{x'}$。根据模拟过程，a、b、z_i 都是随机值，容易看出，从敌手的角度来说，它们是随机且独立的。因此，模拟与真实攻击是不可区分的。特别地，敌手不知道 b 是哪个哈希询问的应答。也就是说，c^* 是随机的，并且敌手不知道 c^*。

成功模拟和有用攻击的概率。 根据假设，敌手将以优势 ε 攻破签名方案。敌手进行哈希询问 $H(m^*\parallel\sigma_{m^*}^2)$ 的概率至少为 ε，从而使得 $m^*\in\mathscr{M}_2$，进而 $q_2\geqslant1$。哈希询问的数目是 q_H。因为 $q_0+q_1+q_2=q_H$，所以我们有 $q_0<q_H$。

如果模拟器在询问阶段或伪造阶段没有中止，则归约操作是成功的。根据模拟过程可知，如果 $\hat{m}\in\mathscr{M}_{c^*}$ 且 $\hat{m}\in\mathscr{M}_{c^*+1}$，则归约是成功的。

- 如果 $c^*=0$，我们有 $\hat{m}\in\mathscr{M}_0$，$\hat{m}\in\mathscr{M}_1$。在这种情况下，$k^*\in[1,q_H]$，$|\mathscr{M}_0|=q_0<q_H$。根据模拟结果可知，$\mathscr{M}_0$ 中的任何消息被选择为 $\hat{m}$ 的概率为 $1/q_H$。因为 $\mathscr{M}_1\subseteq\mathscr{M}_0$，故其成功概率为

$$\frac{q_1}{q_H}.$$

- 如果 $c^* = 1$，我们有 $\hat{m} \in \mathscr{M}_1$，$\hat{m} \in \mathscr{M}_2$。在这种情况下，$k^* \in [1, \sqrt{q_H}]$，$|\mathscr{M}_1| = q_1$。如果 $q_1 < \sqrt{q_H}$，则 $\mathscr{M}_1$ 中的任何消息被选择为 $\hat{m}$ 的概率为 $1/\sqrt{q_H}$。又因为 $\mathscr{M}_2 \subseteq \mathscr{M}_1$，故其成功概率为

$$\frac{q_2}{\sqrt{q_H}}.$$

设 $\Pr[suc]$ 为当 $q_2 \geq 1$ 时成功模拟和有用攻击的概率。我们可以进行如下计算：

$$
\begin{aligned}
\Pr[suc] &= \Pr[suc \mid c^* = 0]\Pr[c^* = 0] + \Pr[suc \mid c^* = 1]\Pr[c^* = 1] \\
&= \Pr[\hat{m} \in \mathscr{M}_0 \cap \mathscr{M}_1 \mid c^* = 0]\Pr[c^* = 0] + \\
&\quad \Pr[\hat{m} \in \mathscr{M}_1 \cap \mathscr{M}_2 \mid c^* = 1]\Pr[c^* = 1] \\
&= \frac{1}{2}\Pr[\hat{m} \in \mathscr{M}_0 \cap \mathscr{M}_1 \mid c^* = 0] + \frac{1}{2}\Pr[\hat{m} \in \mathscr{M}_1 \cap \mathscr{M}_2 \mid c^* = 1] \\
&\geq \frac{1}{2}\Pr[\hat{m} \in \mathscr{M}_0 \cap \mathscr{M}_1 \mid c^* = 0, q_1 \geq \sqrt{q_H}]\Pr[q_1 \geq \sqrt{q_H}] + \\
&\quad \frac{1}{2}\Pr[\hat{m} \in \mathscr{M}_1 \cap \mathscr{M}_2 \mid c^* = 1, q_1 < \sqrt{q_H}]\Pr[q_1 < \sqrt{q_H}] \\
&= \frac{1}{2\sqrt{q_H}}\Pr[q_1 \geq \sqrt{q_H}] + \frac{1}{2\sqrt{q_H}}\Pr[q_1 < \sqrt{q_H}] \\
&= \frac{1}{2\sqrt{q_H}}.
\end{aligned}
$$

因此，q_H 次询问的成功概率至少为 $\dfrac{1}{2\sqrt{q_H}}$。

优势和时间成本。假设敌手在向随机预言机执行 q_H 次哈希询问后以 (t, q_S, ε) 攻破该签名方案，则模拟器解决 CDH 问题的优势为 $\varepsilon/(2\sqrt{q_H})$。令 T_S 表示模拟的时间成本，我们有 $T_S = O(q_H + q_S)$，这主要由随机预言机和签名生成来控制。因此，$\mathscr{B}$ 将以 $(t + T_S, \varepsilon/(2\sqrt{q_H}))$ 解决 CDH 问题。

定理 5.8.0.1 的证明完成。

第6章

无随机预言机模型下的数字签名方案

本章将主要介绍 q – SDH 假设和 CDH 假设下的签名方案。首先，介绍 Boneh – Boyen 短签名方案[21]和 Gentry 数字签名方案。Gentry 数字签名方案由其 IBE 方案[47]改进，是 Boneh – Boyen 签名方案的一个变形体。无随机预言机模型下，大多数无状态签名方案的签名长度至少为 320 比特，从而保证该签名方案达到 80 比特安全。然后，介绍 GMS 数字签名方案[54]，该方案实现了在有状态环境中的签名长度小于 320 比特。最后，介绍 Waters 数字签名方案[101]和 Hohenberger – Waters 数字签名方案[61]。这两个数字签名方案也是由 IBE 方案改进的。Waters 数字签名方案需要一个较长的公钥，而 Hohenberger – Waters 数字签名方案在有状态环境中解决了此问题。本章所给出的数字签名方案和（或）证明可能与原文献中签名方案和（或）证明略有不同。

6. 1　Boneh – Boyen 数字签名方案

系统初始化：系统参数生成算法以安全参数 λ 作为输入，选择一个双线性对群 $\mathbb{PG} = (\mathbb{G}, \mathbb{G}_T, g, p, e)$，输出系统参数 $SP = \mathbb{PG}$。

密钥生成：密钥生成算法以系统参数 SP 作为输入，随机选择 $h \in \mathbb{G}$、$\alpha, \beta \in \mathbb{Z}_p$，并计算 $g_1 = g^\alpha$，$g_2 = g^\beta$，然后输出一个公/私钥对 (pk, sk)，

其中

$$pk = (g_1, g_2, h), \quad sk = (\alpha, \beta).$$

签名：签名算法以消息 $m \in \mathbb{Z}_p$、私钥 sk 和系统参数 SP 作为输入。它选择一个随机数 $r \in \mathbb{Z}_p$，计算 m 的签名 σ_m，其中

$$\sigma_m = (\sigma_1, \sigma_2) = (r, h^{\frac{1}{\alpha + m\beta + r}}).$$

在生成消息 m 的签名时，签名算法总是使用相同的随机数 r。

验证：验证算法以消息 – 签名对 (m, σ_m)、公钥 pk 和系统参数 SP 作为输入。令 $\sigma_m = (\sigma_1, \sigma_2)$，如果满足 $e(\sigma_2, g_1 g_2^m g^{\sigma_1}) = e(g, h)$，则它接受该签名。

定理 6.1.0.1　如果 q – SDH 问题是困难的，那么 Boneh – Boyen 数字签名方案在 EU – CMA 安全模型下是可证明安全的，归约丢失为 $L = 2$。

证明：假设在 EU – CMA 安全模型下存在一个能以 (t, q_S, ε) 攻破该签名方案的敌手 $\mathscr{A}$。我们拟构建一个模拟器 $\mathscr{B}$ 来解决 q – SDH 问题。给定一个双线性对群 $\mathbb{PG}$ 上的问题实例 $(g, g^a, g^{a^2}, \cdots, g^{a^q})$ 作为输入，$\mathscr{B}$ 运行 $\mathscr{A}$，并进行如下操作。

$\mathscr{B}$ 随机选择一个秘密比特值 $\mu \in \{0, 1\}$，并以下述两种不同的方式实现归约。

- $\mu = 0$

初始化。令 $SP = \mathbb{PG}$，$\mathscr{B}$ 随机选择 $y, w_0, w_1, w_2, \cdots, w_q \in \mathbb{Z}_p$，设公钥为

$$g_1 = g^a, \quad g_2 = g^y, \quad h = g^{w_0(a + w_1)(a + w_2) \cdots (a + w_q)},$$

其对应私钥为 $\alpha = a$、$\beta = y$，要求 $q = q_S$。公钥可由问题实例和所选参数计算。

签名询问。$\mathscr{A}$ 询问消息 m_i 的签名，$\mathscr{B}$ 用 $g, g^a, \cdots, g^{a^q}, y, w_0, w_1, \cdots, w_q$ 计算签名

$$\sigma_{m_i} = (\sigma_1, \sigma_2) = (w_i - y m_i, g^{w_0(a + w_1) \cdots (a + w_{i-1})(a + w_{i+1}) \cdots (a + w_q)}).$$

令 $r_i = w_i - y m_i$，根据签名定义和模拟过程，我们有

$$h^{\frac{1}{\alpha + m_i \beta + r_i}} = g^{\frac{w_0(a + w_1)(a + w_2) \cdots (a + w_q)}{a + m_i y + w_i - y m_i}} = g^{w_0(a + w_1) \cdots (a + w_{i-1})(a + w_{i+1}) \cdots (a + w_q)}.$$

因此，σ_{m_i} 是 m_i 的有效签名。

伪造。敌手输出某个未曾询问过的 m^* 的伪造签名 σ_{m^*}。令 $\sigma_{m^*} = (\sigma_1^*, \sigma_2^*) = (r^*, h^{\frac{1}{\alpha + m^* \beta + r^*}})$，根据签名定义和模拟过程，如果存在 m_i 的某次签名询问使得 $m^* \beta + r^* = m_i \beta + r_i$ 成立，就中止；否则，令 $c = m^* \beta + r^*$，对于所有的 $i \in [1, q_S]$，我们有 $c \neq w_i = m_i \beta + r_i$，且

$$\sigma_2^* = h^{\frac{1}{\alpha+m^*\beta+r^*}} = g^{\frac{w_0(a+w_1)(a+w_2)\cdots(a+w_q)}{a+c}}.$$

上式可写为

$$g^{f(a)+\frac{d}{a+c}}.$$

式中，$f(a)$ 是一个 $q-1$ 次多项式函数；d 是一个非零整数。

模拟器 $\mathscr{B}$ 可以计算

$$\left(\frac{\sigma_2^*}{g^{f(a)}}\right)^{\frac{1}{d}} = \left(\frac{g^{f(a)+\frac{d}{a+c}}}{g^{f(a)}}\right)^{\frac{1}{d}} = g^{\frac{1}{a+c}},$$

并输出 $\left(c, g^{\frac{1}{a+c}}\right)$ 作为 q-SDH 问题实例的解。

- $\mu = 1$

初始化。令 $SP = \mathbb{PG}$，$\mathscr{B}$ 随机选择 $x, w_0, w_1, w_2, \cdots, w_q \in \mathbb{Z}_p$，设公钥为

$$g_1 = g^x, g_2 = g^a, h = g^{w_0(a+w_1)(a+w_2)\cdots(a+w_q)},$$

其对应私钥为 $\alpha = x$、$\beta = a$，并要求 $q = q_S$。公钥可由问题实例和所选参数计算。

签名询问。对于第 i 个签名询问且 $m_i \neq 0$，$\mathscr{B}$ 利用 $g, g^a, \cdots, g^{a^q}, x, w_0, w_1, \cdots, w_q$ 计算 σ_{m_i}，其中

$$\sigma_{m_i} = (\sigma_1, \sigma_2) = \left(w_i m_i - x, g^{\frac{w_0}{m_i}(a+w_1)\cdots(a+w_{i-1})(a+w_{i+1})\cdots(a+w_q)}\right).$$

令 $r_i = w_i m_i - x$，根据签名定义和模拟过程，我们有

$$h^{\frac{1}{\alpha+m_i\beta+r_i}} = g^{\frac{w_0(a+w_1)(a+w_2)\cdots(a+w_q)}{x+m_i a+w_i m_i-x}} = g^{\frac{w_0}{m_i}(a+w_1)\cdots(a+w_{i-1})(a+w_{i+1})\cdots(a+w_q)}.$$

因此，σ_{m_i} 是 m_i 的有效签名。需要注意的是，如果 $m_i = 0$，则 $\mathscr{B}$ 可以随机选择 $r_i \in \mathbb{Z}_p$ 生成签名，因为 $\alpha + m_i\beta + r_i = x + r_i$，这是可由模拟器计算得出的。

伪造。敌手输出某个未曾询问过的 m^* 的伪造签名 σ_{m^*}，令 $\sigma_{m^*} = (\sigma_1^*, \sigma_2^*) = \left(r^*, h^{\frac{1}{\alpha+m^*\beta+r^*}}\right)$。根据签名定义和模拟过程，如果对于所有的 $i \in [1, q_S]$，有 $m^*\beta + r^* \neq m_i\beta + r_i$，就中止；否则，存在 i 使得

$$m^*\beta + r^* = m_i\beta + r_i,$$

即 $m^* a + r^* = m_i a + r_i$。

模拟器 $\mathscr{B}$ 可以计算

$$a = \frac{r_i - r^*}{m^* - m_i},$$

并用 a 解决 q-SDH 问题。

至此，模拟和求解过程完成。接下来，进行正确性分析。

不可区分模拟。模拟结果的正确性在前面已经说明。模拟的随机性包括密钥生成和签名生成的所有随机数，它们分别是 $\alpha, \beta, \gamma, r_1, r_2, \cdots, r_{q_S}$。令 $h = g^\gamma$。

- 当 $\mu = 0$ 时，$\alpha, \beta, \gamma, r_1, r_2, \cdots, r_{q_S}$ 记为 $\alpha, y, w_0(a + w_1) \cdots (a + w_q), w_1 - ym_1, w_2 - ym_2, \cdots, w_{q_S} - ym_{q_S}$；

- 当 $\mu = 1$ 时，$\alpha, \beta, \gamma, r_1, r_2, \cdots, r_{q_S}$ 记为 $x, a, w_0(a + w_1) \cdots (a + w_q), w_1 m_1 - x, w_2 m_2 - x, \cdots, w_{q_S} m_{q_S} - x$。

根据模拟过程，a、x、y、w_0、w_i 是随机值，从敌手的角度来看，无论 $\mu = 0$ 还是 $\mu = 1$，它们都是随机且独立的。因此，模拟与真实攻击是不可区分的，敌手在模拟中猜测 μ 时没有优势。

成功模拟和有用攻击的概率。模拟中没有中止。令询问签名和伪造签名中的随机数分别为 r 和 r^*。

- 当 $\mu = 0$ 时，对于所有 i，如果 $m^*\beta + r^* \neq m_i\beta + r_i$ 成立，则伪造签名是可归约的。

- 当 $\mu = 1$ 时，对于某些 i，如果 $m^*\beta + r^* = m_i\beta + r_i$ 成立，则伪造签名是可归约的。

由于这两个模拟是不可区分的，并且模拟器会随机选择其中一个模拟，因此伪造签名可归约的概率 $\Pr[success]$ 为

$\Pr[success]$

$= \Pr[success \mid \mu = 0]\Pr[\mu = 0] + \Pr[success \mid \mu = 1]\Pr[\mu = 1]$

$= \Pr[m^*\beta + r^* \neq m_i\beta + r_i]\Pr[\mu = 0] + \Pr[m^*\beta + r^* = m_i\beta + r_i]\Pr[\mu = 1]$

$= \dfrac{1}{2}(\Pr[m^*\beta + r^* \neq m_i\beta + r_i] + \Pr[m^*\beta + r^* = m_i\beta + r_i])$

$= \dfrac{1}{2}.$

因此，模拟成功和有用攻击的概率为 $\dfrac{1}{2}$。

优势和时间成本。假设敌手以 (t, q_S, ε) 攻破该签名方案，则模拟器解决 q – SDH 问题的优势至少为 $\varepsilon/2$。令 T_S 表示模拟的时间成本，我们有 $T_S = O(q_S^2)$，$\mathscr{B}$ 将以 $(t + T_S, \varepsilon/2)$ 解决 q – SDH 问题。

定理 6.1.0.1 的证明完成。

6.2　Gentry 数字签名方案

系统初始化：系统参数生成算法以安全参数 λ 作为输入，选择一个双线性对群 $\mathbb{PG}=(\mathbb{G},\mathbb{G}_T,g,p,e)$，输出系统参数 $SP=\mathbb{PG}$。

密钥生成：密钥生成算法以系统参数 SP 作为输入，随机选择 $\alpha,\beta\in\mathbb{Z}_p$，并计算 $g_1=g^{\alpha}$，$g_2=g^{\beta}$，输出一个公/私钥对 (pk,sk)，其中

$$pk=(g_1,g_2),\quad sk=(\alpha,\beta).$$

签名：签名算法以消息 $m\in\mathbb{Z}_p$、私钥 sk 和系统参数 SP 作为输入。它选择一个随机数 $r\in\mathbb{Z}_p$，计算 m 的签名 σ_m，其中

$$\sigma_m=(\sigma_1,\sigma_2)=(r,g^{\frac{\beta-r}{\alpha-m}}).$$

在生成消息 m 的签名时，签名算法总是使用相同的随机数 r。

验证：验证算法以消息–签名对 (m,σ_m)、公钥 pk 和系统参数 SP 作为输入。令 $\sigma_m=(\sigma_1,\sigma_2)$，如果满足 $e(\sigma_2,g_1g^{-m})=e(g_2g^{-\sigma_1},g)$，则它接受该签名。

定理 6.2.0.1　*如果 q–SDH 问题是困难的，那么 Gentry 数字签名方案在 EU–CMA 安全模型下是可证明安全的，归约丢失约为 $L=1$。*

证明：假设在 EU–CMA 安全模型下存在一个能以 (t,q_S,ε) 攻破该签名方案的敌手 $\mathcal{A}$。我们拟构建一个模拟器 $\mathcal{B}$ 来解决 q–SDH 问题。给定一个双线性对群 $\mathbb{PG}$ 上的问题实例 $(g,g^a,g^{a^2},\cdots,g^{a^q})$ 作为输入，$\mathcal{B}$ 运行 $\mathcal{A}$，并进行如下操作。

初始化。令 $SP=\mathbb{PG}$，$\mathcal{B}$ 随机选择 $w_0,w_1,w_2,\cdots,w_q\in\mathbb{Z}_p$，设公钥为

$$g_1=g^a,\quad g_2=g^{w_qa^q+w_{q-1}a^{q-1}+\cdots+w_1a+w_0}.$$

式中，$\alpha=a$；$\beta=f(a)=w_qa^q+w_{q-1}a^{q-1}+\cdots+w_1a+w_0$，$f(a)\in\mathbb{Z}_p[a]$ 是一个关于 a 的 q 次多项式函数，这里我们要求 $q=q_S+1$。公钥可由问题实例和所选参数计算。

签名询问。$\mathcal{A}$ 询问消息 m_i 的签名，$\mathcal{B}$ 计算

$$\sigma_{m_i}=(\sigma_1,\sigma_2)=(f(m_i),g^{f_{m_i}(a)}),$$

式中，$f_{m_i}(x)$ 是一个 $q-1$ 次多项式，其表达式为

$$f_{m_i}(x)=\frac{f(x)-f(m_i)}{x-m_i}.$$

σ_{m_i} 可由 $g, g^a, \cdots, g^{a^q}$、$f_{m_i}(x)$、$f(x)$ 计算得出。令 $r_i = f(m_i)$，根据签名定义和模拟过程，我们有

$$g^{\frac{\beta - r_i}{\alpha - m_i}} = g^{\frac{f(a) - f(m_i)}{a - m_i}} = g^{f_{m_i}(a)}.$$

因此，σ_{m_i} 是 m_i 的有效签名。

伪造。敌手输出某个未曾询问过的 m^* 的伪造签名 σ_{m^*}，令 $\sigma_{m^*} = (\sigma_1^*, \sigma_2^*) = (r^*, g^{\frac{\beta - r^*}{\alpha - m^*}})$。根据签名定义和模拟过程，如果 $f(m^*) = r^*$，就中止；否则，$r^* \neq f(m^*)$，我们有

$$\sigma_2^* = g^{\frac{\beta - r^*}{\alpha - m^*}} = g^{\frac{f(a) - r^*}{\alpha - m^*}}.$$

上式可写为

$$g^{f^*(a) + \frac{d}{\alpha - m^*}}.$$

式中，$f^*(a)$ 是关于 a 的 $q-1$ 次多项式函数；d 是一个非零整数。

模拟器 $\mathcal{B}$ 可以计算

$$\left(\frac{\sigma_2^*}{g^{f^*(a)}}\right)^{\frac{1}{d}} = \left(\frac{g^{f(a) + \frac{d}{a - m^*}}}{g^{f^*(a)}}\right)^{\frac{1}{d}} = g^{\frac{1}{a - m^*}},$$

并输出 $(-m^*, g^{\frac{1}{a - m^*}})$ 作为 q–SDH 问题实例的解。

至此，模拟和求解过程完成。接下来，进行正确性分析。

不可区分模拟。模拟结果的正确性在前面已经说明。模拟的随机性包括密钥生成和签名生成中的所有随机数。它们是

$$a, f(a), f(m_1), f(m_2), \cdots, f(m_{q_S}).$$

因为随机数是随机且独立的，故模拟与真实攻击是不可区分的。

成功模拟和有用攻击的概率。模拟中没有中止。如果 $r^* \neq f(m^*)$，则伪造签名是可归约的。为了证明敌手计算 $f(m^*)$ 时没有优势，我们只需证明以下整数

$$(\alpha, \beta, r_1, \cdots, r_{q_S}, f(m^*)) = (a, f(a), f(m_1), f(m_2), \cdots, f(m_{q_S}), f(m^*))$$

是随机且独立的。这可写为

$$f(a) = w_q a^q + \cdots + w_1 a + w_0,$$
$$f(m_1) = w_q m_1^q + \cdots + w_1 m_1 + w_0,$$
$$f(m_2) = w_q m_2^q + \cdots + w_1 m_2 + w_0,$$
$$\vdots$$
$$f(m_{q_S}) = w_q m_{q_S}^q + \cdots + w_1 m_{q_S} + w_0,$$
$$f(m^*) = w_q m^{*q} + \cdots + w_1 m^* + w_0.$$

其中，$w_0, w_1, \cdots, w_q$ 都是随机且独立的，其系数矩阵的行列式

$$\begin{vmatrix} a^q & a^{q-1} & \cdots & a & 1 \\ m_1^q & m_1^{q-1} & \cdots & m_1 & 1 \\ m_2^q & m_2^{q-1} & \cdots & m_2 & 1 \\ \vdots & \vdots & & \vdots & \vdots \\ m_{q_S}^q & m_{q_S}^{q-1} & \cdots & m_{q_S} & 1 \\ m^{*q} & m^{*q-1} & \cdots & m^* & 1 \end{vmatrix} = \prod_{1 \leqslant i < j \leqslant q+1} (x_i - x_j), \quad x_i, x_j \in \{a, m_1, \cdots, m_{q_S}, m^*\}$$

非零，所以随机性成立。因此，自适应选择的 r^* 满足 $r^* = f(m^*)$ 的概率都为 $1/p$。所以对于敌手自适应选择的任何一个 r^*，成功模拟和有用攻击的概率为 $1 - 1/p \approx 1$。

优势和时间成本。假设敌手以 (t, q_S, ε) 攻破该签名方案。令 T_S 表示模拟的时间成本，我们有 $T_S = O(q_S^2)$，这主要来自签名过程。因此，$\mathscr{B}$ 将以 $(t + T_S, \varepsilon)$ 解决 q - SDH 问题。

定理 6.2.0.1 的证明完成。

6.3　GMS 数字签名方案

系统初始化：系统参数生成算法以安全参数 λ 作为输入，选择一个双线性对群 $\mathbb{PG} = (\mathbb{G}, \mathbb{G}_T, g, p, e)$，输出系统参数 $SP = \mathbb{PG}$。

密钥生成：密钥生成算法以系统参数 SP 作为输入，随机选择 $u_{0,1}$，$u_{1,1}, u_{0,2}, u_{1,2}, \cdots, u_{0,n}, u_{1,n} \in \mathbb{G}$、$\alpha \in \mathbb{Z}_p$，并计算 $g_1 = g^\alpha$，选择签名次数的上限，该上限由 N 表示，输出一个公/私钥对 (pk, sk)，

$$pk = (g_1, u_{0,1}, u_{1,1}, u_{0,2}, u_{1,2}, \cdots, u_{0,n}, u_{1,n}, N), \quad sk = (\alpha, c).$$

其中 c 是一个计数器，初始化为 0。

签名：签名算法以消息 $m \in \{0,1\}^n$、私钥 sk 和系统参数 SP 作为输入。令 $c := c + 1$，如果 $c > N$，就中止；否则，它选择一个随机比特 $b \in \{0,1\}$ 并输出 m 的签名 σ_m，其中

$$\sigma_m = (\sigma_1, \sigma_2, \sigma_3) = \left(\left(\prod_{i=1}^n u_{m[i],j} \right)^{\frac{1}{\alpha + clb}}, c, b \right).$$

对于相同的消息，签名算法总是使用相同的随机比特值 b。这里，"|"表示按比特连接。

验证：验证算法以消息 – 签名对 (m, σ_m)、公钥 pk 和系统参数 SP 作为输入。令 $\sigma_m = (\sigma_1, \sigma_2, \sigma_3)$，如果满足 $\sigma_2 \leqslant N$、$\sigma_3 \in \{0,1\}$ 以及

$$e(\sigma_1, g_1 g^{\sigma_2 | \sigma_3}) = e\left(\prod_{i=1}^{n} u_{m[i], j}, g\right),$$

则它接受该签名。

定理 6.3.0.1　如果 q – SDH 问题是困难的，那么 GMS 数字签名方案在 EU – CMA 安全模型下是可证明安全的，归约丢失至多为 $L = 2n$。

证明：假设在 EU – CMA 安全模型下存在一个能以 (t, q_S, ε) 攻破该签名方案的敌手 $\mathscr{A}$，我们拟构建一个模拟器 $\mathscr{B}$ 来解决 q – SDH 问题。给定一个双线性对群 $\mathbb{PG}$ 上的问题实例 $(g, g^a, g^{a^2}, \cdots, g^{a^q})$ 作为输入，$\mathscr{B}$ 运行 $\mathscr{A}$，并进行如下操作。

$\mathscr{B}$ 选择一个秘密比特 $\mu \in \{0,1\}$，并以下述两种不同的方式设计归约。如果 $\mu = 0$，则模拟器猜测敌手利用签名询问得到 (c^*, b^*) 伪造签名；如果 $\mu = 1$，则模拟器猜测敌手利用从未询问过的签名 (c^*, b^*) 伪造签名。

- $\mu = 0$

初始化。令 $SP = \mathbb{PG}$，$\mathscr{B}$ 随机选择

$$w_{0,1}, w_{1,1}, w_{0,2}, w_{1,2}, \cdots, w_{0,n}, w_{1,n} \in \mathbb{Z}_p,$$
$$d_{0,1}, d_{0,2}, d_{0,3}, \cdots, d_{0,q_S} \in \{0,1\},$$
$$k_1, k_2, \cdots, k_{q_S} \in [1, n],$$

并令 $d_{1,c} = 1 - d_{0,c}$，其中 $c \in [1, q_S]$。将 $F(x)$ 定义为

$$F(x) = \prod_{c=1}^{q_S} (x + c \mid 0)(x + c \mid 1) = \prod_{c=1}^{q_S} (x + c \mid d_{0,c})(x + c \mid d_{1,c})$$

的 $2q_S$ 次多项式。我们设多项式

$$F_{0,i}(x) = F(x), \quad F_{1,i}(x) = F(x), \quad i \in [1, n].$$

对于所有的 $c \in [1, q_S]$，多项式 $F_{0,k_c}(x)$、$F_{1,k_c}(x)$ 将被替换为

$$F_{0,k_c}(x) := \frac{F(x)}{x + c \mid d_{1,c}}, \quad F_{1,k_c}(x) := \frac{F(x)}{x + c \mid d_{0,c}}.$$

那么，在替换后，我们有：

- 对于任意的 $i \in [1, n] / \{k_c\}$，$F_{0,i}(x)$、$F_{1,i}(x)$ 包含根 $c \mid d_{0,c}$ 和 $c \mid d_{1,c}$；
- $F_{0,k_c}(x)$ 不包含根 $c \mid d_{1,c}$，只包含 $c \mid d_{0,c}$；
- $F_{1,k_c}(x)$ 不包含根 $c \mid d_{0,c}$，只包含 $c \mid d_{1,c}$。

模拟器将公钥设为

$$g_1 = g^a, \quad u_{0,i} = g^{w_{0,i} \cdot F_{0,i}(a)}, \quad u_{1,i} = g^{w_{1,i} \cdot F_{1,i}(a)}, \quad i \in [1,n].$$

其中，$\alpha = a$，并要求 $q = 2q_S$。公钥可由问题实例和所选参数计算。

签名询问。对于 m 的签名询问，令用于本次签名询问的计数器为 c，消息 m 的第 i 比特为 $m[i]$。那么，包括 $F_{m[k_c],k_c}(x)$ 在内的多项式 $F_{m[i],i}(x)(i \in [1,n])$ 包含根 $c|d_{m[k_c],c}$。$\mathcal{B}$ 设 $b = d_{m[k_c],c}$。令 $F_m(x)$ 为

$$F_m(x) = \frac{\sum_{i=1}^n w_{m[i],i} \cdot F_{m[i],i}(x)}{x + c|b},$$

则 $F_m(x)$ 是一个至多 $q-1$ 次的多项式。

$\mathcal{B}$ 利用 $g, g^a, \cdots, g^{a^q}$、$F_m(x)$ 计算

$$\sigma_m = (\sigma_1, \sigma_2, \sigma_3) = (g^{F_m(x)}, c, b).$$

根据签名定义和模拟过程，我们有

$$\left(\prod_{i=1}^n u_{m[i],i}, i \right)^{\frac{1}{\alpha + c|b}} = (g^{\sum_{i=1}^n w_{m[i],i} \cdot F_{m[i],i}(a)})^{\frac{1}{a+c|b}} = g^{F_m(a)}.$$

因此，σ_m 是 m 的有效签名。

伪造。敌手输出某个未曾询问过的 m^* 的伪造签名 σ_{m^*}。令 σ_{m^*} 为

$$\sigma_{m^*} = (\sigma_1^*, \sigma_2^*, \sigma_3^*) = \left(\left(\prod_{i=1}^n u_{m^*[i],i} \right)^{\frac{1}{\alpha + c^*|b^*}}, c^*, b^* \right).$$

如果出现以下情况，模拟器将继续模拟。

- 模拟器在应答 m 的签名询问过程中用过 (c^*, b^*)。
- $m[k_{c^*}] \neq m^*[k_{c^*}]$，其中 $m[k_{c^*}]$ 和 $m^*[k_{c^*}]$ 分别是消息 m 和 m^* 的第 k_{c^*} 比特。

根据签名定义和模拟过程，$F_{0,k_{c^*}}(x)$、$F_{1,k_{c^*}}(x)$ 中只有一个多项式包含根 $c^*|b^*$，令这个多项式是 $F_{m[k_{c^*}],k_{c^*}}(x)$，那么 $F_{m^*[k_{c^*}],k_{c^*}}(x)$ 不包含根 $c^*|b^*$。因此，有

$$F_{m^*}(x) = \frac{\sum_{i=1}^n w_{m^*[i],i} \cdot F_{m^*[i],i}(x)}{x + c^*|b^*}.$$

上式可写为

$$f(x) + \frac{z}{x + c^*|b^*},$$

式中，$f(x)$ 是关于 x 的 $q-1$ 次多项式函数；z 是一个非零整数。

模拟器 $\mathcal{B}$ 可以计算

$$\left(\frac{\sigma_1^*}{g^{f(a)}}\right)^{\frac{1}{z}} = \left(\frac{g^{f(a)+\frac{z}{a+c^*|b^*}}}{g^{f(a)}}\right)^{\frac{1}{z}} = g^{\frac{1}{a+c^*|b^*}}$$

并输出 $(c^*|b^*, g^{\frac{1}{a+c^*|b^*}})$ 作为 q-SDH 问题实例的解。

- $\mu = 1$

初始化。令 $SP = \mathbb{PG}$，$\mathscr{B}$ 随机选择

$$w_{0,1}, w_{1,1}, w_{0,2}, w_{1,2}, \cdots, w_{0,n}, w_{1,n} \in \mathbb{Z}_p,$$
$$b_1, b_2, b_3, \cdots, b_{q_S} \in \{0,1\}.$$

令 $F(x)$ 为 q_S 次多项式，记为

$$F(x) = \prod_{c=1}^{q_S}(x + c \mid b_c).$$

模拟器将公钥设为

$$g_1 = g^a, \quad u_{0,i} = g^{w_{0,i} \cdot F(a)}, \quad u_{1,i} = g^{w_{1,i} \cdot F(a)}, \quad i \in [1, n],$$

式中，$\alpha = a$，我们要求 $q = q_S$。公钥可由问题实例和所选参数计算。

签名询问。对于 m 的签名询问，令本次签名所用的计数器为 c，$\mathscr{B}$ 设 $b = b_c$。令 $F_m(x)$ 为

$$F_m(x) = \frac{\sum_{i=1}^{n} w_{m[i],i} \cdot F_{m[i],i}(x)}{x + c \mid b},$$

则 $F_m(x)$ 为至多 $q-1$ 次的多项式。$\mathscr{B}$ 可以利用 $g, g^a, \cdots, g^{a^q}, F_m(x)$ 计算签名 σ_m，其中

$$\sigma_m = (\sigma_1, \sigma_2, \sigma_3) = (g^{F_m(x)}, c, b).$$

根据签名定义和模拟过程，我们有

$$\left(\prod_{i=1}^{n} u_{m[i],i}\right)^{\frac{1}{\alpha+c|b}} = \left(g^{\sum_{i=1}^{n} w_{m[i],i} \cdot F_{m[i],i}(a)}\right)^{\frac{1}{a+c|b}} = g^{F_m(a)}.$$

因此，σ_m 是 m 的有效签名。

伪造。敌手输出某个未曾询问过的 m^* 的伪造签名 $\sigma_{m^*} = (\sigma_1^*, \sigma_2^*, \sigma_3^*)$。令 σ_{m^*} 为

$$\sigma_{m^*} = (\sigma_1^*, \sigma_2^*, \sigma_3^*) = \left(\left(\prod_{i=1}^{n} u_{m^*[i],i}\right)^{\frac{1}{\alpha+c^*|b^*}}, c^*, b^*\right).$$

如果模拟器在应答任何签名询问中都未使用过 (c^*, b^*)，那么模拟器将继续模拟，多项式 $F(x)$ 不包含根 $c^*|b^*$。因此

$$F_{m^*}(x) = \frac{\sum_{i=1}^{n} w_{m^*[i],i} \cdot F(x)}{x + c^* \mid b^*},$$

上式可以写为

$$f(x) + \frac{z}{x + c^* | b^*}.$$

式中，$f(x)$ 是关于 x 的 $q-1$ 次多项式函数；z 是一个非零整数。

模拟器 $\mathcal{B}$ 可以计算

$$\left(\frac{\sigma_1^*}{g^{f(a)}} \right)^{\frac{1}{z}} = \left(\frac{g^{f(a) + \frac{z}{a + c^* | b^*}}}{g^{f(a)}} \right)^{\frac{1}{z}} = g^{\frac{1}{a + c^* | b^*}}$$

并输出 $(c^* | b^*, g^{\frac{1}{a + c^* | b^*}})$ 作为 q – SDH 问题实例的解。

至此，模拟和求解过程完成。接下来，进行正确性分析。

不可区分模拟。 模拟结果的正确性在前面已经说明。模拟的随机性包括密钥生成和签名生成中的所有随机数。它们是：

$$\begin{cases} a, & w_{0,i} \cdot F_{0,i}(a), & w_{1,i} \cdot F_{1,i}(a), & d_{m[k_c],c}, & \mu = 0, \\ a, & w_{0,i} \cdot F(a), & w_{1,i} \cdot F(a), & b_c, & \mu = 1. \end{cases}$$

根据模拟过程中，$a, w_{0,i}, w_{1,i}, d_{m[k_c],c}, b_c$ 是随机值，从敌手的角度来看，无论 $\mu = 0$ 还是 $\mu = 1$，它们都是随机且独立的。因此，模拟与真实攻击是不可区分的，敌手在模拟中猜测 μ 时没有优势。

成功模拟和有用攻击的概率。 模拟中没有中止。令 m^* 的伪造签名所用的随机比特值为 b^*。

● 当 $\mu = 0$ 时，如果 $m^*[k_{c*}] \neq m[k_{c*}]$，则使用 (c^*, b^*) 的伪造签名是可归约的。其中，$m[k_{c*}]$ 是消息 m 的第 k_{c*} 比特。因为 m 和 m^* 至少有一比特不同，且 k_{c*} 是由模拟器随机选择的，则 $m^*[k_{c*}] \neq m[k_{c*}]$ 的概率至少为 $1/n$。

● 当 $\mu = 1$ 时，伪造签名始终可归约的概率为 1，因为模拟器在签名询问中从未使用过 (c^*, b^*)。

令 $\mu^* \in \{0, 1\}$ 为敌手发起攻击的类型，其中 $\mu^* = 0$ 意味着模拟器在签名询问中使用过伪造签名中的 $c^* | b^*$，$\mu^* = 1$ 意味着模拟器在签名询问过程中未使用过伪造签名中的 $c^* | b^*$。由于这两个模拟是不可区分的，并且模拟器会随机选择其中一个模拟，因此伪造签名可归约的概率 $\Pr[success]$ 为

$$\begin{aligned} \Pr[success] &= \Pr[success \mid \mu = 0] \Pr[\mu = 0] + \Pr[success \mid \mu = 1] \Pr[\mu = 1] \\ &= \Pr[u^* = 0 \wedge m^*[k_{c*}] \neq m[k_{c*}]] \Pr[\mu = 0] + \Pr[u^* = 1] \Pr[\mu = 1] \\ &= \Pr[u^* = 0] \Pr[m^*[k_{c*}] \neq m[k_{c*}]] \Pr[\mu = 0] + \Pr[u^* = 1] \Pr[\mu = 1] \end{aligned}$$

$$= \Pr[u^* = 0]\frac{1}{2n} + \Pr[u^* = 1]\frac{1}{2}$$

$$\geqslant \Pr[u^* = 0]\frac{1}{2n} + \Pr[u^* = 1]\frac{1}{2n}$$

$$= \frac{1}{2n}(\Pr[u^* = 0] + \Pr[u^* = 1])$$

$$= \frac{1}{2n}.$$

因此，模拟成功和有用攻击的概率至少为 $1/(2n)$。

优势和时间成本。假设敌手以 (t, q_S, ε) 攻破该签名方案，则模拟器解决 q – SDH 问题的优势至少为 $\varepsilon/(2n)$。令 T_S 表示模拟的时间成本，我们有 $T_S = O(q_S^2)$，这主要由签名过程来控制。因此，$\mathscr{B}$ 将以 $(t + T_S, \varepsilon/(2n))$ 解决 q – SDH 问题。

定理 6.3.0.1 的证明完成。

6.4　Waters 数字签名方案

系统初始化：系统参数生成算法以安全参数 λ 作为输入，选择一个双线性对群 $\mathbb{PG} = (\mathbb{G}, \mathbb{G}_T, g, p, e)$，输出系统参数 $SP = (\mathbb{PG}, H)$。

密钥生成：密钥生成算法以系统参数 SP 作为输入，随机选择 $g_2, u_0,$ $u_1, u_2, \cdots, u_n \in \mathbb{G}$，$\alpha \in \mathbb{Z}_p$，计算 $g_1 = g^\alpha$，输出一个公/私钥对 (pk, sk)，其中

$$pk = (g_1, g_2, u_0, u_1, u_2, \cdots, u_n), \quad sk = \alpha.$$

签名：签名算法以消息 $m \in \{0, 1\}^n$、私钥 sk 和系统参数 SP 作为输入。令 $m[i]$ 为消息 m 的第 i 比特。它选择一个随机数 $r \in \mathbb{Z}_p$，计算 m 的签名 σ_m，其中

$$\sigma_m = (\sigma_1, \sigma_2) = \left(g_2^\alpha \left(u_0 \prod_{i=1}^n u_i^{m[i]} \right)^r, g^r \right).$$

验证：验证算法以消息 – 签名对 (m, σ_m)、公钥 pk 和系统参数 SP 作为输入。令 $\sigma_m = (\sigma_1, \sigma_2)$，如果满足 $e(\sigma_1, g) = e(g_1, g_2) e\left(u_0 \prod_{i=1}^n u_i^{m[i]}, \sigma_2 \right)$，则它接受该签名。

定理 6.4.0.1 如果 CDH 问题是困难的，那么 Waters 数字签名方案在 EU-CMA 安全模型下是可证明安全的，归约丢失为 $L = 4(n+1)q_S$，其中 q_S 是进行签名询问的次数。

证明： 假设在 EU-CMA 安全模型下存在一个能以 (t, q_S, ε) 攻破该签名方案的敌手 $\mathscr{A}$，我们拟构建一个模拟器 $\mathscr{B}$ 来解决 CDH 问题。给定一个双线性对群 $\mathbb{PG}$ 上的问题实例 (g, g^a, g^b) 作为输入，$\mathscr{B}$ 运行 $\mathscr{A}$，并进行如下操作。

初始化。令 $SP = \mathbb{PG}$，$\mathscr{B}$ 设 $q = 2q_S$，随机选择整数 $k, x_0, x_1, \cdots, x_n, y_0, y_1, \cdots, y_n$ 满足

$$k \in [0, n],$$
$$x_0, x_1, \cdots, x_n \in [0, q-1],$$
$$y_0, y_1, \cdots, y_n \in \mathbb{Z}_p.$$

然后，设公钥为

$$g_1 = g^a, \quad g_2 = g^b, \quad u_0 = g^{-kqa + x_0 a + y_0}, \quad u_i = g^{x_i a + y_i},$$

其对应私钥为 $\alpha = a$。公钥可由问题实例和所选参数计算。

我们定义 $F(m)$、$J(m)$、$K(m)$ 如下：

$$F(m) = -kq + x_0 + \sum_{i=1}^{n} m[i] \cdot x_i,$$

$$J(m) = y_0 + \sum_{i=1}^{n} m[i] \cdot y_i,$$

$$K(m) = \begin{cases} 0, & x_0 + \sum_{i=1}^{n} m[i] \cdot x_i = 0 \bmod q, \\ 1, & \text{其他}. \end{cases}$$

那么，

$$u_0 \prod_{i=1}^{n} u_i^{m[i]} = g^{F(m)a + J(m)}.$$

签名询问。$\mathscr{A}$ 询问 m 的签名，如果 $K(m) = 0$，模拟器中止。否则，$\mathscr{B}$ 随机选择 $r' \in \mathbb{Z}_p$ 并计算签名 σ_m 为

$$\sigma_m = (\sigma_1, \sigma_2) = \left(g_2^{-\frac{J(m)}{F(m)}} \left(u_0 \prod_{i=1}^{n} u_i^{m[i]} \right)^{r'}, g_2^{-\frac{1}{F(m)}} g^{r'} \right).$$

σ_m 可由 g、g_1、$F(m)$、$J(m)$、r'、m 和公钥计算。

令 $r = -\dfrac{1}{F(m)} b + r'$，我们有

$$g_2^\alpha \left(u_0 \prod_{i=1}^{n} u_i^{m[i]} \right)^r = g^{ab} \left(g^{F(m)a+J(m)} \right)^{-\frac{1}{F(m)}b+r'}$$

$$= g^{ab} \cdot g^{-ab+r'F(m)a - \frac{J(m)}{F(m)}b + J(m)r'}$$

$$= g^{-\frac{J(m)}{F(m)}b} g^{r'(F(m)a+J(m))}$$

$$= g_2^{-\frac{J(m)}{F(m)}} \left(u_0 \prod_{i=1}^{n} u_i^{m[i]} \right)^{r'},$$

$$g^r = g^{-\frac{1}{F(m)}b+r'}$$

$$= g_2^{-\frac{1}{F(m)}} g^{r'}.$$

因此，σ_m 是 m 的有效签名。

伪造。敌手输出某个未曾询问过的 m^* 的伪造签名 σ_{m^*}。令签名为

$$\sigma_{m^*} = (\sigma_1^*, \sigma_2^*) = \left(g_2^\alpha \left(u_0 \prod_{i=1}^{n} u_i^{m^*[i]} \right)^r, g^r \right).$$

根据签名定义和模拟过程，如果 $F(m^*) \neq 0$，就中止；否则，我们有 $F(m^*) = 0$，那么

$$\sigma_1^* = g_2^\alpha \left(u_0 \prod_{i=1}^{n} u_i^{m^*[i]} \right)^r = g^{ab} \left(g^{F(m^*)a+J(m^*)} \right)^r = g^{ab} (g^r)^{J(m^*)}.$$

模拟器 $\mathscr{B}$ 可以计算

$$\frac{\sigma_1^*}{(\sigma_2^*)^{J(m^*)}} = \frac{g^{ab}(g^r)^{J(m^*)}}{g^{rJ(m^*)}} = g^{ab}$$

作为 CDH 问题实例的解。

至此，模拟和求解过程完成。接下来，进行正确性分析。

不可区分模拟。模拟结果的正确性在前面已经给出。模拟的随机性包括密钥生成和签名生成的所有随机数。它们分别是

$$\alpha, b, x_0b + y_0, x_1b + y_1, x_2b + y_2, \cdots, x_nb + y_n, -\frac{b}{F(m_i)} + r_i'.$$

根据模拟过程，a、b、y_i、r_i' 是随机值，那么我们可以得出模拟与真实攻击是不可区分的。

成功模拟和有用攻击的概率。一个成功的模拟和有用攻击要求

$$K(m_1) = K(m_2) = \cdots = K(m_{q_S}) = 1, \quad F(m^*) = 0.$$

我们有不等式

$$0 \leqslant x_0 + \sum_{i=1}^{n} m[i]x_i \leqslant (n+1)(q-1),$$

其中区间 $[0,(n+1)(q-1)]$ 包括整数 $0q,1q,2q,\cdots,nq(n<q)$。

令 $X = x_0 + \sum_{i=1}^{n} m[i]x_i$。因为所有 x_i 和 k 都是随机选择的，我们有

$$\Pr[F(m^*)=0] = \Pr[X=0 \bmod q] \cdot \Pr[X=kq \mid X=0 \bmod q] = \frac{1}{(n+1)q}.$$

对于任意的 i，(m_i,m^*) 至少相差一个比特，那么 $K(m_i)$ 和 $F(m^*)$ 至少有一个 x_j 的系数不同，我们有

$$\Pr[K(m_i)=0 \mid F(m^*)=0] = \frac{1}{q}.$$

基于以上结果，我们可以得出成功模拟和有用攻击的概率：

$$\Pr[K(m_1)=1 \wedge \cdots \wedge K(m_{q_S})=1 \wedge F(m^*)=0]$$
$$= \Pr[K(m_1)=1 \wedge \cdots \wedge K(m_{q_S})=1 \mid F(m^*)=0] \cdot \Pr[F(m^*)=0]$$
$$= (1 - \Pr[K(m_1)=0 \vee \cdots \vee K(m_{q_S})=0 \mid F(m^*)=0]) \cdot \Pr[F(m^*)=0]$$
$$\geqslant \left(1 - \sum_{i=1}^{q_S} \Pr[K(m_i)=0 \mid F(m^*)=0]\right) \cdot \Pr[F(m^*)=0]$$
$$= \frac{1}{(n+1)q} \cdot \left(1 - \frac{q_S}{q}\right)$$
$$= \frac{1}{4(n+1)q_S}.$$

优势和时间成本。 假设敌手以 (t,q_S,ε) 攻破该签名方案，模拟器解决 CDH 问题的优势为 $\frac{\varepsilon}{4(n+1)q_S}$。令 T_S 表示模拟的时间成本，我们有 $T_S = O(q_S)$，这主要来自签名过程。因此，$\mathscr{B}$ 将以 $\left(t+T_S, \frac{\varepsilon}{4(n+1)q_S}\right)$ 解决 CDH 问题。

定理 6.4.0.1 的证明完成。

6.5　Hohenberger – Waters 数字签名方案

系统初始化： 系统参数生成算法以安全参数 λ 作为输入，选择一个双线性对群 $\mathbb{PG} = (\mathbb{G}, \mathbb{G}_T, g, p, e)$，输出系统参数 $SP = \mathbb{PG}$。

密钥生成： 密钥生成算法以系统参数 SP 作为输入，随机选择 $u_1, u_2, u_3, v_1, v_2 \in \mathbb{G}$，$\alpha \in \mathbb{Z}_p$，计算 $g_1 = g^\alpha$，选择签名次数的上限（记为 N），令 c

是一个计数器，初始化为 0。该算法输出一个公/私钥对 (pk, sk)，其中
$$pk = (g_1, u_1, u_2, u_3, v_1, v_2, N), \quad sk = (\alpha, c).$$

签名：签名算法以消息 $m \in Z_p$、私钥 sk 和系统参数 SP 作为输入，选择随机数 $r, s \in Z_p$，令 $c := c + 1$。如果 $c > N$，就中止；否则，该算法输出 m 的签名 σ_m，其中
$$\sigma_m = (\sigma_1, \sigma_2, \sigma_3, \sigma_4) = ((u_1^m u_2^r u_3)^\alpha (v_1^c v_2)^s, g^s, r, c).$$

验证：验证算法以消息 – 签名对 (m, σ_m)、公钥 pk 和系统参数 SP 作为输入。令 $\sigma_m = (\sigma_1, \sigma_2, \sigma_3, \sigma_4)$，如果满足 $\sigma_4 \leq N$ 及 $e(\sigma_1, g) = e(u_1^m u_2^{\sigma_3} u_3, g_1) e(v_1^{\sigma_4} v_2, \sigma_2)$，则它接受该签名。

定理 6.5.0.1　如果 CDH 问题是困难的，那么 Hohenberger – Waters 数字签名方案在 EU – CMA 安全模型下是可证明安全的，归约丢失为 $L = N$。

证明：假设在 EU – CMA 安全模型下存在一个能以 (t, q_S, ε) 攻破签名方案的敌手 $\mathscr{A}$。我们拟构建一个模拟器 $\mathscr{B}$ 来解决 CDH 问题。给定一个双线性对群 $\mathbb{PG}$ 上的问题实例 (g, g^a, g^b) 作为输入，$\mathscr{B}$ 运行 $\mathscr{A}$，并进行如下操作。

初始化。令 $SP = \mathbb{PG}$，$\mathscr{B}$ 随机选择 $x_1, y_1, y_2, x_3, y_3, z_1, z_2 \in Z_p$、$x_2 \in Z_p^*$ 及 $c_0 \in [1, N]$，设公钥为
$$g_1 = g^a,$$
$$u_1 = g^{bx_1 + y_1}, \quad u_2 = g^{bx_2 + y_2}, \quad u_3 = g^{bx_3 + y_3},$$
$$v_1 = g^{-b + z_1}, \quad v_2 = g^{c_0 b + z_2},$$

其对应私钥为 $\alpha = a$，并且 a 和 b 都是问题实例中未知的秘密。公钥可由问题实例和所选参数计算。

签名询问。敌手在此阶段进行签名询问。$\mathscr{A}$ 询问 m 的签名，令用于本次签名询问的计数器为 c。这个签名的模拟分为以下两种情况：

- $c \neq c_0$。$\mathscr{B}$ 随机选择 r，$s' \in Z_p$ 使得 $mx_1 + rx_2 + x_3 \neq 0$。我们有
$$u_1^m u_2^r u_3 = g^{b(mx_1 + rx_2 + x_3) + (my_1 + ry_2 + y_3)}, \quad v_1^c v_2 = g^{b(c_0 - c) + z_1 c + z_2}.$$

模拟器计算签名 σ_m 为
$$\sigma_m = (\sigma_1, \sigma_2, \sigma_3, \sigma_4)$$
$$= (g_1^{my_1 + ry_2 + y_3 - \frac{z_1 + z_2}{c_0 - c} \cdot (mx_1 + rx_2 + x_3)} \cdot (v_1^c v_2)^{s'}, g_1^{-\frac{mx_1 + rx_2 + x_3}{c_0 - c}} \cdot g^{s'}, r, c).$$

令 $s = -\dfrac{mx_1 + rx_2 + x_3}{c_0 - c} a + s'$，我们有

$$(u_1^m u_2^r u_3)^\alpha (v_1^c v_2)^s$$

$$= g^{ab(mx_1 + rx_2 + x_3) + a(my_1 + ry_2 + y_3)} \cdot (g^{b(c_0 - c) + z_1 c + z_2})^{-\frac{mx_1 + rx_2 + x_3}{c_0 - c} a + s'}$$

$$= g^{ab(mx_1 + rx_2 + x_3) + a(my_1 + ry_2 + y_3)} \cdot g^{-ab(mx_1 + rx_2 + x_3)} \cdot g^{-a\frac{z_1 c + z_2}{c_0 - c} \cdot (mx_1 + rx_2 + x_3)} \cdot (v_1^c v_2)^{s'},$$

$$= g_1^{my_1 + ry_2 + y_3 - \frac{z_1 c + z_2}{c_0 - c} \cdot (mx_1 + rx_2 + x_3)} \cdot (v_1^c v_2)^{s'},$$

$$g^s = g_1^{-\frac{mx_1 + rx_2 + x_3}{c_0 - c}} \cdot g^{s'}.$$

因此，σ_m 是 m 的有效签名。

- $c = c_0$。$\mathscr{B}$ 随机选择 $s \in Z_p$ 并计算满足 $mx_1 + rx_2 + x_3 = 0$ 的 r，那么

$$r = -\frac{mx_1 + x_3}{x_2}.$$

模拟器可以计算签名 σ_m 为

$$\sigma_m = (\sigma_1, \sigma_2, \sigma_3, \sigma_4) = (g_1^{my_1 + ry_2 + y_3} \cdot (v_1^c v_2)^s, g^s, r, c).$$

我们有

$$(u_1^m u_2^r u_3)^\alpha (v_1^c v_2)^s = g^{ab(mx_1 + rx_2 + x_3) + a(my_1 + ry_2 + y_3)} \cdot (v_1^c v_2)^s$$

$$= g^{a(my_1 + ry_2 + y_3)} \cdot (v_1^c v_2)^s$$

$$= g_1^{my_1 + ry_2 + y_3} \cdot (v_1^c v_2)^s.$$

因此，σ_m 是 m 的有效签名。

伪造。敌手输出某个未曾询问过的 m^* 的伪造签名 σ_{m^*}。令签名为

$$\sigma_{m^*} = (\sigma_1^*, \sigma_2^*, \sigma_3^*, \sigma_4^*) = ((u_1^{m^*} u_2^{r^*} u_3)^\alpha (v_1^{c^*} v_2)^s, g^s, r^*, c^*).$$

根据签名定义和模拟过程，如果 $c^* = c_0$ 且 $m^* x_1 + r^* x_2 + x_3 \neq 0$，则模拟成功。如果模拟是成功的，我们有

$$\sigma_1^* = (u_1^{m^*} u_2^{r^*} u_3)^\alpha (v_1^{c^*} v_2)^s$$

$$= g^{ab(m^* x_1 + r^* x_2 + x_3) + a(m^* y_1 + r^* y_2 + y_3)} \cdot (g^{z_1 c^* + z_2})^s$$

$$= g^{ab(m^* x_1 + r^* x_2 + x_3) + a(m^* y_1 + r^* y_2 + y_3)} \cdot (\sigma_2^*)^{z_1 c^* + z_2}.$$

模拟器 $\mathscr{B}$ 可以计算

$$\left(\frac{\sigma_1^*}{g_1^{m^* y_1 + r^* y_2 + y_3} (\sigma_2^*)^{z_1 c^* + z_2}} \right)^{\frac{1}{m^* x_1 + r^* x_2 + x_3}} = g^{ab}$$

作为 CDH 问题实例的解。

至此，模拟和求解过程完成。接下来，进行正确性分析。

不可区分模拟。模拟结果的正确性在前面已经说明。模拟的随机性包括密钥生成和签名生成的所有随机数，它们分别是

$$pk : a, bx_1 + y_1, bx_2 + y_2, bx_3 + y_3, -b + z_1, c_0 b + z_2,$$

若 $c \neq c_0$，则 $(r, s) : r_c, -\dfrac{m_c x_1 + r_c x_2 + x_3}{c_0 - c} a + s'_c, \quad (r = r_c, s = s_c),$

若 $c = c_0$，则 $(r, s) : -\dfrac{m_{c_0} x_1 + x_3}{x_2}, s_{c_0}, \quad \left(r = -\dfrac{m_{c_0} x_1 + x_3}{x_2}, s = s_{c_0}\right).$

因为 s'_c，r_c，s_{c_0} 都是随机选择的，所以我们只需要考虑

$$a, bx_1 + y_1, bx_2 + y_2, bx_3 + y_3, -b + z_1, c_0 b + z_2, -\frac{m_{c_0} x_1 + x_3}{x_2}$$

的随机性即可。

根据模拟过程，a、b、x_1、x_3、y_1、y_2、y_3、z_1、z_2 是随机值，因此模拟与真实攻击是不可区分的，敌手没有任何优势从给定参数中猜测出 c_0。

成功模拟和有用攻击的概率。模拟中没有中止发生。如果

$$c^* = c_0, \quad m^* x_1 + r^* x_2 + x_3 \neq 0$$

成立，则伪造签名是可归约的。根据上述分析，因为 c_0 是随机的且敌手不知道 c_0，所以对于任何自适应选择的 c^*，$c^* = c_0$ 成立的概率都是 $1/N$。为了证明敌手没有优势计算 r^*，使其满足不等式 $m^* x_1 + r^* x_2 + x_3 = 0$，我们只需要证明从敌手的角度来看，$-\dfrac{m^* x_1 + x_3}{x_2}$ 是随机且独立的。因为

$$bx_1 + y_1, \quad bx_2 + y_2, \quad bx_3 + y_3, \quad -\frac{m_{c_0} x_1 + x_3}{x_2}, \quad -\frac{m^* x_1 + x_3}{x_2}$$

是随机且独立的，任何自适应选择的 r^* 满足 $m^* x_1 + r^* x_2 + x_3 = 0$ 的概率都是 $1/p$。因此，成功模拟和有用攻击的概率为 $(1 - 1/p)/N \approx 1/N$。

优势和时间成本。假设敌手以 (t, q_s, ε) 攻破该签名方案，则模拟器解决 CDH 问题的优势至少为 ε/N。令 T_s 表示模拟的时间成本，我们有 $T_s = O(q_s)$，这主要来自签名过程。因此，$\mathscr{B}$ 将以 $(t + T_s, \varepsilon/N)$ 解决 CDH 问题。

定理 6.5.0.1 的证明完成。

第 7 章

随机预言机模型下的
公钥加密方案

本章主要利用 ElGamal 公钥加密方案的一个变形体来介绍如何在计算性困难假设下证明加密方案的安全性。基本方案称为 Hashed ElGamal 方案[1]。Twin ElGamal 方案[29]和迭代 ElGamal 方案[55]引入了两种完全不同的方法，通过哈希询问正确求解困难问题，从而解决归约丢失问题。CCA 安全的 ElGamal 方案采用 Fujisaki – Okamoto 变换[42]。本章所给出的加密方案和/或证明可能与原文献略有不同。

7.1 Hashed ElGamal 公钥加密方案

系统初始化：系统参数生成算法以安全参数 λ 作为输入，选择一个循环群 $\mathbb{PG} = (\mathbb{G}, p, g)$，选择一个哈希函数 $H: \{0,1\}^* \rightarrow \{0,1\}^n$，输出系统参数 $SP = (\mathbb{G}, p, g, H)$。

密钥生成：密钥生成算法以系统参数 SP 作为输入，随机选择 $\alpha \in \mathbb{Z}_p$，并计算 $g_1 = g^\alpha$，输出一个公/私钥对 (pk, sk)，其中

$$pk = g_1, \quad sk = \alpha.$$

加密：加密算法以消息 $m \in \{0,1\}^n$、公钥 pk 和系统参数 SP 作为输入，选择一个随机数 $r \in \mathbb{Z}_p$，输出密文 CT，其中

$$CT = (C_1, C_2) = (g^r, H(g_1^r) \oplus m).$$

解密：解密算法以密文 CT、私钥 sk 和系统参数 SP 作为输入。令 $CT = (C_1, C_2)$，它计算 $C_2 \oplus H(C_1^\alpha) = H(g_1^r) \oplus m \oplus H(g^{\alpha r}) = m$，输出明文消息 m。

定理 7.1.0.1　假设哈希函数 H 是一个随机预言机。如果 CDH 问题是困难的，那么 Hashed ElGamal 公钥加密方案在 IND – CPA 安全模型下是可证明安全的，归约丢失为 $L = q_H$，其中 q_H 是向随机预言机进行哈希询问的次数。

证明：假设在 IND – CPA 安全模型下存在一个能以 (t, ε) 攻破该加密方案的敌手 $\mathcal{A}$，我们拟构建一个模拟器 $\mathcal{B}$ 来解决 CDH 问题。给定一个循环群 $(\mathbb{G}, g, p)$ 上的问题实例 (g, g^a, g^b) 作为输入，$\mathcal{B}$ 控制随机预言机，运行 $\mathcal{A}$，并进行如下操作。

初始化。令 $SP = (\mathbb{G}, g, p)$，H 为模拟器控制的随机预言机。$\mathcal{B}$ 设公钥为 $g_1 = g^a$，其对应私钥为 $\alpha = a$。公钥可由问题实例计算。

H – 询问。敌手在此阶段进行哈希询问。$\mathcal{B}$ 建立一个哈希列表来记录所有的询问和应答，哈希列表初始为空。

当 $\mathcal{A}$ 发起第 i 次询问时（设询问值为 x_i），如果哈希列表中已有 x_i 对应的项，则 $\mathcal{B}$ 根据哈希列表应答该询问；否则，$\mathcal{B}$ 随机选择 $y_i \in \{0, 1\}^n$，令 $H(m_i) = y_i$，以 $H(x_i)$ 作为该询问的应答，并在哈希列表中添加 (x_i, y_i)。

挑战。$\mathcal{A}$ 输出两个等长消息 $m_0, m_1 \in \{0, 1\}^n$ 来进行挑战。模拟器随机选择 $R \in \{0, 1\}^n$，并计算挑战密文 CT^*，

$$CT^* = (g^b, R).$$

式中，g^b 来自问题实例。如果 $H(g_1^b) = R \oplus m_c$，我们有

$$CT^* = (g^b, R) = (g^b, H(g_1^b) \oplus m_c),$$

则挑战密文可以看作用随机数 b 对消息 $m_c \in \{m_0, m_1\}$ 的加密。因此，如果没有向随机预言机询问过 g_1^b，从敌手来看，该挑战密文是正确密文。

猜测。$\mathcal{A}$ 输出一个猜测或 $\perp$。挑战哈希询问定义为

$$Q^* = g_1^b = (g^b)^\alpha = g^{ab}.$$

模拟器从哈希列表 $(x_1, y_1), (x_2, y_2), \cdots, (x_{q_H}, y_{q_H})$ 中随机选择一个值 x，并将其作为挑战哈希询问，然后利用该哈希询问解决 CDH 问题。

至此，模拟和求解过程完成。接下来，进行正确性分析。

不可区分模拟。模拟结果的正确性在前面已经说明。模拟的随机性包括密钥生成、哈希询问的应答以及挑战密文生成过程中的所有随机数。它们是：

$$a, y_1, y_2, \cdots, y_{q_H}, b.$$

根据模拟过程，a、b、y_i 都是随机值，从敌手的角度来说，它们是随机且独立的。因此，模拟与真实攻击是不可区分的。

成功模拟的概率。模拟过程中没有中止，因此成功模拟的概率为1。

攻破挑战密文的优势。如果 $H(g^{ab}) = R \oplus m_0$，则该挑战密文是消息 m_0 的密文；如果 $H(g^{ab}) = R \oplus m_1$，则该挑战密文是消息 m_1 的密文。如果敌手未询问过 g^{ab}，则 $H(g^{ab})$ 是随机且敌手不知道的。因此，敌手在攻破挑战密文时没有优势。

求解概率。根据攻破假设，敌手以优势 ε 猜测所选消息，因此由引理 4.11.1 可知，敌手向随机预言机询问 g^{ab} 的概率为 ε。敌手共进行 q_H 次哈希询问。因此，随机选取的 x 等于 g^{ab} 的概率为 ε/q_H。

优势和时间成本。令 T_S 表示模拟的时间成本，我们有 $T_S = O(1)$。因此，$\mathscr{B}$ 将以 $(t + T_S, \varepsilon/q_H)$ 解决 CDH 问题。

定理 7.1.0.1 的证明完成。

7.2 Twin ElGamal 公钥加密方案

系统初始化：系统参数生成算法以安全参数 λ 作为输入，选择一个循环群 $\mathbb{PG} = (\mathbb{G}, p, g)$，选择一个哈希函数 $H : \{0,1\}^* \to \{0,1\}^n$，输出系统参数 $SP = (\mathbb{G}, p, g, H)$。

密钥生成：密钥生成算法以系统参数 SP 作为输入，随机选择 $\alpha, \beta \in \mathbb{Z}_p$，计算 $g_1 = g^\alpha$，$g_2 = g^\beta$，输出公/私钥对 (pk, sk)，其中

$$pk = (g_1, g_2), \quad sk = (\alpha, \beta).$$

加密：加密算法以消息 $m \in \{0,1\}^n$、公钥 pk 和系统参数 SP 作为输入，选择一个随机数 $r \in \mathbb{Z}_p$，计算密文 CT，其中

$$CT = (C_1, C_2) = (g^r, H(g_1^r \| g_2^r) \oplus m).$$

解密：解密算法以密文 CT、私钥 sk 和系统参数 SP 作为输入。令 $CT = (C_1, C_2)$，它计算

$$C_2 \oplus H(C_1^\alpha \| C_1^\beta) = H(g_1^r \| g_2^r) \oplus m \oplus H(g^{\alpha r} \| g^{\beta r}) = m,$$

输出消息 m。

定理 7.2.0.1 假设哈希函数 H 是一个随机预言机。如果 CDH 问题是

困难的，那么 Twin ElGamal 公钥加密方案在 IND – CPA 安全模型下是可证明安全的，归约丢失为 $L = 1$。

证明： 假设在 IND – CPA 安全模型下存在一个能以 (t, ε) 攻破该加密方案的敌手 $\mathcal{A}$，我们拟构建一个模拟器 $\mathcal{B}$ 来解决 CDH 问题。给定一个循环群 $(\mathbb{G}, g, p)$ 上的问题实例 (g, g^a, g^b) 作为输入，$\mathcal{B}$ 控制随机预言机，运行 $\mathcal{A}$，并进行如下操作。

初始化。 令 $SP = (\mathbb{G}, g, p)$，H 为模拟器控制的随机预言机。$\mathcal{B}$ 随机选择 $z_1, z_2 \in \mathbb{Z}_p$，设公钥为

$$(g_1, g_2) = (g^a, g^{z_1}(g^a)^{z_2}).$$

式中，$\alpha = a$；$\beta = z_1 + z_2 a$。公钥可由问题实例和所选参数计算。

H – 询问。 敌手在此阶段进行哈希询问。$\mathcal{B}$ 建立一个哈希列表来记录所有的询问和应答，哈希列表初始为空。

当 $\mathcal{A}$ 发起第 i 次询问时（设询问值为 x_i），如果哈希列表中已有 x_i 对应的项，则 $\mathcal{B}$ 根据哈希列表应答该询问；否则，$\mathcal{B}$ 随机选择 $y_i \in \{0,1\}^n$，令 $H(x_i) = y_i$，以 $H(x_i)$ 作为该询问的应答，并在哈希列表中添加 (x_i, y_i)。

挑战。 $\mathcal{A}$ 输出两个等长的消息 $m_0, m_1 \in \{0,1\}^n$ 进行挑战。模拟器随机选择 $R \in \{0,1\}^n$，并计算挑战密文 CT^* 为

$$CT^* = (g^b, R),$$

式中，g^b 来自问题实例。如果 $H(g_1^b \| g_2^b) = R \oplus m_c$，我们有

$$CT^* = (g^b, R) = (g^b, H(g_1^b \| g_2^b) \oplus m_c),$$

则挑战密文可以看作用随机数 b 对消息 $m_c \in \{m_0, m_1\}$ 的加密。因此，如果没有向随机预言机询问过 $g_1^b \| g_2^b$，那么从敌手的角度来看，挑战密文是正确的密文。

猜测。 $\mathcal{A}$ 输出一个猜测或 $\perp$。在上述模拟中，挑战哈希询问定义为

$$Q^* = g_1^b \| g_2^b = g^{ab} \| g^{z_1 b + z_2 ab}.$$

假设 $(x_1, y_1), (x_2, y_2), \cdots, (x_{q_H}, y_{q_H})$ 在哈希列表中，其中每一个询问 x_i 都可以由 $x_i = u_i \| v_i$ 表示。如果 x_i 不满足此结构，就将其删除。

模拟器从哈希列表中找到满足 $(g^b)^{z_1} \cdot (u^*)^{z_2} = v^*$ 的询问 $x^* = u^* \| v^*$ 作为挑战哈希询问，然后输出 $u^* = g^{ab}$ 作为 CDH 问题实例的解。在此安全归约中，第二个群元素仅用于帮助模拟器从哈希列表中找出挑战哈希询问。

至此，模拟和求解过程完成。接下来，进行正确性分析。

不可区分模拟。模拟结果的正确性在前面已经说明。模拟的随机性包括密钥生成、对哈希询问的应答以及挑战密文生成过程中的所有随机数。它们是：

$$a, z_1 + z_2 a, y_1, y_2, \cdots, y_{q_H}, b.$$

根据模拟过程中可知 a、b、z_1、z_2、y_i 都是随机值，随机性成立。因此，模拟与真实攻击是不可区分的。

成功模拟的概率。模拟过程中没有中止，因此成功模拟的概率为 1。

攻破挑战密文的优势。如果 $H(g_1^b \parallel g_2^b) = R \oplus m_0$，则该挑战密文是消息 m_0 的密文。如果 $H(g_1^b \parallel g_2^b) = R \oplus m_1$，则该挑战密文是消息 m_1 的密文。如果敌手没询问过 $g_1^b \parallel g_2^b$，则 $H(g_1^b \parallel g_2^b)$ 是随机且敌手不知道的。因此，敌手没有优势去攻破挑战密文。

求解概率。根据攻破假设，敌手以优势 ε 猜测所选消息，因此由引理 4.11.1 可知，敌手向随机预言机询问 g^{ab} 的概率为 ε。敌手共进行了 q_H 次哈希询问。敌手在生成满足 $u \neq g^{ab}$ 和 $g^{bz_1} u^{z_2} = v$ 的询问 $x = u \parallel v$ 时没有优势。令 $u = g^{a'b}$、$v = g^{wb}$，其中 $a' \neq a$。如果敌手可以计算这样的询问，那么敌手一定能够找到满足条件 $z_1 + z_2 a' = w$ 的 w。根据模拟过程，对于任意的 $a' \neq a$，a、$z_1 + z_2 a$、$z_1 + z_2 a'$ 都是随机且独立的，因此从敌手的角度来说，w 在 $\mathbb{Z}_p$ 中是随机的。因此，敌手生成可以通过验证的不正确询问的概率至多为 q_H / p，该概率可以忽略不计，那么只有挑战哈希询问可以通过验证。因此，模拟器从哈希询问中找出正确解的概率为 1。

优势和时间成本。令 T_S 表示模拟的时间成本，我们有 $T_S = O(q_H)$，这主要来自求解过程。因此，$\mathcal{B}$ 将以 $(t + T_S, \varepsilon)$ 解决 CDH 问题。

定理 7.2.0.1 的证明完成。

7.3   迭代 Hashed ElGamal 公钥加密方案

系统初始化：系统参数生成算法以安全参数 λ 作为输入，选择一个循环群 $(\mathbb{G}, p, g)$，选择一个哈希函数 $H: \{0,1\}^* \rightarrow \{0,1\}^n$，输出系统参数 $SP = (\mathbb{G}, p, g, H)$。

密钥生成：密钥生成算法以系统参数 SP 作为输入，随机选择 $\alpha_1, \alpha_2 \in \mathbb{Z}_p$，计算 $g_1 = g^{\alpha_1}$，$g_2 = g^{\alpha_2}$，输出公/私钥对 (pk, sk)，其中

$$pk = (g_1, g_2), \quad sk = (\alpha_1, \alpha_2).$$

加密：加密算法以消息 $m \in \{0,1\}^n$、公钥 pk 和系统参数 SP 作为输入，选择一个随机数 $r \in \mathbb{Z}_p$，计算密文 CT 为

$$CT = (C_1, C_2) = (g^r, H(A_2) \oplus m).$$

式中，$A_1 = H(0) \| g_1^r \| 1$，$A_2 = H(A_1) \| g_2^r \| 2$。这里，$H(0)$ 表示用于所有密文生成过程的任意且固定字符串。

解密：解密算法以密文 CT、私钥 sk 和系统参数 SP 作为输入。令 $CT = (C_1, C_2)$，它可以计算

$$B_1 = H(0) \| C_1^{\alpha_1} \| 1, \ B_2 = H(B_1) \| C_2^{\alpha_2} \| 2,$$
$$C_2 \oplus H(B_2) = m$$

来得到明文消息。

定理 7.3.0.1　假设哈希函数 H 是一个随机预言机。如果 CDH 问题是困难的，那么迭代 Hashed ElGamal 公钥加密方案在 IND – CPA 安全模型下是可证明安全的，归约丢失为 $L = 2\sqrt{q_H}$，其中 q_H 是向随机预言机进行哈希询问的次数。

证明：假设在 IND – CPA 安全模型下存在一个能以 (t, ε) 攻破该加密方案的敌手 $\mathscr{A}$，我们拟构建一个模拟器 $\mathscr{B}$ 来解决 CDH 问题。给定一个循环群 $(\mathbb{G}, g, p)$ 上的问题实例 (g, g^a, g^b) 作为输入，$\mathscr{B}$ 控制随机预言机，运行 $\mathscr{A}$，并进行如下操作。

初始化。令 $SP = (\mathbb{G}, g, p)$，H 为模拟器控制的随机预言机。$\mathscr{B}$ 随机选择 $i^* \in \{1, 2\}$，令私钥为 $a_{i^*} = a$，并随机选择 $z \in \mathbb{Z}_p$。因此，公钥 $pk = (g_1, g_2) = (g^{\alpha_1}, g^{\alpha_2})$ 可由问题实例和所选参数计算。

H – 询问。$\mathscr{B}$ 建立一个哈希列表来记录所有的询问和应答，哈希列表初始为空。

当 $\mathscr{A}$ 发起第 i 次询问时（设询问值为 x_i），如果哈希列表中已有 x_i 对应的项，则 $\mathscr{B}$ 根据哈希列表应答该询问；否则，$\mathscr{B}$ 随机选择 $y_i \in \{0,1\}^n$，令 $H(m_i) = y_i$，以 $H(x_i)$ 作为该询问的应答，并在哈希列表中添加 (x_i, y_i)。

挑战。$\mathscr{A}$ 输出两个等长的消息 $m_0, m_1 \in \{0,1\}^n$ 来进行挑战。模拟器随机选择 $R \in \{0,1\}^n$，并计算挑战密文 CT^* 为

$$CT^* = (g^b, R),$$

式中，g^b 来自问题实例。如果 $H(Q_2^*) = R \oplus m_c$，我们有

$$Q_1^* = H(0) \| g_1^b \| 1,$$

$$Q_2^* = H(Q_1^*) \| g_2^b \| 2,$$

$$CT^* = (g^b, R) = (g^b, H(Q_2^*) \oplus m_c),$$

则挑战密文可以看作用随机数 b 对消息 $m_c \in \{m_0, m_1\}$ 的加密。因此，如果没有向随机预言机询问过 Q_2^*，从敌手的角度来看，挑战密文是正确的密文。

猜测。$\mathcal{A}$ 输出其猜测或 $\bot$。上述模拟过程中的两个挑战哈希询问定义为

$$Q_1^* = H(0) \| g_1^b \| 1 = H(0) \| g^{\alpha_1 b} \| 1,$$

$$Q_2^* = H(Q_1^*) \| g_2^b \| 2 = H(Q_1^*) \| g^{\alpha_2 b} \| 2.$$

CDH 问题实例的解是挑战哈希询问 Q_i^* 中的 $g^{a_i * b} = g^{ab}$。假设 $(x_1, y_1), (x_2, y_2), \cdots, (x_{q_H}, y_{q_H})$ 在哈希列表中，每个询问 x_i 可以用 $x_i = u_i \| v_i \| w_i$ 表示，其中 $u_i \in \{H(0), y_1, y_2, \cdots, y_{q_H}\}$，$v_i \in \mathbb{G}$，$w_i \in \{1, 2\}$。如果 x_i 不满足此结构，我们则可以将其删除。

所有哈希询问均采用表 7.1 中所示的形式。假设第一行中的所有哈希询问都在询问集 $\mathbb{Y}_0$ 中。在第二行第一列由 $\mathbb{Y}_1$ 表示的询问集中，所有哈希询问都用 y_1 表示。其他行和列都具有类似的结构和定义。如果挑战哈希询问在哈希列表中，因为集合 $\mathbb{Y}_0$ 的所有哈希询问都具有相同的 $u = H(0)$ 和 $w = 1$，那么集合 $\mathbb{Y}_0$ 一定包含一个询问，其 v 值等于 $g^{\alpha_1 b}$。同理，集合 $\mathbb{Y}_i$ 中所有的哈希询问至多有一个 v 等于 $g^{\alpha_2 b}$ 的询问。因为 v_{ij} 来自 $\mathbb{Y}_i$，$v_{i'j'}$ 来自 $\mathbb{Y}_{i'}$，等式 $v_{ij} = v_{i'j'}$ 是可能成立的。

表 7.1　哈希列表中所有正确结构的询问

$(u_1 \| v_1 \| 1, y_1)$	$(u_2 \| v_2 \| 1, y_2)$	$\cdots$	$(u_k \| v_k \| 1, y_k)$
$\mathbb{Y}_1 = \begin{cases} (y_1 \| v_{11} \| 2, y_{11}) \\ (y_1 \| v_{12} \| 2, y_{12}) \\ \vdots \\ (y_1 \| v_{1n_1} \| 2, y_{1n_1}) \end{cases}$	$\mathbb{Y}_2 = \begin{cases} (y_2 \| v_{21} \| 2, y_{21}) \\ (y_2 \| v_{22} \| 2, y_{22}) \\ \vdots \\ (y_2 \| v_{2n_2} \| 2, y_{2n_2}) \end{cases}$	$\cdots$	$\mathbb{Y}_k = \begin{cases} (y_k \| v_{k1} \| 2, y_{k1}) \\ (y_k \| v_{k2} \| 2, y_{k2}) \\ \vdots \\ (y_k \| v_{kn_k} \| 2, y_{kn_k}) \end{cases}$

在上述模拟过程中，如果 $i^* = 1$，我们有 $\alpha_1 = a$、$\alpha_2 = z$，其中 z 是由模拟器随机选择的。因此，模拟器可以计算 $g^{\alpha_2 b} = (g^b)^z$，并且可以检查哈希询问 $u \| v \| w$（从属于集合 $\mathbb{Y}_i$）中的 v 是否等于 g^{bz}。接下来，我们将介绍如何选择挑战哈希询问。

- 如果 $i^* = 1$，则模拟器检查 $\mathbb{Y}_0$ 中每个哈希询问。对于应答为 y_i 的询问 $u_i \| v_i \| 1$，模拟器检查是否存在 $j \in [1, n_i]$，使得 $v_{in_j} = g^{bz}$（$\mathbb{Y}_i$ 中的一个询问）。如果存在，则将该询问保存在 $\mathbb{Y}_0$ 中；否则，将该询问从 $\mathbb{Y}_0$ 中删除。假设 $\mathbb{Y}_0^*$ 是按上述方式删除所有哈希询问之后的最终集合。模拟器将从 $\mathbb{Y}_0^*$ 中随机选择一个询问作为挑战哈希询问 $Q_1^* = u^* \| v^* \| 1$，并以 v^* 作为 CDH 问题实例的解。

- 如果 $i^* = 2$，则模拟器从集合 $\mathbb{Y}_1 \cup \mathbb{Y}_2 \cup \cdots \cup \mathbb{Y}_k$ 中随机选择一个询问作为挑战哈希询问 $Q_2^* = u^* \| v^* \| 2$，并以 v^* 作为 CDH 问题实例的解。

至此，模拟和求解过程完成。接下来，进行正确性分析。

不可区分模拟。模拟结果的正确性在前面已经说明。模拟的随机性包括密钥生成、哈希询问应答以及挑战密文生成的所有随机数。它们是：

$$a, z, y_1, y_2, \cdots, y_{q_H}, b.$$

根据模拟过程可知，a、b、z、y_i 都是随机值，则随机性成立，因此模拟与真实攻击是不可区分的。敌手在猜测随机选择的 $i^* \in \{1, 2\}$ 时没有优势。

成功模拟的概率。模拟过程中没有中止，因此成功模拟的概率为 1。

攻破挑战密文的优势。根据模拟过程，

- 如果 $Q_1^* = H(0) \| g^{\alpha_1 b} \| 1$，$Q_2^* = H(Q_1^*) \| g^{\alpha_2 b} \| 2$，$H(Q_2^*) = R \oplus m_0$，则挑战密文是消息 m_0 的密文。

- 如果 $Q_1^* = H(0) \| g^{\alpha_1 b} \| 1$，$Q_2^* = H(Q_1^*) \| g^{\alpha_2 b} \| 2$，$H(Q_2^*) = R \oplus m_1$，则挑战密文是消息 m_1 的密文。

在没有向随机预言机询问过 Q_2^*（这需要先询问 Q_1^*）的情况下，$H(Q_2^*)$ 是随机且敌手不知道的，因此敌手在攻破挑战密文时没有优势。

求解概率。根据攻破假设，敌手以优势 ε 为猜测所选消息，由引理 4.11.1，敌手向随机预言机询问 Q_1^* 和 Q_2^* 的概率为 ε。敌手总共进行了 q_H 次哈希询问。因此，我们有

$$n_1 + n_2 + \cdots + n_k + k \leqslant q_H.$$

令 $\Pr[suc]$ 为成功选择挑战哈希询问的概率，则

$$\Pr[suc] = \Pr[suc \mid i^* = 1]\Pr[i^* = 1] + \Pr[suc \mid i^* = 2]\Pr[i^* = 2]$$

$$= \frac{1}{2} \cdot \Pr[suc \mid i^* = 1] + \frac{1}{2} \cdot \Pr[suc \mid i^* = 2].$$

为了证明 $\Pr[suc] \geqslant \dfrac{1}{2\sqrt{q_H}}$，我们只需要证明

$$\Pr[suc \mid i^* = d] \geq \frac{1}{\sqrt{q_H}}.$$

式中，$d \in \{1,2\}$。另外，如果敌手可以针对上述概率自适应的进行哈希询问，这意味着

①$\Pr[suc \mid i^* = 1] < \dfrac{1}{\sqrt{q_H}}$,

②$\Pr[suc \mid i^* = 2] < \dfrac{1}{\sqrt{q_H}}$.

因为敌手不知道 i^* 的值，上述两个概率一定成立。

• 如果 $i^* = 1$，那么哈希询问满足 $k \geq 1 + \sqrt{q_H}$。假设 $\{(x_1, y_1), (x_2, y_2), \cdots, (x_k, y_k)\}$ 是集合 $\mathbb{Y}_0$ 中所有的哈希询问和应答。对所有的 $i \in [1, k]$，$\mathbb{Y}_i$ 必须有一个 v 等于 $g^{\alpha_2 b}$ 的哈希询问。否则，根据模拟器选择挑战哈希询问的方式，(x_i, y_i) 将被从 $\mathbb{Y}_0$ 中删除。如果某些询问被删除，且剩余的询问数量小于 $\sqrt{q_H}$，则 $\Pr[suc \mid i^* = 1] \geq 1/\sqrt{q_H}$。

• 假设概率①成立。如果 $i^* = 2$，则集合 $\mathbb{Y}_1 \cup \mathbb{Y}_2 \cup \cdots \cup \mathbb{Y}_k$ 中有 k 个哈希询问，其 v 等于 $g^{\alpha_2 b}$。令 $N = |\mathbb{Y}_1 \cup \mathbb{Y}_2 \cup \cdots \cup \mathbb{Y}_k|$。在这种情况下，为保证概率②成立，哈希询问的总数量必须满足 $N \geq k\sqrt{q_H} + 1$；否则，$N < k\sqrt{q_H} + 1$，且我们有

$$\frac{k}{N} \geq \frac{k}{k\sqrt{q_H}} = \frac{1}{\sqrt{q_H}},$$

这与概率②的要求相矛盾。

如果概率①和概率②同时成立，我们有 $k \geq 1 + \sqrt{q_H}$，那么

$$N \geq k\sqrt{q_H} + 1 > \sqrt{q_H} \cdot \sqrt{q_H} = q_H.$$

这与最多有 q_H 次哈希询问的假设相矛盾，我们有

$$\Pr[suc \mid i^* = 1] \geq \frac{1}{\sqrt{q_H}}, \text{ 或 } \Pr[suc \mid i^* = 2] \geq \frac{1}{\sqrt{q_H}},$$

那么 $\Pr[suc] \geq \dfrac{1}{2\sqrt{q_H}}$。因此，模拟器从哈希询问中找到正确的解的概率至少为 $\dfrac{\varepsilon}{2\sqrt{q_H}}$。

优势和时间成本。 令 T_s 表示模拟的时间成本，我们有 $T_s = O(\sqrt{q_H})$。

因此，$\mathscr{B}$ 将以 $\left(t + T_S, \dfrac{\varepsilon}{2\sqrt{q_H}} \right)$ 解决 CDH 问题。

定理 7.3.0.1 的证明完成。

7.4　Fujisaki – Okamoto Hashed ElGamal 公钥加密方案

系统初始化：系统参数生成算法以安全参数 λ 作为输入，选择一个循环群 $\mathbb{PG} = (\mathbb{G}, p, g)$，选择三个哈希函数 $H_1: \{0,1\}^* \to \mathbb{Z}_p$、$H_2, H_3: \{0,1\}^* \to \{0,1\}^n$，输出系统参数 $SP = (\mathbb{G}, p, g, H_1, H_2, H_3)$。

密钥生成：密钥生成算法以系统参数 SP 作为输入，随机选择 $\alpha \in \mathbb{Z}_p$，计算 $g_1 = g^\alpha$，输出一个公/私钥对 (pk, sk)，其中

$$pk = g_1, \ sk = \alpha.$$

加密：加密算法以消息 $m \in \{0,1\}^n$、公钥 pk 和系统参数 SP 作为输入。加密流程如下：

- 选择一个随机字符串 $\sigma \in \{0,1\}^n$。
- 计算 $C_3 = H_3(\sigma) \oplus m$ 和 $r = H_1(\sigma \parallel m \parallel C_3)$。
- 计算 $C_1 = g^r$ 和 $C_2 = H_2(g_1^r) \oplus \sigma$。

密文 CT 定义为

$$CT = (C_1, C_2, C_3) = (g^r, H_2(g_1^r) \oplus \sigma, H_3(\sigma) \oplus m).$$

解密：解密算法以密文 CT、私钥 sk 和系统参数 SP 作为输入。令 $CT = (C_1, C_2, C_3)$，解密流程如下：

- 计算 $C_2 \oplus H_2(C_1^\alpha) = H_2(g_1^r) \oplus \sigma \oplus H_2(g^{\alpha r}) = \sigma$，得到 σ。
- 计算 $C_3 \oplus H_3(\sigma) = H_3(\sigma) \oplus m \oplus H_3(\sigma) = m$，得到 m。
- 如果 $C_1 = g^{H_1(\sigma \parallel m \parallel C_3)}$，则输出消息 m。

定理 7.4.0.1　假设哈希函数 H_1、H_2、H_3 是随机预言机。如果 CDH 问题是困难的，那么 Fujisaki – Okamoto Hashed ElGamal 公钥加密方案在 IND – CCA 安全模型下是可证明安全的，归约丢失为 $L = q_{H_2}$，其中 q_{H_2} 是向随机预言机 H_2 进行哈希询问的次数。

证明：假设在 IND – CCA 安全模型下存在一个能以 (t, q_d, ε) 攻破该

加密方案的敌手 $\mathscr{A}$，我们拟构建一个模拟器 $\mathscr{B}$ 来解决 CDH 问题。给定一个循环群 $(\mathbb{G}, g, p)$ 上的问题实例 (g, g^a, g^b) 作为输入，$\mathscr{B}$ 控制随机预言机，运行 $\mathscr{A}$，并进行如下操作。

初始化。令 $SP = (\mathbb{G}, g, p)$，H_1、H_2、H_3 为模拟器控制的随机预言机。$\mathscr{B}$ 设公钥为 $g_1 = g^a$，其对应私钥为 $\alpha = a$。公钥可由问题实例计算。

H – 询问。$\mathscr{B}$ 建立一个哈希列表来记录所有的询问和应答，哈希列表初始为空。

- 令向 H_1 询问的第 i 个哈希询问为 x_i。如果哈希列表中已有 x_i 对应的项，则 $\mathscr{B}$ 根据哈希列表应答该询问；否则，$\mathscr{B}$ 随机选择 $x_i \in \mathbb{Z}_p$，令 $H_1(x_i) = X_i$，并在哈希列表中添加 (x_i, X_i)。

- 令向 H_2 询问的第 i 个哈希询问为 y_i。如果哈希列表中已有 y_i 对应的项，则 $\mathscr{B}$ 根据哈希列表应答该询问；否则，$\mathscr{B}$ 随机选择 $Y_i \in \{0,1\}^n$，令 $H_2(y_i) = Y_i$，并在哈希列表中添加 (y_i, Y_i)。

- 令向 H_3 询问的第 i 个哈希询问为 z_i。如果哈希列表中已有 z_i 对应的项，则 $\mathscr{B}$ 根据哈希列表应答该询问；否则，$\mathscr{B}$ 随机选择 $Z_i \in \{0,1\}^n$，令 $H_3(z_i) = Z_i$，并在哈希列表中添加 (z_i, Z_i)。

随机预言机 H_1、H_2、H_3 的哈希询问次数分别记为 q_{H_1}、q_{H_2}、q_{H_3}。

阶段 1。敌手在此阶段进行解密询问。对于 $CT = (C_1, C_2, C_3)$ 的解密询问，模拟器将查看哈希列表中是否存在 (x, X)、(y, Y)、(z, Z) 能满足

$$x = z \parallel m \parallel C_3,$$
$$y = g_1^X = g_1^{H_1(x)},$$
$$C_1 = g^X = g^{H_1(x)},$$
$$C_2 = Y \oplus z = H_2(y) \oplus z,$$
$$C_3 = Z \oplus m = H_3(z) \oplus m.$$

结果有以下几种情况：

- 情况 1。三个询问都存在，模拟器输出 m 作为解密结果。

- 情况 2。只有向随机预言机 H_1 进行的询问 $(x, H_1(x)) = (x, X)$ 满足 $C_1 = g^{H_1(x)}$。令 $x = z \parallel m \parallel C_3$，通过该询问，模拟器可以知道 z 并计算 y。然后，模拟器向随机预言机询问 $(y, H_2(y))$、$(z, H_2(z))$。基于这三个询问，模拟器可以很容易地判断所询问的密文是否有效。如果有效，就输出消息；否则，输出 $\perp$。

- 情况 3。不存在满足密文结构的询问。对此，模拟器输出 $\perp$。

挑战。$\mathscr{A}$ 输出两个等长的消息 $m_0, m_1 \in \{0,1\}^n$ 来进行挑战。模拟器随机选择 $R_1, R_2 \in \{0,1\}^n$，并计算挑战密文 CT^*，为

$$CT^* = (g^b, R_1, R_2),$$

式中，g^b 来自问题实例。如果以下三个等式

- $H_3(\sigma^*) \oplus m_c = R_2$，
- $H_1(\sigma^* \| m_c \| R_2) = b$，
- $H_2(g_1^b) \oplus \sigma^* = RZ_1$

成立，则挑战密文可以看作用随机数 σ^* 对消息 $m_c \in \{m_0, m_1\}$ 的加密，我们有

$$CT^* = (g^b, R_1, R_2) = (g^b, H_2(g_1^b) \oplus \sigma^*, H_3(\sigma^*) \oplus m_c).$$

因此，从敌手的角度来看，如果没有向随机预言机 H_2、H_3、H_1 询问过 g_1^b、σ^*、$\sigma^* \| m_c \| C_3$，则挑战密文是正确的密文。

阶段 2。同阶段 1，但不允许对 CT^* 进行解密询问。

猜测。$\mathscr{A}$ 输出猜测结果或 $\perp$。挑战哈希询问定义为

$$Q^* = g_1^b = (g^b)^\alpha = g^{ab},$$

这是对随机预言机 H_2 进行的询问。模拟器从哈希列表 $(y_1, Y_1), (y_2, Y_2), \cdots,$ $(y_{q_{H_2}}, Y_{q_{H_2}})$ 中随机选择一个值 y 作为挑战哈希询问。模拟器可以使用该哈希询问来解决 CDH 问题。

至此，模拟和求解过程完成。接下来，进行正确性分析。

不可区分模拟。根据以下分析，除一些概率可以忽略的情况外，解密模拟是正确的。

- 对于情况 1，模拟器以阶段 1 的方式，可正确应答解密询问 $CT = (C_1, C_2, C_3)$。

- 对于情况 2 且 $(x, H_1(x))$ 中的 $x = (z \| m \| C_3)$ 满足 $C_1 = g^{H_1(x)}$，模拟器可以计算 $y = g_1^{H_1(x)}$ 并提取 z。因为敌手没有向随机预言询问过 y、z，$H_2(y) \oplus C_2$ 和 $H_3(z) \oplus C_3$ 在 $\{0,1\}^n$ 中一定是随机的，从而其等于敌手提供的 z 和 m 的概率是可忽略的。

- 对于情况 3 且没有 $(x, H_1(x))$ 满足 $C_1 = g^{H_1(x)}$，我们有以下两种子情况。

（1）$C_1 = g^b$。解密询问的密文 CT 必须与挑战密文 $CT^* = (C_1^*, C_2^*, C_3^*)$ 不同。对于这样的解密询问，模拟器无法计算 g_1^b 来模拟解密过程。但是，哈

希询问 $H_1(\sigma^* \| m_c \| Z_2) = b$ 将确定 C_2^* 和 C_3^*。也就是说，除挑战密文外，$C_1 = g^b$ 的所有密文均无效。因此，模拟器可以通过将 $\perp$ 返回给敌手来正确地执行解密。

（2）$C_1 \neq g^b$。模拟器对 CT 执行错误的解密模拟当且仅当在此解密模拟之后存在三个哈希询问及其应答 (x,X)、(y,Y)、(z,Z) 满足

$$x = (z \| m \| C_3),$$
$$y = g_1^{H_1(x)},$$
$$C_1 = g^{H_1(x)},$$
$$C_2 = H_2(y) \oplus z,$$
$$C_3 = H_3(z) \oplus m.$$

因为解密在这些哈希询问之前返回 $\perp$，所以该模拟失败，但是解密应该在这些哈希询问之后输出 m。由于 $H_1(x) = X$ 是随机选择的，$C_1 = g^{H_1(x)}$ 成立的概率可以忽略不计。

因此，除一些可忽略概率的情况以外，模拟器将正确执行解密模拟。解密应答将不会为敌手生成任何新的哈希询问及其应答。

模拟（包括公钥、解密和挑战密文）的正确性分析如前面所述。模拟的随机性包括密钥生成、哈希询问应答以及挑战密文生成过程中的所有随机数。它们是：

$$a, X_i, Y_i, Z_i, b.$$

根据模拟过程可知，a、b、X_i、Y_i、Z_i 都是随机值，那么随机性成立。因此，模拟与真实攻击是不可区分的。

成功模拟的概率。模拟过程中没有中止，因此成功模拟的概率为 1。

攻破挑战密文的优势。根据模拟，我们有

- 如果 $H_2(g_1^b) = R_1 \oplus \sigma^*$、$H_3(\sigma^*) = R_2 \oplus m_0$、$H_1(\sigma^* \| m_0 \| R_2) = b$ 成立，则该挑战密文是 m_0 的密文。

- 如果 $H_2(g_1^b) = R_1 \oplus \sigma^*$、$H_3(\sigma^*) = R_2 \oplus m_1$、$H_1(\sigma^* \| m_1 \| R_2) = b$ 成立，则该挑战密文是 m_1 的密文。

在没有向随机预言机发起挑战询问 $Q^* = g_1^b$ 的情况下，敌手能攻破挑战密文当且仅当向 H_3、H_1 发起的询问满足上述条件。需要注意的是，成功概率的上限是对 H_3 的询问中用 $R_2 \oplus m_c$ 应答的概率与对 H_1 的询问中用 b 应答的概率之和。成功概率最大为 $(2q_{H_3} + q_{H_1})/p$，该概率可以忽略不计。此外，任何解密应答都不会帮助敌手获取其他哈希询问或其应答的信息。

因此，敌手在攻破挑战密文时没有优势。

求解概率。根据定义和模拟过程，如果敌手未向随机预言机 H_2 询问 $g_1^b = g^{ab}$，则敌手在猜测加密消息时没有优势，概率可忽略不计的情况例外。根据攻破假设，由于敌手猜测所选消息的优势为 ε，由引理 4.11.1 可知，敌手向随机预言机询问 g^{ab} 的概率也为 ε。因此，从 H_2 的哈希列表中随机选择的 y 等于 g^{ab} 的概率为 ε/q_{H_2}。

优势和时间成本。令 T_S 表示模拟的时间成本，我们有 $T_S = O(q_{H_1})$，这主要来自解密过程。因此，$\mathscr{B}$ 将以 $(t + T_S, \varepsilon/q_{H_2})$ 解决 CDH 问题。

定理 7.4.0.1 的证明完成。

第 **8** 章

无随机预言机模型下的
公钥加密方案

本章将主要介绍 ElGamal 公钥加密方案和 Cramer – Shoup 公钥加密方案[32]。ElGamal 公钥加密方案可以帮助读者理解如何分析安全归约的正确性，而 Cramer – Shoup 公钥加密方案是首个无随机预言机模型下 CCA 安全的加密方案。本章所给出的加密方案和/或证明可能与原文献略有不同。

8.1 ElGamal 公钥加密方案

系统初始化：系统参数生成算法以安全参数 λ 作为输入，选择一个循环群 $\mathbb{PG} = (\mathbb{G}, p, g)$，输出系统参数 $SP = (\mathbb{G}, p, g)$。

密钥生成：密钥生成算法以系统参数 SP 作为输入，随机选择 $\alpha \in \mathbb{Z}_p$，计算 $g_1 = g^{\alpha}$，输出一个公/私钥对 (pk, sk)，其中

$$pk = g_1, \quad sk = \alpha.$$

加密：加密算法以消息 $m \in \mathbb{G}$、公钥 pk 和系统参数 SP 作为输入，选择一个随机数 $r \in \mathbb{Z}_p$，输出密文 CT，其中

$$CT = (C_1, C_2) = (g^r, g_1^r \cdot m).$$

解密：解密算法以密文 CT、私钥 sk 和系统参数 SP 作为输入。令 $CT = (C_1, C_2)$，该算法计算 $C_2 \cdot C_1^{-\alpha} = g_1^r m \cdot (g^r)^{-\alpha} = m$，得到消息 m。

定理 8.1.0.1　如果 DDH 问题是困难的，那么 ElGamal 公钥加密方案在 IND – CPA 安全模型下是可证明安全的，归约丢失为 $L = 2$。

证明：假设在 IND – CPA 安全模型下存在一个能以 (t, ε) 攻破该加密方案的敌手 $\mathscr{A}$，我们拟构建一个模拟器 $\mathscr{B}$ 来解决 DDH 问题。给定一个循环群 $(\mathbb{G}, g, p)$ 上的问题实例 (g, g^a, g^b, Z) 作为输入，$\mathscr{B}$ 运行 $\mathscr{A}$，并进行如下操作。

初始化。令 $SP = (\mathbb{G}, g, p)$。$\mathscr{B}$ 设公钥为 $g_1 = g^a$，其对应私钥为 $\alpha = a$。公钥可由问题实例计算。

挑战。$\mathscr{A}$ 输出两个等长的消息 $m_0, m_1 \in \mathbb{G}$ 来进行挑战。模拟器随机选择 $c \in \{0, 1\}$，计算挑战密文 CT^* 为

$$CT^* = (g^b, Z \cdot m_c).$$

式中，g^b 和 Z 来自问题实例。令 $r = b$，如果 $Z = g^{ab}$，我们有

$$CT^* = (g^b, Z \cdot m_c) = (g^r, g_1^r \cdot m_c).$$

因此，CT^* 是一个正确的挑战密文，其加密消息为 m_c。

猜测。$\mathscr{A}$ 输出对 c 的猜测结果 c'。如果 $c' = c$，则模拟器输出 True；否则，模拟器输出 False。

至此，模拟和求解过程完成。接下来，进行正确性分析。

不可区分模拟。模拟结果的正确性在前面已经说明。模拟的随机性包括密钥生成以及挑战密文生成中的所有随机数，它们分别是私钥中的 a 和挑战密文中的 b。根据模拟过程可知 a、b 都是随机值，随机性成立。因此，模拟与真实攻击是不可区分的。

成功模拟的概率。模拟过程中没有中止，因此成功模拟的概率为 1。

攻破挑战密文的概率。

• 如果 Z 为 True，那么模拟与真实攻击是不可区分的。因此，敌手正确猜测出加密消息的概率为 $1/2 + \varepsilon/2$。

• 如果 Z 为 False，那么挑战密文用 Z 加密消息，这里 Z 是随机的且无法由敌手的其他参数计算，我们可以容易看出该挑战密文为一次一密。因此，敌手正确猜测出加密消息的概率只有 $1/2$。

优势和时间成本。解决 DDH 问题的优势为

$$P_S(P_T - P_F) = \left(\frac{1}{2} + \frac{\varepsilon}{2}\right) - \frac{1}{2} = \frac{\varepsilon}{2}.$$

令 T_S 表示模拟的时间成本，我们有 $T_S = O(1)$。因此，$\mathscr{B}$ 将以 $(t + T_S, \varepsilon/2)$ 解决 DDH 问题。

定理 8. 1. 0. 1 的证明完成。

8. 2 Cramer – Shoup 公钥加密方案

系统初始化：系统参数生成算法以安全参数 λ 作为输入，选择一个循环群 $\mathbb{PG} = (\mathbb{G}, p, g)$，选择一个哈希函数 $H: \{0,1\}^* \to \mathbb{Z}_p$，输出系统参数 $SP = (\mathbb{G}, p, g, H)$。

密钥生成：密钥生成算法以系统参数 SP 作为输入，随机选择 $g_1, g_2 \in \mathbb{G}$，$\alpha_1, \alpha_2, \beta_1, \beta_2, \gamma_1, \gamma_2 \in \mathbb{Z}_p$，计算 $u = g_1^{\alpha_1} g_2^{\alpha_2}$，$v = g_1^{\beta_1} g_2^{\beta_2}$，$h = g_1^{\gamma_1} g_2^{\gamma_2}$，输出一个公/私钥对 (pk, sk)，其中

$$pk = (g_1, g_2, u, v, h), \quad sk = (\alpha_1, \alpha_2, \beta_1, \beta_2, \gamma_1, \gamma_2).$$

加密：加密算法以消息 $m \in \mathbb{G}$、公钥 pk 和系统参数 SP 作为输入，选择一个随机数 $r \in \mathbb{Z}_p$，计算密文 CT 为

$$CT = (C_1, C_2, C_3, C_4) = (g_1^r, g_2^r, h^r m, u^r v^{wr}),$$

式中，$w = H(C_1, C_2, C_3)$。

解密：解密算法以密文 CT、私钥 sk 和系统参数 SP 作为输入。令 $CT = (C_1, C_2, C_3, C_4)$，解密流程如下：

- 计算 $w = H(C_1, C_2, C_3)$。
- 验证 $C_4 = C_1^{\alpha_1 + w\beta_1} \cdot C_2^{\alpha_2 + w\beta_2}$。
- 计算 $m = C_3 \cdot C_1^{-\gamma_1} C_2^{-\gamma_2}$ 并输出 m。

定理 8. 2. 0. 1 如果 DDH 问题变形体是困难的，那么 Cramer – Shoup 公钥加密方案在 IND – CCA 安全模型下是可证明安全的，归约丢失为 $L = 2$。

证明：假设在 IND – CCA 安全模型下存在一个能以 (t, q_d, ε) 攻破该加密方案的敌手 $\mathscr{A}$，我们拟构建一个模拟器 $\mathscr{B}$ 来解决 DDH 问题变形体。给定一个循环群 $(\mathbb{G}, g, p)$ 上的问题实例 $X = (g_1, g_2, g_1^{a_1}, g_2^{a_2})$ 作为输入，$\mathscr{B}$ 运行 $\mathscr{A}$，并进行如下操作。

初始化。令 $SP = (\mathbb{G}, g, p, H)$，其中 $H: \{0,1\}^* \to \mathbb{Z}_p$ 是一个哈希函数。$\mathscr{B}$ 随机选择 $\alpha_1, \alpha_2, \beta_1, \beta_2, \gamma_1, \gamma_2 \in \mathbb{Z}_p$，设公钥为

$$pk = (g_1, g_2, u, v, h) = (g_1, g_2, g_1^{\alpha_1} g_2^{\alpha_2}, g_1^{\beta_1} g_2^{\beta_2}, g_1^{\gamma_1} g_2^{\gamma_2}).$$

公钥可由问题实例和所选参数计算。

阶段 1。敌手在此阶段进行解密询问。对于 CT 的解密询问，因为模拟器知道私钥，所以它将运行解密算法并输出解密结果给敌手。

挑战。$\mathscr{A}$ 输出两个等长的消息 $m_0, m_1 \in \mathbb{G}$ 来进行挑战。模拟器随机选择 $c \in \{0,1\}$，计算挑战密文 CT^* 为

$$CT^* = (C_1^*, C_2^*, C_3^*, C_4^*) = (g_1^{a_1}, g_2^{a_2}, g_1^{a_1\gamma_1} g_2^{a_2\gamma_2} \cdot m_c, (g_1^{a_1})^{\alpha_1 + w^*\beta_1} (g_2^{a_2})^{\alpha_2 + w^*\beta_2}).$$

式中，$w^* = H(C_1^*, C_2^*, C_3^*)$ 和 $g_1^{a_1}$、$g_2^{a_2}$ 可由问题实例计算。令 $r = a_1$，如果 $a_1 = a_2$，我们有

$$CT^* = (g_1^{a_1}, g_2^{a_2}, g_1^{a_1\gamma_1} g_2^{a_2\gamma_2} \cdot m_c, (g_1^{a_1})^{\alpha_1 + w^*\beta_1} (g_2^{a_2})^{\alpha_2 + w^*\beta_2})$$

$$= (g_1^r, g_2^r, h^r m, u^r v^{w^* r}).$$

因此，CT^* 是一个正确的挑战密文，其加密消息为 m_c。

阶段 2。同阶段 1，但不允许对 CT^* 进行解密询问。

猜测。$\mathscr{A}$ 输出对 c 的猜测结果 c'。如果 $c' = c$，模拟器输出 True；否则，模拟器输出 False。

至此，模拟和求解过程完成。接下来，进行正确性分析。

不可区分模拟。在模拟中，模拟器知道密钥从而可以执行与真实攻击不可区分的解密模拟。

模拟（包括公钥、解密以及挑战密文）的正确性分析如前面所述。模拟的随机性包括密钥生成和挑战密文生成的所有随机数，它们是：

$$\alpha_1, \alpha_2, \beta_1, \beta_2, \gamma_1, \gamma_2, a_1 = a_2.$$

根据模拟过程可知，α_1、α_2、β_1、β_2、γ_1、γ_2、a_1 都是随机值，随机性成立。因此，模拟与真实攻击是不可区分的。

成功模拟的概率。模拟过程中没有中止，因此成功模拟的概率为 1。

攻破挑战密文的概率。

- 如果 Z 为 True，那么模拟与真实攻击是不可区分的。因此，敌手正确猜测出加密消息的概率为 $1/2 + \varepsilon/2$。

- 如果 Z 为 False，则敌手猜测加密消息的成功率最高为 $\dfrac{1}{2} + \dfrac{q_d}{p - q_d}$。

分析如下：

令 $g_2 = g_1^z$，其中 $z \in \mathbb{Z}_p$。敌手可以从公钥中知道

$$z, \alpha_1 + z\alpha_2, \beta_1 + z\beta_2, \gamma_1 + z\gamma_2,$$

从挑战密文中知道

$$a_1, a_2, a_1(\alpha_1 + w^*\beta_1) + za_2(\alpha_2 + w^*\beta_2), a_1\gamma_1 + a_2 z\gamma_2 + \log_{g_1} m_c.$$

如果敌手不知道 γ_1 和 γ_2，并且没有进行过解密询问，则对于 $\gamma_1 + z\gamma_2$ 和 $a_1\gamma_1 + a_2 z\gamma_2$，因其系数矩阵的行列式非零，即

$$\begin{vmatrix} 1 & z \\ a_1 & a_2 z \end{vmatrix} = z(a_2 - a_1) \neq 0.$$

那么 $\gamma_1 + z\gamma_2$ 和 $a_1\gamma_1 + a_2 z\gamma_2$ 是随机且独立的。从敌手的角度来看，挑战密文可以看作是消息 m_c 的一次一密，因此敌手在猜测 c 时没有优势。

接下来，证明解密询问不能帮助敌手攻破挑战密文。

如果对 $CT = (g_1^{r_1}, g_2^{r_2}, C_3, C_4)$ 的解密询问可通过验证，则解密将返回给敌手 $C_3 \cdot g_1^{-r_1\gamma_1} g_2^{-r_2\gamma_2}$，那么敌手将知道

$$r_1\gamma_1 + r_2 z\gamma_2.$$

如果 $r_1 = r_2$（密文视为正确的密文），则敌手知道 $\gamma_1 + z\gamma_2$。因此，敌手无法获得任何其他信息来攻破一次一密。否则，使用 $\gamma_1 + z\gamma_2$ 和 $r_1\gamma_1 + r_2 z\gamma_2$，敌手可以计算出 γ_1、γ_2 来攻破一次一密。

接下来，将证明与挑战密文不同的任何不正确密文 $CT = (g_1^{r_1}, g_2^{r_2}, C_3, C_4)$ 都将被拒绝。

• 如果 $(g_1^{r_1}, g_2^{r_2}, C_3) = (C_1^*, C_2^*, C_3^*)$ 且 $C_4 \neq C_4^*$，这样的不正确密文将被拒绝。只有 $C_4 = C_4^*$ 的密文才能通过验证。

• 如果 $(g_1^{r_1}, g_2^{r_2}, C_3) \neq (C_1^*, C_2^*, C_3^*)$，因为哈希函数是安全的，我们有 $H(g_1^{r_1}, g_2^{r_2}, C_3) = w \neq w^*$。如果满足

$$C_4 = g_1^{r_1(\alpha_1 + w\beta_1)} \cdot g_2^{r_2(\alpha_2 + w\beta_2)} = g_1^{r_1(\alpha_1 + w\beta_1) + r_2 z(\alpha_2 + w\beta_2)},$$

则该密文可以通过验证。也就是说，如果敌手可以计算 $r_1(\alpha_1 + w\beta_1) + r_2 z(\alpha_2 + w\beta_2)$，则密文可以通过验证。

根据模拟过程可知，与 α_1、α_2、β_1、β_2 相关的所有参数（包括目标 $r_1(\alpha_1 + w\beta_1) + r_2 z(\alpha_2 + w\beta_2)$）是

$$\alpha_1 + z\alpha_2,$$
$$\beta_1 + z\beta_2,$$
$$a_1(\alpha_1 + w^*\beta_1) + za_2(\alpha_2 + w^*\beta_2),$$
$$r_1(\alpha_1 + w\beta_1) + r_2 z(\alpha_2 + w\beta_2).$$

$(\alpha_1, \alpha_2, \beta_1, \beta_2)$ 的系数矩阵为

$$\begin{pmatrix} 1 & z & 0 & 0 \\ 0 & 0 & 1 & z \\ a_1 & za_2 & a_1 w^* & za_2 w^* \\ r_1 & zr_2 & r_1 w & zr_2 w \end{pmatrix},$$

其行列式绝对值为 $z(r_2 - r_1)(a_2 - a_1)(w^* - w) \neq 0$。因此，$r_1(\alpha_1 + w\beta_1) + r_2 z(\alpha_2 + w\beta_2)$ 是随机的，且独立于其他给定的参数。因此，除了生成正确 C_4 的概率为 $1/p$，敌手没有任何优势。

如果敌手生成一个不正确密文（用于解密询问），首次自适应选择 C_4 的概率为 $1/p$，第二次的概率为 $\dfrac{1}{p-1}$。对 q_d 次解密询问，成功生成可以通过验证的不正确密文的概率为 $\dfrac{q_d}{p - q_d}$，敌手从加密中正确猜测 c 的概率为 $1/2$。

因此，敌手猜测出加密消息的概率最大为 $\dfrac{1}{2} + \dfrac{q_d}{p - q_d}$。

优势和时间成本。 解决 DDH 问题的优势为

$$P_S(P_T - P_F) = \left(\frac{1}{2} + \frac{\varepsilon}{2}\right) - \left(\frac{1}{2} + \frac{q_d}{p - q_d}\right) = \frac{\varepsilon}{2} - \frac{q_d}{p - q_d} \approx \frac{\varepsilon}{2}.$$

令 T_S 表示模拟的时间成本，我们有 $T_S = O(q_d)$，这主要来自解密过程。因此，$\mathscr{B}$ 将以 $(t + T_S, \varepsilon/2)$ 解决 DDH 问题变形体。

定理 8.2.0.1 的证明完成。

第9章

随机预言机模型下的
基于身份加密方案

本章将介绍 H 型的 Boneh – Franklin 基于身份加密方案[24]、C 型的 Boneh – Boyen[RO] 基于身份加密方案[20] 和 Park – Lee 基于身份加密方案[86]，以及 I 型的 Sakai – Kasahara 基于身份加密方案[30,91]。本章给出的加密方案和（或）其证明可能与原文献略有不同。

9.1 Boneh – Franklin 基于身份加密方案

系统初始化：系统参数生成算法以安全参数 λ 作为输入，选择一个双线性对群 $\mathbb{PG} = (\mathbb{G}, \mathbb{G}_T, g, p, e)$，选择两个哈希函数 $H_1: \{0,1\}^* \rightarrow \mathbb{G}$、$H_2: \{0,1\}^* \rightarrow \{0,1\}^n$，随机选择 $\alpha \in \mathbb{Z}_p$，计算 $g_1 = g^\alpha$，输出一个主公/私钥对 (mpk, msk)，其中

$$mpk = (\mathbb{PG}, g_1, H_1, H_2), \quad msk = \alpha.$$

密钥生成：密钥生成算法以一个身份 $ID \in \{0,1\}^*$ 和主公/私钥对 (mpk, msk) 作为输入，输出与 ID 对应的私钥 d_{ID}，其中

$$d_{ID} = H_1(ID)^\alpha.$$

加密：加密算法以消息 $m \in \{0,1\}^n$、身份 ID 和主公钥 mpk 作为输入，选择一个随机数 $r \in \mathbb{Z}_p$，输出密文 CT，其中

$$CT = (C_1, C_2) = (g^r, H_2(e(H_1(ID), g_1)^r) \oplus m).$$

解密：解密算法以密文 CT、私钥 d_{ID} 和主公钥 mpk 作为输入。令 $CT = (C_1, C_2)$，它计算 $m = H_2(e(C_1, d_{ID})) \oplus C_2$，得到消息 m。

定理 9.1.0.1　假设哈希函数 H_1、H_2 是随机预言机。如果 BDH 问题是困难的，那么 Boneh – Franklin 基于身份加密方案在 IND – ID – CPA 安全模型下是可证明安全的，归约丢失为 $L = q_{H_1} q_{H_2}$，其中 q_{H_1}、q_{H_2} 分别是向随机预言机 H_1、H_2 进行哈希询问的次数。

证明：假设在 IND – ID – CPA 安全模型下存在一个能以 (t, q_k, ε) 攻破该加密方案的敌手 $\mathcal{A}$，我们拟构建一个模拟器 $\mathcal{B}$ 来解决 BDH 问题。给定一个双线性对群 $\mathbb{PG}$ 上的问题实例 (g, g^a, g^b, g^c)，$\mathcal{B}$ 控制随机预言机，运行 $\mathcal{A}$，并进行如下操作。

初始化。 $\mathcal{B}$ 设 $g_1 = g^a$，其对应私钥为 $\alpha = a$。因此，除两个哈希函数以外的主公钥由问题实例计算，两个哈希函数设为由模拟器控制的随机预言机。

H – 询问。 敌手在此阶段进行哈希询问。在敌手开始询问之前，$\mathcal{B}$ 随机选择 $i^* \in [1, q_{H_1}]$，其中 q_{H_1} 表示向随机预言机 H_1 进行哈希询问的次数。$\mathcal{B}$ 建立两个哈希列表来记录所有的询问和应答，哈希列表初始为空。

- 令 H_1 的第 i 个询问为 ID_i。如果哈希列表中已有 ID_i 对应的项，$\mathcal{B}$ 就根据哈希列表应答该询问；否则，$\mathcal{B}$ 随机选择 $x_i \in \mathbb{Z}_p$，并将 $H_1(ID_i)$ 设为

$$H_1(ID_i) = \begin{cases} g^{x_i}, & i \neq i^*, \\ g^b, & \text{其他}. \end{cases}$$

然后，模拟器将 $H_1(ID_i)$ 记作该询问的应答，并在哈希列表中添加相应元组 $(i, ID_i, x_i, H_1(ID_i))$。

- 令 H_2 的第 i 个询问为 y_i。如果哈希列表中已有 y_i 对应的项，$\mathcal{B}$ 就根据哈希列表应答该询问；否则，$\mathcal{B}$ 随机选择 $Y_i \in \{0, 1\}^n$，并将 $H_2(y_i) = Y_i$ 记作该询问的应答，并在哈希列表中添加相应元组 $(y_i, H_2(y_i))$。

阶段 1。 敌手在此阶段进行私钥询问。$\mathcal{A}$ 询问 ID_i 的私钥，令 $(i, ID_i, x_i, H_1(ID_i))$ 为对应的元组。如果 $i = i^*$，就中止；否则，根据模拟过程，$H_1(ID_i) = g^{x_i}$。模拟器计算 $d_{ID_i} = (g^a)^{x_i} = H_1(ID_i)^\alpha$。因此，$d_{ID_i}$ 是 ID_i 对应的一个有效私钥。

挑战。 $\mathcal{A}$ 输出两个等长的消息 $m_0, m_1 \in \{0, 1\}^n$ 和一个挑战身份 ID^*。在 H_1 哈希列表中，ID^* 对应元组为 $(i, ID^*, x_i, H_1(ID^*))$。如果 $i \neq i^*$，就

中止；否则，我们有 $i = i^*$ 和 $H_1(ID^*) = g^b$。模拟器随机选择 $R \in \{0,1\}^n$，并计算挑战密文 CT^* 为

$$CT^* = (g^c, R),$$

式中，g^c 来自问题实例。挑战密文可以看作用随机数 c 对消息 $m_{coin} \in \{m_0, m_1\}$ 的加密。如果 $H_2(e(g,g)^{abc}) = R \oplus m_{coin}$，则

$$CT^* = (g^c, R) = (g^c, H_2(e(H_1(ID^*), g_1)^c) \oplus m_{com}).$$

因此，如果从未向随机预言机 H_2 询问过 $e(g,g)^{abc}$，则从敌手的角度来看，挑战密文是正确的密文。

阶段 2。同阶段 1，但是本阶段不允许对 ID^* 进行私钥询问。

猜测。$\mathcal{A}$ 输出一个猜测的结果或者 $\perp$。挑战哈希询问定义为

$$Q^* = e(H_1(ID^*), g_1)^c = e(g,g)^{abc},$$

这是向随机预言机 H_2 进行的询问。模拟器从哈希列表 $(y_1, Y_1), (y_2, Y_2), \cdots,$ $(y_{q_{H_2}}, Y_{q_{H_2}})$ 中随机选择一个值 y 作为挑战哈希询问，并用该哈希询问来解决 BDH 问题。

至此，模拟和求解过程完成。接下来，进行正确性分析。

不可区分模拟。模拟的正确性在前面已经说明。模拟的随机性包括主密钥生成、哈希询问的应答以及私钥生成过程中的所有随机数。它们是：

$$a, x_1, \cdots, x_{i^*-1}, b, x_{i^*+1}, \cdots, x_{q_{H_1}}, Y_1, Y_2, \cdots, Y_{q_{H_2}}, c.$$

根据模拟过程可知，它们都是随机选择的，随机性成立。因此，模拟与真实攻击是不可区分的。

成功模拟的概率。如果挑战身份 ID^* 是向随机预言机询问的第 i^* 个身份，则敌手不能询问其私钥。只有这样，询问阶段和挑战阶段才能成功模拟。由于整个模拟过程总共有 q_{H_1} 次 H_1 询问，成功概率为 $1/q_{H_1}$。

攻破挑战密文的优势。如果 $H_2(e(g,g)^{abc}) = R \oplus m_0$ 成立，则该挑战密文是 m_0 的密文；如果 $H_2(e(g,g)^{abc}) = R \oplus m_1$ 成立，则该挑战密文是 m_1 的密文。如果敌手没有向随机预言机询问过 $Q^* = e(g,g)^{abc}$，那么它在攻破挑战密文时没有优势。

求解概率。根据定义和模拟过程，如果敌手未向随机预言机 H_2 询问 $Q^* = e(g,g)^{abc}$，则敌手在猜测加密消息时没有优势。根据攻破假设，敌手以优势 ε 猜测所选的消息，由引理 4.11.1 可知，敌手向随机预言机询问 $e(g,g)^{abc}$ 的概率也为 ε。因此，$y = e(g,g)^{abc}$ 的概率为 ε / q_{H_2}。

优势和时间成本。令 T_S 表示模拟的时间成本，我们有 $T_S = O(q_{H_1} + q_k)$，

其主要来自预言机应答和密钥生成过程。因此，模拟器 $\mathscr{B}$ 将以 $\left(t + T_S , \dfrac{\varepsilon}{q_{H_1} q_{H_2}} \right)$ 解决 BDH 问题。

定理 9.1.0.1 的证明完成。

9.2　Boneh – Boyen[RO]基于身份加密方案

系统初始化：系统参数生成算法以安全参数 λ 作为输入，选择一个双线性对群 $\mathbb{PG} = (\mathbb{G}, \mathbb{G}_T, g, p, e)$，选择一个哈希函数 $H : \{0,1\}^* \to \mathbb{G}$，随机选择 $g_2 \in \mathbb{G}$、$\alpha \in \mathbb{Z}_p$，计算 $g_1 = g^\alpha$，输出一个主公/私钥对 (mpk, msk)，其中

$$mpk = (\mathbb{PG}, g_1, g_2, H), \quad msk = \alpha.$$

密钥生成：密钥生成算法以一个身份 $ID \in \{0,1\}^*$ 和主公/私钥对 (mpk, msk) 作为输入，随机选择 $r \in \mathbb{Z}_p$，输出与 ID 对应的私钥 d_{ID}，其中

$$d_{ID} = (d_1, d_2) = (g_2^\alpha H(ID)^r, g^r).$$

加密：加密算法以消息 $m \in \mathbb{G}_T$、身份 ID 和主公钥 mpk 作为输入，选择一个随机数 $s \in \mathbb{Z}_p$，输出密文 CT，其中

$$CT = (C_1, C_2, C_3,) = (H(ID)^s, g^s, e(g_1, g_2)^s \cdot m).$$

解密：解密算法以密文 CT、私钥 $d_{ID} = (d_1, d_2)$ 和主公钥 mpk 作为输入。令 $CT = (C_1, C_2, C_3)$，它可以通过计算

$$C_3 \cdot \frac{e(d_2, C_1)}{e(d_1, C_2)} = e(g_1, g_2)^s m \cdot \frac{e(g^r, H(ID)^s)}{e(g_2^\alpha H(ID)^r, g^s)} = e(g_1, g_2)^s m \cdot \frac{1}{e(g_1, g_2)^s} = m$$

来解密获取消息。

定理 9.2.0.1　假设哈希函数 H 是随机预言机。如果 DBDH 问题是困难的，那么 Boneh – Boyen[RO]基于身份加密方案在 IND – ID – CPA 安全模型下是可证明安全的，归约丢失为 $L = 2q_H$，其中 q_H 是向随机预言机进行哈希询问的次数。

证明：假设在 IND – ID – CPA 安全模型下存在一个能以 (t, q_k, ε) 攻破该加密方案的敌手 $\mathscr{A}$，我们拟构建一个模拟器 $\mathscr{B}$ 来解决 DBDH 问题。给定一个双线性对群 $\mathbb{PG}$ 上的问题实例 (g, g^a, g^b, g^c, Z)，$\mathscr{B}$ 控制随机预言机，运行 $\mathscr{A}$，并进行如下操作。

初始化。$\mathscr{B}$设置$g_1 = g^a$，$g_2 = g^b$，其对应私钥为$\alpha = a$。因此，除两个哈希函数以外的主公钥由问题实例计算，哈希函数设为由模拟器控制的随机预言机。

H−询问。敌手在此阶段进行哈希询问。在敌手开始询问之前，$\mathscr{B}$随机选择$i^* \in [1, q_H]$，其中q_H表示向随机预言机进行哈希询问的次数。$\mathscr{B}$建立一个哈希列表来记录所有的询问和应答，哈希列表初始为空。

令H的第i个询问为ID_i。如果哈希列表中已有ID_i对应的项，$\mathscr{B}$就根据哈希列表应答该询问；否则，$\mathscr{B}$随机选择$x_i \in \mathbb{Z}_p$，并将$H(ID_i)$设为

$$H(ID_i) = \begin{cases} g^{b+x_i}, & i \neq i^*, \\ g^{x_i}, & \text{其他}. \end{cases}$$

然后，模拟器$\mathscr{B}$将$H(ID_i)$记作该询问的应答，并在哈希列表中添加相应元组$(i, ID_i, x_i, H(ID_i))$。

阶段1。敌手在此阶段进行私钥询问。$\mathscr{A}$询问ID_i的私钥，令$(i, ID_i, x_i, H(ID_i))$为对应的元组。如果$i = i^*$，就中止；否则，根据模拟过程，$H(ID_i) = g^{b+x_i}$。模拟器随机选择$r'_i \in \mathbb{Z}_p$，计算d_{ID_i}，其中

$$d_{ID_i} = ((g^a)^{-x_i} \cdot H(ID)^{r'_i}, (g^a)^{-1}g^{r'_i}).$$

令$r_i = -a + r'_i$，我们有

$$g_2^\alpha H(ID)^{r_i} = g^{ab} \cdot (g^{b+x_i})^{-a+r'_i} = (g^a)^{-x_i} \cdot H(ID)^{r_i},$$

$$g^{r_i} = (g^a)^{-1}g^{r'_i}.$$

因此，d_{ID_i}是ID_i对应的一个有效的私钥。

挑战。$\mathscr{A}$输出两个等长的消息$m_0, m_1 \in \mathbb{G}_T$和一个挑战身份$ID^*$。在$H$哈希列表中，$ID^*$对应的元组为$(i, ID^*, x_i, H(ID^*))$。如果$i \neq i^*$，就中止；否则，$i = i^*$，我们有$H(ID^*) = g^{x^*}$。模拟器随机选择$coin \in \{0, 1\}$，并计算挑战密文$CT^*$为

$$CT^* = (g^{cx^*}, g^c, Z \cdot m_{coin}).$$

令$r = c$，如果$Z = e(g, g)^{abc}$，则

$$CT^* = (g^{cx^*}, g^c, Z \cdot m_{coin}) = (H(ID^*)^c, g^c, e(g_1, g_2)^c \cdot m_{coin}).$$

因此，该挑战密文是对应挑战身份ID^*和消息m_{coin}的正确密文。

阶段2。同阶段1，但本阶段不允许对ID^*进行私钥询问。

猜测。$\mathscr{A}$输出对$coin$的猜测结果$coin'$。如果$coin = coin'$，则模拟器输出 True；否则，输出 False。

至此，模拟和求解过程完成。接下来，进行正确性分析。

不可区分模拟。模拟的正确性已经在前面说明。模拟的随机性包括主密钥生成、对哈希询问的应答、私钥生成过程以及挑战密文生成过程中的所有随机数。它们是：

$$a, b, x_1, \cdots, x_{i^*-1}, b+x_{i^*}, x_{i^*+1}, \cdots, x_{q_H}, -a+r'_i, c.$$

根据模拟过程可知，它们都是随机值，随机性成立。因此，模拟与真实攻击是不可区分的。

成功模拟的概率。如果挑战身份 ID^* 是向随机预言机询问的第 i^* 个身份，则敌手不能询问其私钥。只有这样，询问阶段和挑战阶段模拟才能成功。因此，由于整个模拟过程总共有 q_H 次 H 询问，成功概率为 $1/q_H$。

攻破挑战密文的优势。如果 Z 为 True，那么模拟与真实攻击是不可区分的。因此，敌手正确猜测出加密消息的概率为 $1/2 + \varepsilon/2$。如果 Z 为 False，那么该挑战密文是一次一密。由于消息是使用 Z 进行加密的，而 Z 是随机的且无法由给定的其他参数计算，因此敌手正确猜测出加密消息的概率只有 $1/2$。

优势和时间成本。解决 DBDH 问题的优势为

$$P_S(P_T - P_F) = \frac{1}{q_H}\left(\frac{1}{2} + \frac{\varepsilon}{2} - \frac{1}{2}\right) = \frac{\varepsilon}{2q_H}.$$

令 T_S 表示模拟的时间成本，我们有 $T_S = O(q_H + q_k)$，其主要来自预言机应答和密钥生成过程。因此，模拟器 $\mathscr{B}$ 将以 $\left(t + T_S, \dfrac{\varepsilon}{2q_H}\right)$ 解决 DBDH 问题。

定理 9.2.0.1 的证明完成。

9.3　Park – Lee 基于身份加密方案

系统初始化：系统参数生成算法以安全参数 λ 作为输入，选择一个双线性对群 $\mathbb{PG} = (\mathbb{G}, \mathbb{G}_T, g, p, e)$，选择一个哈希函数 $H: \{0,1\}^* \to \mathbb{G}$，随机选择 $g_2 \in \mathbb{G}$、$\alpha \in \mathbb{Z}_p$，计算 $g_1 = g^\alpha$，输出一个主公/私钥对 (mpk, msk)，其中

$$mpk = (\mathbb{PG}, g_1, g_2, H), \quad msk = \alpha.$$

密钥生成：密钥生成算法以一个身份 $ID \in \{0,1\}^*$ 和主公/私钥对 (mpk, msk) 作为输入，随机选择输出 $r, t_k \in \mathbb{Z}_p$，输出与 ID 对应的私钥 d_{ID}，其中

$$d_{ID} = (d_1, d_2, d_3, d_4) = (g_2^{\alpha+r}, g^r, (H(ID)g_2^{t_k})^r, t_k).$$

加密：加密算法以消息 $m \in \mathbb{G}_T$、身份 ID 和主公钥 mpk 作为输入，选择随机数 $s, t_c \in \mathbb{Z}_p$，输出密文 CT，其中

$$CT = (C_1, C_2, C_3, C_4) = ((H(ID)g_1^{t_c})^s, g^s, t_c, e(g_1, g_2)^s \cdot m).$$

解密：解密算法以密文 CT、私钥 $d_{ID} = (d_1, d_2)$ 和主公钥 mpk 作为输入。令 $CT = (C_1, C_2, C_3, C_4)$。如果 $C_3 = d_4$，就输出 $\perp$；否则，它可以通过计算下式来解密获取消息：

$$C_4 \cdot \left(\frac{e(d_2, C_1)}{e(d_3, C_2)} \right)^{\frac{1}{C_3 - d_4}} \cdot \frac{1}{e(d_1, C_2)}$$

$$= e(g_1, g_2)^s m \cdot \left(\frac{e(H(ID), g)^{rs} e(g_2, g)^{rst_c}}{e(H(ID), g)^{rs} e(g_2, g)^{rst_k}} \right)^{\frac{1}{t_c - t_k}} \cdot \frac{1}{e(g_1 g_2)^s e(g_2, g)^{rs}}$$

$$= e(g_1, g_2)^s m \cdot e(g_2, g)^{rs} \cdot \frac{1}{e(g_1 g_2)^s \cdot e(g_2, g)^{rs}} = m.$$

定理 9.3.0.1 假设哈希函数 H 是随机预言机。如果 DBDH 问题是困难的，那么 Park - Lee 基于身份加密方案在 IND - ID - CPA 安全模型下是可证明安全的，归约丢失为 $L = 2$。

证明：假设在 IND - ID - CPA 安全模型下存在一个能以 (t, q_k, ε) 攻破该加密方案的敌手 $\mathcal{A}$，我们拟构建一个模拟器 $\mathcal{B}$ 来解决 DBDH 问题。给定一个双线性对群 $\mathbb{PG}$ 上的问题实例 (g, g^a, g^b, g^c, Z)，$\mathcal{B}$ 控制随机预言机，运行 $\mathcal{A}$，并进行如下操作。

初始化。$\mathcal{B}$ 计算 $g_1 = g^a$、$g_2 = g^b$，其对应私钥为 $\alpha = a$。因此，除哈希函数以外的主公钥可以由问题实例计算，哈希函数被设为由模拟器控制的随机预言机。

H - 询问。敌手在此阶段进行哈希询问。$\mathcal{B}$ 建立一个哈希列表来记录所有的询问和应答，哈希列表初始为空。

当询问 ID 时，$\mathcal{B}$ 随机选择 $x_{ID}, y_{ID} \in \mathbb{Z}_p$，并计算 $H(ID)$ 为

$$H(ID) = g^{y_{ID}} g_2^{-x_{ID}}.$$

模拟器 $\mathcal{B}$ 将 $H(ID)$ 记作该询问的应答。然后，在哈希列表中添加相应元组 $(ID, x_{ID}, y_{ID}, H(ID))$。

阶段 1。敌手在此阶段进行私钥询问。$\mathcal{A}$ 询问 ID 的私钥，令 $(ID, x_{ID}, y_{ID}, H(ID))$ 为哈希列表中对应的元组。模拟器随机选择 $r' \in \mathbb{Z}_p$，计算 d_{ID} 为

$$d_{ID} = ((g^b)^{r'}, g^{r'}(g^a)^{-1}, g^{r' y_{ID}} (g^a)^{-y_{ID}}, x_{ID}).$$

令 $r = r' - a$、$t_k = x_{ID}$，我们有

$$g_2^{\alpha+r} = g^{b(a+r'-a)} = (g^b)^{r'},$$

$$g^r = g^{r'-a} = g^{r'}(g^a)^{-1},$$

$$(H(ID)g_2^{t_k})^r = (g^{y_{ID}}g_2^{-x_{ID}}g_2^{x_{ID}})^{r'-a} = g^{r'y_{ID}}(g^a)^{-y_{ID}},$$

$$t_k = x_{ID}.$$

因此，d_{ID} 是 ID 对应的一个有效的私钥。

挑战。$\mathscr{A}$ 输出两个等长的消息 $m_0, m_1 \in \mathbb{G}_T$ 和一个挑战身份 ID^*。将向 H 询问的 ID^* 的哈希询问设为 $(ID^*, x_{ID^*}, y_{ID^*}, H(ID^*))$。

模拟器随机选择 $coin \in \{0,1\}$，并计算挑战密文 CT^* 为

$$CT^* = (g^{cy_{ID^*}}, g^c, x_{ID^*}, Z \cdot m_{coin}).$$

令 $s = c$、$t_c = x_{ID^*}$，如果 $Z = e(g,g)^{abc}$，则有

$$CT^* = (g^{cy_{ID^*}}, g^c, x_{ID^*}, Z \cdot m_{coin}) = ((H(ID^*)g_2^{t_c})^s, g^s, t_c, e(g_1, g_2)^s \cdot m_{coin}).$$

因此，CT^* 是对应挑战身份 ID^* 和消息 m_{coin} 正确的密文。

阶段 2。同阶段 1，但本阶段不允许对 ID^* 进行私钥询问。

猜测。$\mathscr{A}$ 输出对 $coin$ 的猜测结果 $coin'$。如果 $coin = coin'$，则模拟器输出 True；否则，输出 False。

至此，模拟和求解过程完成。接下来，进行正确性分析。

不可区分模拟。模拟的正确性已经在前面说明。模拟的随机性包括主密钥生成、哈希询问应答、私钥生成以及挑战密文生成过程中的所有随机数。它们是：

$$mpk: a, b,$$

$$H(ID): y_{ID} - x_{ID}b,$$

$$(r, t_k): r' - a, x_{ID},$$

$$CT^*: c, x_{ID^*}.$$

根据模拟过程可知，a、b、c、x_{ID}、y_{ID}、r_i' 都是随机值，那么随机性成立。因此，模拟与真实攻击是不可区分的。

成功模拟的概率。模拟过程中没有中止，因此成功模拟的概率为 1。

攻破挑战密文的概率。如果 Z 为 True，那么模拟与真实攻击是不可区分的。因此，敌手正确猜测出加密消息的概率为 $1/2 + \varepsilon/2$。如果 Z 为 False，那么该挑战密文明显是一次一密。由于消息是使用 Z 进行加密的，而 Z 是随机的且无法用给定的其他参数计算，因此敌手正确猜出加密消息

的概率只有 1/2。

优势和时间成本。解决 DBDH 问题的优势为

$$P_S(P_T - P_F) = \frac{1}{2} + \frac{\varepsilon}{2} - \frac{1}{2} = \frac{\varepsilon}{2}.$$

令 T_S 表示模拟的时间成本，我们有 $T_S = O(q_H + q_k)$，其主要来自预言机应答和密钥生成过程。因此，模拟器 $\mathscr{B}$ 将以 $(t + T_S, \varepsilon/2)$ 解决 DBDH 问题。

定理 9.3.0.1 的证明完成。

9.4 Sakai – Kasahara 基于身份加密方案

系统初始化：系统参数生成算法以安全参数 λ 作为输入，选择一个双线性对群 $\mathbb{PG} = (\mathbb{G}, \mathbb{G}_T, g, p, e)$，选择两个哈希函数 $H_1 : \{0,1\}^* \to \mathbb{Z}_p$、$H_2 : \{0,1\}^* \to \{0,1\}^n$，随机选择 $h \in \mathbb{G}$、$\alpha \in \mathbb{Z}_p$，计算 $g_1 = g^\alpha$，输出一个主公/私钥对 (mpk, msk)，其中

$$mpk = (\mathbb{PG}, g_1, h, H_1, H_2), \quad msk = \alpha.$$

密钥生成：密钥生成算法以一个身份 $ID \in \{0,1\}^*$ 和主公/私钥对 (mpk, msk) 作为输入，计算与 ID 对应的私钥 d_{ID}，其中

$$d_{ID} = h^{\frac{1}{\alpha + H_1(ID)}}.$$

加密：加密算法以消息 $m \in \{0,1\}^n$、身份 ID 和主公钥 mpk 作为输入，选择一个随机数 $r \in \mathbb{Z}_p$，计算密文 CT，

$$CT = (C_1, C_2) = ((g_1 g^{H_1(ID)})^r, H_2(e(g, h)^r) \oplus m).$$

解密：解密算法以密文 CT、私钥 d_{ID} 和主公钥 mpk 作为输入。令 $CT = (C_1, C_2)$，该算法计算 $C_2 \oplus H_2(e(C_1, d_{ID})) = m$，得到消息 m。

定理 9.4.0.1 假设哈希函数 H_1、H_2 是随机预言机。如果 q – BDHI 问题是困难的，那么 Sakai – Kasahara 基于身份加密方案在 IND – ID – CPA 安全模型下是可证明安全的，归约丢失为 $L = q_{H_1} q_{H_2}$，其中 q_{H_1}、q_{H_2} 分别是向随机预言机 H_1、H_2 进行哈希询问的次数。

证明：假设在 IND – ID – CPA 安全模型下存在一个能以 (t, q_k, ε) 攻破该加密方案的敌手 $\mathscr{A}$，我们拟构建一个模拟器 $\mathscr{B}$ 来解决 q – BDHI 问题。给定一个双线性对群 $\mathbb{PG}$ 上的问题实例 $(g, g^a, g^{a^2}, \cdots, g^{a^q})$，$\mathscr{B}$ 控制随机预

言机，运行 $\mathcal{A}$，并进行如下操作。

初始化。$\mathcal{B}$ 随机选择 $w^*, w_1, w_2, \cdots, w_q \in \mathbb{Z}_p$，令 $f(x) = \prod_{i=1}^{q} (x - w^* + w_i)$ 为 $\mathbb{Z}_p[x]$ 中的多项式，则 $f(x)$ 无零根。

模拟器 $\mathcal{B}$ 计算 $g_1 = g^{a-w^*}$、$h = g^{f(a)}$，其对应私钥为 $\alpha = a - w^*$，要求 $q = q_{H_1}$，其中 q_{H_1} 为向 H_1 进行哈希询问的次数。除两个哈希函数之外的主公钥可以由问题实例计算，两个哈希函数设为由模拟器控制的随机预言机。

H–询问。敌手在此阶段进行哈希询问。在敌手开始询问之前，$\mathcal{B}$ 随机选择 $i^* \in [1, q_{H_1}]$。然后，$\mathcal{B}$ 建立两个哈希列表来记录所有的询问和应答，哈希列表初始为空。

- 令 H_1 的第 i 个询问为 ID_i。如果哈希列表中已有 ID_i 对应的项，则 $\mathcal{B}$ 根据哈希列表应答该询问；否则，$\mathcal{B}$ 将 $H_1(ID_i)$ 设为

$$H_1(ID_i) = \begin{cases} w_i, & i \neq i^*, \\ w^*, & \text{其他}. \end{cases}$$

式中，w_i、w^* 是在初始化阶段选择的随机数。在模拟过程中，对哈希询问的应答不使用 w_{i^*}。模拟器将 $H_1(ID_i)$ 记作该询问的应答，并在哈希列表中添加相应元组 $(i, ID_i, w_i, H_1(ID_i))$ 或 $(i^*, ID_{i^*}, w^*, H_1(ID_i))$。

- 令 H_2 的第 i 个询问为 y_i。如果哈希列表中已有 y_i 对应的项，则 $\mathcal{B}$ 根据哈希列表应答该询问；否则，$\mathcal{B}$ 随机选择 $Y_i \in \{0,1\}^n$，将 $H_2(y_i) = Y_i$ 记作该询问的应答，并在哈希列表中添加相应元组 $(y_i, H_2(y_i))$。

阶段 1。敌手在此阶段进行私钥询问。$\mathcal{A}$ 询问 ID_i 的私钥，令 $(i, ID_i, w_i, H_1(ID_i))$ 为对应的元组。如果 $i = i^*$，就中止；否则，根据模拟过程，$H_1(ID_i) = w_i$。$f_{ID_i}(x)$ 定义为

$$f_{ID_i}(x) = \frac{f(x)}{x - w^* + w_i},$$

则 $f_{ID_i}(x)$ 是 x 的多项式。模拟器利用 $g, g^a, \cdots, g^{a^q}, f_{ID_i}(x)$ 计算 $d_{ID_i} = g^{f_{ID_i}(a)}$。因为

$$g^{f_{ID_i}(a)} = g^{\frac{f(a)}{a - w^* + w_i}} = h^{\frac{1}{\alpha + H_1(ID_i)}},$$

所以 d_{ID_i} 是 ID_i 对应的一个有效的私钥。

挑战。$\mathcal{A}$ 输出两个等长的消息 $m_0, m_1 \in \{0,1\}^n$ 和一个挑战身份 ID^*。设向 H_1 询问的 ID^* 的哈希询问为 $(i, ID^*, w_i, H_1(ID^*))$。如果 $i \neq i^*$，就

中止；否则，$i = i^*$，我们有 $H_1(ID^*) = w^*$。模拟器随机选择 $r' \in \mathbb{Z}_p$、$R \in \{0,1\}^n$，计算挑战密文 CT^*，

$$CT^* = (g^{r'}, R).$$

挑战密文 CT^* 可以看作用随机数 $r^* = \dfrac{r'}{a}$ 对消息 $m_c \in \{m_0, m_1\}$ 的加密，如果 $H_2(e(g,h)^{r^*}) = R \oplus m_c$，则

$$CT^* = (g^{r'}, R) = ((g_1 g^{H_1(ID^*)})^{r^*}, H_2(e(g,h)^{r^*}) \oplus m_c).$$

因此，如果没有询问过 $e(g,h)^{r^*}$，则从敌手的角度来看，挑战密文是正确的密文。

阶段 2。同阶段 1，但本阶段不允许对 ID^* 进行私钥询问。

猜测。$\mathscr{A}$ 输出一个猜测的结果或者 $\perp$。挑战哈希询问为

$$Q^* = e(g,h)^{r^*} = e(g,g)^{r' \frac{f(a)}{a}},$$

这是对随机预言机 H_2 的询问。模拟器从哈希列表 $(y_1, Y_1), (y_2, Y_2), \cdots, (y_{q_{H_2}}, Y_{q_{H_2}})$ 中随机选择一个值 y 作为挑战哈希询问。我们定义

$$r' \frac{f(x)}{x} = F(x) + \frac{d}{x},$$

式中，由 $x \nmid f(x)$ 可知 $F(x)$ 是一个 $q-1$ 次多项式；d 是一个非零整数。模拟器可以利用该哈希询问计算

$$\left(\frac{Q^*}{e(g,g)^{F(a)}} \right)^{\frac{1}{d}} = \left(\frac{e(g,g)^{\frac{r' f(a)}{a}}}{e(g,g)^{F(a)}} \right)^{\frac{1}{d}} = (e(g,g)^{\frac{d}{a}})^{\frac{1}{d}} = e(g,g)^{\frac{1}{a}}$$

作为 q – BDHI 问题实例的解。

至此，模拟和求解过程完成。接下来，进行正确性分析。

不可区分模拟。模拟的正确性已经在前面说明。模拟的随机性包括主密钥生成、哈希询问应答以及挑战密文生成过程中的所有随机数。它们是：

$$mpk: a - w^*, \ f(a) = \prod_{i=1}^{q} (x - w^* + w_i),$$

$$H(ID): w_1, \cdots, w_{i^*-1}, w^*, w_{i^*+1}, \cdots, w_q,$$

$$CT^*: \frac{r'}{a}.$$

根据模拟过程可知，$a, w_1, \cdots, w_q, w^*, r'$ 都是随机值，则随机性成立。因此，模拟与真实攻击是不可区分的。

成功模拟的概率。如果挑战身份 ID^* 是向随机预言机询问的第 i^* 个身份，则敌手不能询问其私钥。只有这样，询问阶段和挑战阶段的模拟才能成功。由于整个模拟过程共有 q_{H_1} 次 H_1 询问，因此成功概率为 $1/q_{H_1}$。

攻破挑战密文的优势。根据模拟过程可知，

- 如果 $H_2(e(g,h)^{r^*}) = R \oplus m_0$ 成立，则该挑战密文是 m_0 的密文。
- 如果 $H_2(e(g,h)^{r^*}) = R \oplus m_1$ 成立，则该挑战密文是 m_1 的密文。

如果敌手从未向随机预言机询问 $Q^* = e(g,h)^{r^*}$，那么它在攻破挑战密文时没有优势。

求解概率。根据定义和模拟过程，如果敌手未向随机预言机 H_2 询问过 $Q^* = e(g,h)^{r^*}$，则敌手在猜测加密消息时没有优势。根据攻破假设，敌手以 ε 的优势猜测所选消息，由引理 4.11.1 可知，敌手向随机预言机询问 $Q^* = e(g,h)^{r^*}$ 的概率也为 ε。因此，$y = Q^* = e(g,h)^{r^*}$ 的概率为 ε/q_{H_2}。

优势和时间成本。令 T_S 表示模拟的时间成本，我们有 $T_S = O(q_k q_{H_1})$，其主要来自密钥生成过程。因此，模拟器 $\mathscr{B}$ 将以 $\left(t + T_S, \dfrac{\varepsilon}{q_{H_1} q_{H_2}}\right)$ 解决 q – BDHI 问题。

定理 9.4.0.1 的证明完成。

第10章

无随机预言机模型下的
基于身份加密方案

　　本章将介绍 Boneh – Boyen 基于身份加密方案[20]，该方案在 DBDH 假设下是选择性安全的；介绍 CCA 安全模型下的 Boneh – Boyen 基于身份加密方案变形体，该加密方案没有使用一次签名[28]，而是使用变色龙哈希函数[94]；介绍 Waters 基于身份加密方案[101]和 Gentry 基于身份加密方案[47]，它们分别在 C 型和 I 型下是全安全的。本章给出的加密方案和（或）其证明可能与原文献略有不同。

10.1 Boneh – Boyen 基于身份加密方案

　　系统初始化：系统参数生成算法以安全参数 λ 作为输入，选择一个双线性对群 $\mathbb{PG} = (\mathbb{G}, \mathbb{G}_T, g, p, e)$，随机选择 $g_2, h, u, v \in \mathbb{G}$、$\alpha \in \mathbb{Z}_p$，计算 $g_1 = g^\alpha$，选择一个哈希函数 $H: \{0,1\}^* \to \mathbb{Z}_p$、一个强不可伪造的一次签名方案 $\mathscr{S}$，输出一个主公/私钥对 (mpk, msk)，其中

$$mpk = (\mathbb{PG}, g_1, g_2, h, u, v, H, \mathscr{S}), \quad msk = \alpha.$$

　　密钥生成：密钥生成算法以一个身份 $ID \in \mathbb{Z}_p$ 和主公/私钥对 (mpk, msk) 作为输入，选择一个随机数 $r \in \mathbb{Z}_p$，计算 ID 的私钥 d_{ID}，其中

$$d_{ID} = (d_1, d_2) = (g_2^\alpha (hu^{ID})^r, g^r).$$

加密：加密算法以消息 $m \in \mathbb{G}_T$、身份 ID 和主公钥 mpk 作为输入。加密流程如下：

- 运行 $\mathscr{S}$ 的密钥生成算法生成密钥对 (opk, osk)。
- 选择一个随机数 $s \in \mathbb{Z}_p$，计算

$$(C_1, C_2, C_3, C_4) = ((hu^{ID})^s, (hv^{H(opk)})^s, g^s, e(g_1, g_2)^s \cdot m).$$

- 运行 $\mathscr{S}$ 的签名算法用密钥 osk 对 (C_1, C_2, C_3, C_4) 进行签名。令对应的签名为 σ。

将 m 的密文记为

$$CT = (C_1, C_2, C_3, C_4, C_5, C_6)$$
$$= ((hu^{ID})^s, (hv^{H(opk)})^s, g^s, e(g_1, g_2)^s \cdot m, \sigma, opk).$$

解密：解密算法以密文 $CT = (C_1, C_2, C_3, C_4, C_5, C_6)$、私钥 d_{ID} 和主公钥 mpk 作为输入。解密流程如下：

- 使用公钥 C_6 验证 C_5 是 (C_1, C_2, C_3, C_4) 的签名。
- 选择一个随机数 $t \in \mathbb{Z}_p$，计算 $d_{ID|opk}$，

$$d_{ID|opk} = (d_1', d_2', d_3') = (g_2^\alpha (hu^{ID})^r (hv^{H(opk)})^t, g^r, g^t).$$

- 计算消息 m，

$$\frac{e(C_1, d_2') e(C_2, d_3')}{e(C_3, d_1')} \cdot C_4 = \frac{e((hu^{ID})^s, g^r) e((hv^{H(opk)})^s, g^t)}{e(g^s, g_2^\alpha (hu^{ID})^r (hv^{H(opk)})^t)} \cdot C_4$$
$$= e(g_1, g_2)^{-s} \cdot e(g_1, g_2)^s m$$
$$= m.$$

定理 10.1.0.1　如果 DBDH 问题是困难的，且所用的一次签名方案具有强不可伪造性，那么 Boneh – Boyen 基于身份加密方案在 IND – sID – CCA 安全模型下是可证明安全的，归约丢失为 $L = 2$。

证明：假设在 IND – sID – CCA 安全模型下存在一个能以 $(t, q_k, q_d, \varepsilon)$ 攻破该加密方案的敌手 $\mathscr{A}$，我们拟构建一个模拟器 $\mathscr{B}$ 来解决 DBDH 问题。给定一个双线性对群 $\mathbb{PG}$ 上的问题实例 (g, g^a, g^b, g^c, Z)，$\mathscr{B}$ 运行 $\mathscr{A}$，并进行如下操作。

承诺。 敌手输出一个挑战身份 $ID^* \in \mathbb{Z}_p$。

初始化。 令 H 为密码哈希函数，$\mathscr{S}$ 是一个安全的一次签名方案。$\mathscr{B}$ 模拟主公钥中的其他参数，

- 运行 $\mathscr{S}$，生成密钥对 (opk^*, osk^*)。

- 随机选择 $x_1, x_2, x_3 \in \mathbb{Z}_p$。
- 计算主公钥

$$g_1 = g^a, g_2 = g^b, h = g^{-b+x_1}, u = g^{\frac{b}{ID^*}+x_2}, v = g^{\frac{b}{H(opk^*)}+x_3},$$

其对应私钥为 $\alpha = a$，a、b 来自问题实例。因此，主公钥可以由问题实例和所选参数计算。

根据上述的模拟过程，我们有

$$hu^{ID} = g^{b\left(\frac{ID}{ID^*}-1\right)+(x_1+ID \cdot x_2)},$$

$$hv^{H(opk)} = g^{b\left(\frac{H(opk)}{H(opk^*)}-1\right)+(x_1+H(opk) \cdot x_3)}.$$

阶段 1。敌手在此阶段进行私钥询问和解密询问。

私钥询问：$\mathscr{A}$ 询问 ID（$ID \neq ID^*$）的私钥，令 $hu^{ID} = g^{w_1b+w_2}$。模拟器随机选择 $r' \in \mathbb{Z}_p$，计算 d_{ID}，其中

$$d_{ID} = \left((g^a)^{-\frac{w_2}{w_1}}(hu^{ID})^{r'}, (g^a)^{-\frac{1}{w_1}}g^{r'}\right).$$

令 $r = -\frac{a}{w_1} + r'$，我们有

$$g_2^{\alpha}(hu^{ID})^r = g^{ab} \cdot (g^{w_1b+w_2})^{-\frac{a}{w_1}+r'} = (g^a)^{-\frac{w_2}{w_1}}(hu^{ID})^{r'},$$

$$g^r = (g^a)^{-\frac{1}{w_1}}g^{r'}.$$

因此，d_{ID} 是 ID 对应的一个有效的私钥。

解密询问：$\mathscr{A}$ 询问 (ID, CT) 的解密结果，令 $CT = (C_1, C_2, C_3, C_4, C_5, C_6)$。如果密文可以通过验证，那么根据定义和模拟过程，$C_6 = opk$ 一定不等于 opk^*，且 $H(opk) \neq H(opk^*)$。令 $hv^{H(opk)} = g^{w_3b+w_4}$，模拟器随机选择 $r, t' \in \mathbb{Z}_p$，计算 $d_{ID|opk} = (d'_1, d'_2, d'_3)$，

$$d_{ID|opk} = \left((hu^{ID})^r(g^a)^{-\frac{w_4}{w_3}}(hv^{H(opk)})^{t'}, g^r, (g^a)^{-\frac{1}{w_3}}g^{t'}\right).$$

令 $t = -\frac{a}{w_3} + t'$，我们有

$$g_2^{\alpha}(hu^{ID})^r(hv^{H(opk)})^t = g^{ab} \cdot (hu^{ID})^r \cdot (g^{w_3b+w_4})^{-\frac{a}{w_3}+t'}$$

$$= (hu^{ID})^r \cdot (g^a)^{-\frac{w_4}{w_3}}(hv^{H(opk)})^{t'},$$

$$g^t = (g^a)^{-\frac{1}{w_3}}g^{t'}.$$

因此，$d_{ID|opk}$ 是 $ID|opk$ 对应的一个有效私钥。模拟器用该私钥解密密文 CT。

挑战。$\mathscr{A}$ 输出两个等长的消息 $m_0, m_1 \in \mathbb{G}_T$ 进行挑战。模拟器随机选择 $coin \in \{0,1\}$，计算挑战密文 CT^*，

$$CT^* = (C_1^*, C_2^*, C_3^*, C_4^*, C_5^*, C_6^*)$$
$$= (g^{c(x_1 + ID^* \cdot x_2)}), g^{c(x_1 + H(opk^*) \cdot x_3)}, g^c, Z \cdot m_{coin}, \sigma^*, opk^*),$$

式中，σ^* 是使用 opk^* 对 $(C_1^*, C_2^*, C_3^*, C_4^*)$ 的签名。令 $s = c$，如果 $Z = e(g,g)^{abc}$，我们有

$$(hu^{ID^*})^s = g^{bc\left(\frac{ID^*}{ID^*} - 1\right) + c(x_1 + ID^* \cdot x_2)} = (g^c)^{x_1 + ID^* \cdot x_2},$$

$$(hv^{H(opk^*)})^s = g^{bc\left(\frac{H(opk^*)}{H(opk^*)} - 1\right) + c(x_1 + H(opk^*) \cdot x_3)} = (g^c)^{x_1 + H(opk^*) \cdot x_3},$$

$$g^s = g^c,$$

$$e(g_1, g_2)^s \cdot m_{coin} = Z \cdot m_{coin}.$$

因此，CT^* 是一个正确的挑战密文。

阶段 2。同阶段 1，但本阶段既不允许对 ID^* 进行私钥询问，也不允许对 (ID^*, CT^*) 进行解密询问。

猜测。$\mathcal{A}$ 输出对 $coin$ 猜测的结果 $coin'$。如果 $coin' = coin$，则模拟器输出 True；否则，模拟器输出 False。

至此，模拟和求解过程完成。接下来，进行正确性分析。

不可区分模拟。根据一次签名方案具有强不可伪造性的假设，敌手不能对 $opk = opk'$ 的密文进行解密询问。如果 $opk \neq opk'$，则模拟器总可以生成对应的私钥来解密密文。因此，模拟器可以执行一次完美的解密模拟。

模拟的正确性已经在前面说明。模拟的随机性包括主密钥生成、私钥生成以及挑战密文生成过程中的所有随机数。它们是：

$$mpk: a, b, -b + x_1, \frac{b}{ID^*} + x_2, \frac{b}{H(opk^*)} + x_3,$$

$$sk_{ID}: -\frac{a}{w_1} + r',$$

$$CT^*: c.$$

根据模拟过程可知，$a, b, x_1, x_2, x_3, r', c$ 都是随机值，则随机性成立。因此模拟与真实攻击是不可区分的。

成功模拟的概率。模拟过程中没有中止，因此成功模拟的概率为 1。

攻破挑战密文的概率。如果 Z 为 True，那么模拟与真实攻击是不可区分的。因此，敌手正确猜测出加密消息的概率为 $1/2 + \varepsilon/2$。如果 Z 为 False，且没有解密询问，挑战密文是采用随机且敌手不知道的 Z 加密的，那么该挑战密文显然是一次一密。在模拟过程中，Z 独立于挑战解密密钥。因此，解密询问不能帮助敌手找到 Z 去攻破挑战密文，敌手正确猜测出加

密消息的概率只有 $1/2$。

优势和时间成本。解决 DBDH 问题的优势为

$$P_S(P_T - P_F) = \frac{1}{2} + \frac{\varepsilon}{2} - \frac{1}{2} = \frac{\varepsilon}{2}.$$

令 T_S 表示模拟的时间成本，我们有 $T_S = O(q_k + q_d)$，其主要来自密钥生成和解密过程。因此，模拟器 $\mathcal{B}$ 将以 $(t + T_S, \varepsilon/2)$ 解决 DBDH 问题。

定理 10.1.0.1 的证明完成。

10.2　Boneh – Boyen $^+$ 基于身份加密方案

系统初始化：系统参数生成算法以安全参数 λ 作为输入，选择一个双线性对群 $\mathbb{PG} = (\mathbb{G}, \mathbb{G}_T, g, p, e)$，随机选择 $g_2, h, u, v, w \in \mathbb{G}$，$\alpha \in \mathbb{Z}_p$，计算 $g_1 = g^\alpha$，选择一个哈希函数 $H: \{0, 1\}^* \to \mathbb{Z}_p$，输出一个主公/私钥对 (mpk, msk)，其中

$$mpk = (\mathbb{PG}, g_1, g_2, h, u, v, w, H), \quad msk = \alpha.$$

密钥生成：密钥生成算法以一个身份 $ID \in \mathbb{Z}_p$ 和主公/私钥对 (mpk, msk) 作为输入，选择一个随机数 $r \in \mathbb{Z}_p$，计算 ID 的私钥 d_{ID}，其中

$$d_{ID} = (d_1, d_2) = (g_2^\alpha (hu^{ID})^r, g^r).$$

加密：加密算法以消息 $m \in \mathbb{G}_T$、身份 ID 和主公钥 mpk 作为输入。选择一个随机数 $s, z \in \mathbb{Z}_p$，输出密文

$$\begin{aligned} CT &= (C_1, C_2, C_3, C_4, C_5) \\ &= ((hu^{ID})^s, (hv^{H(C)} w^z)^s, g^s, e(g_1, g_2)^s \cdot m, z), \end{aligned}$$

式中，$C = (C_1, C_3, C_4)$。

解密：解密算法以密文 $CT = (C_1, C_2, C_3, C_4, C_5)$、私钥 d_{ID} 和主公钥 mpk 作为输入。令 $C = (C_1, C_3, C_4)$，解密流程如下：

- 验证

$$e(C_1, g) = e(hu^{ID}, C_3) \text{ 和 } e(C_2, g) = e(hv^{H(C)} w^{C_5}, C_3).$$

- 选择一个随机数 $t \in \mathbb{Z}_p$，计算 $d_{ID|CT}$，

$$d_{ID|CT} = (d_1', d_2', d_3') = (g_2^\alpha (hu^{ID})^r (hv^{H(C)} w^{C_5})^t, g^r, g^t).$$

- 计算明文消息 m：

$$\frac{e(C_1,d_2')e(C_2,d_3')}{e(C_3,d_1')} \cdot C_4 = \frac{e((hu^{ID})^s,g^r)e((hv^{H(C)}w^{C_5})^s,g^t)}{e(g^s,g_2^\alpha(hu^{ID})^r(hv^{H(C)}w^{C_5})^t)} \cdot C_4$$

$$= e(g_1,g_2)^{-s} \cdot e(g_1,g_2)^s m$$

$$= m.$$

定理 10.2.0.1　如果 DBDH 问题是困难的，那么 Boneh - Boyen$^+$ 基于身份加密方案在 IND - sID - CCA 安全模型下是可证明安全的，归约丢失为 $L=2$。

证明：假设在 IND - sID - CCA 安全模型下存在一个能以 (t,q_k,q_d,ε) 攻破该加密方案的敌手 $\mathscr{A}$，我们拟构建一个模拟器 $\mathscr{B}$ 来解决 DBDH 问题。给定一个双线性对群 $\mathbb{PG}$ 上的问题实例 (g,g^a,g^b,g^c,Z)，$\mathscr{B}$ 运行 $\mathscr{A}$，并进行如下操作。

承诺。敌手输出一个挑战身份 $ID^* \in \mathbb{Z}_p$。

初始化。令 H 为密码哈希函数。$\mathscr{B}$ 随机选择 $x_1,x_2,x_3,x_4,y_1,y_2 \in \mathbb{Z}_p$，计算主公钥

$$g_1=g^a,g_2=g^b,h=g^{-b+x_1},u=g^{\frac{b}{ID^*}+x_2},v=g^{y_1b+x_3},w=g^{y_2b+x_4},$$

其对应私钥为 $\alpha=a$。因此，主公钥可以由问题实例和所选参数计算。根据上述的模拟过程可知，

$$hu^{ID}=g^{b\left(\frac{ID}{ID^*}-1\right)+(x_1+ID\cdot x_2)},$$

$$hv^{H(C)}w^z=g^{b(y_1H(C)+y_2z-1)+(x_1+H(C)\cdot x_3+zx_4)}.$$

阶段 1。敌手在此阶段进行私钥询问和解密询问。

私钥询问：$\mathscr{A}$ 询问 ID（$ID \neq ID^*$）的私钥，令 $hu^{ID}=g^{w_1b+w_2}$。模拟器随机选择 $r' \in \mathbb{Z}_p$，计算 d_{ID}，

$$d_{ID}=((g^a)^{-\frac{w_2}{w_1}}(hu^{ID})^{r'},(g^a)^{-\frac{1}{w_1}}g^{r'}).$$

令 $r=-\frac{q}{w_1}+r'$，我们有

$$g_2^\alpha(hu^{ID})^r=g^{ab}\cdot(g^{w_1b+w_2})^{-\frac{a}{w_1}+r'}=(g^a)^{-\frac{w_2}{w_1}}(hu^{ID})^{r'},$$

$$g^r=(g^a)^{-\frac{1}{w_1}}g^{r'}.$$

因此，d_{ID} 是 ID 对应的一个有效的私钥。

解密询问：$\mathscr{A}$ 询问 (ID,CT) 的解密结果，令 $CT=(C_1,C_2,C_3,C_4,C_5)$，$C=(C_1,C_3,C_4)$。如果 $ID \neq ID^*$，则模拟器可以生成对应的私钥执行解密；否则，$ID=ID^*$，只有解密询问能通过验证，模拟器才继续解密。如果

$y_1 H(C) + y_2 C_5 - 1 = 0$，则模拟中止；否则，令 $hv^{H(C)} w^{C_5} = g^{w_3 b + w_4}$，我们有 $w_3 \neq 0$。模拟器随机选择 $r, t' \in \mathbb{Z}_p$，计算 $d_{ID|CT} = (d'_1, d'_2, d'_3)$，

$$d_{ID|CT} = ((hu^{ID})^r (g^a)^{-\frac{w_4}{w_3}} (hv^{H(C)} w^{C_5})^{t'}, g^r, (g^a)^{-\frac{1}{w_3}} g^{t'}).$$

令 $t = -\dfrac{a}{w_3} + t'$，我们有

$$g_2^\alpha (hu^{ID})^r (hv^{H(C)} w^{C_5})^t = g^{ab} \cdot (hu^{ID})^r \cdot (g^{w_3 b + w_4})^{-\frac{a}{w_3} + t'}$$

$$= (hu^{ID})^r \cdot (g^a)^{-\frac{w_4}{w_3}} (hv^{H(C)} w^{C_5})^{t'},$$

$$g^t = (g^a)^{-\frac{1}{w_3}} g^{t'}.$$

因此，$d_{ID|CT}$ 是 $ID|CT$ 的一个有效私钥，模拟器可以用该私钥解密密文 CT。

挑战。$\mathscr{A}$ 输出两个等长的消息 $m_0, m_1 \in \mathbb{G}_T$ 进行挑战。模拟器随机选择 $coin \in \{0, 1\}$，计算挑战密文 CT^*，

$$CT^* = (C_1^*, C_2^*, C_3^*, C_4^*, C_5^*)$$

$$= (g^{c(x_1 + ID^* \cdot x_2)}, g^{c(x_1 + H(C^*) \cdot x_3) + z^* x_4}, g^c, Z \cdot m_{coin}, z^*).$$

式中，$C^* = (C_1^*, C_3^*, C_4^*)$；$z^*$ 满足 $y_1 H(C^*) + y_2 z^* - 1 = 0$。令 $s = c$，如果 $Z = e(g, g)^{abc}$，则我们有

$$(hu^{ID^*})^s = g^{bc\left(\frac{ID^*}{ID^*} - 1\right) + c(x_1 + ID^* \cdot x_2)} = (g^c)^{x_1 + ID^* \cdot x_2},$$

$$(hv^{H(C^*)} w^{C_5^*})^s = g^{bc(y_1 H(C^*) + y_2 z^* - 1) + c(x_1 + H(C^*) x_3 + z^* x_4)} = (g^c)^{x_1 + H(C^*) x_3 + z^* x_4},$$

$$g^s = g^c,$$

$$e(g_1, g_2)^s \cdot m_{coin} = Z \cdot m_{coin}.$$

因此，CT^* 是一个正确的挑战密文。

阶段2。同阶段1，但本阶段既不允许对 ID^* 进行私钥询问，也不允许对 (ID^*, CT^*) 进行解密询问。

猜测。$\mathscr{A}$ 输出对 $coin$ 猜测的结果 $coin'$。如果 $coin' = coin$，则模拟器输出 True；否则，模拟器输出 False。

至此，模拟和求解过程完成。接下来，进行正确性分析。

不可区分模拟。根据模拟过程，给定一个用于解密的密文 $CT = (C_1, C_2, C_3, C_4, C_5)$，如果 $ID \neq ID^*$，则模拟器可以执行一次完美的解密模拟。如果 $ID = ID^*$，则有以下情况：

- $y_1 H(C) + y_2 C_5 - 1 = 0$。模拟器中止，因为它无法计算相应的私

钥 $d_{ID^* | CT}$。

- $y_1 H(C) + y_2 C_5 - 1 \neq 0$。模拟器可以计算出相应的私钥 $d_{ID^*} |_{CT}$ 进行解密。

如果敌手在计算 $C_5 = \dfrac{1 - y_1 H(C)}{y_2}$ 时没有优势，那么模拟器将成功执行解密模拟（概率接近 1）。敌手可以从给定的参数中获取

$$a, b, -b + x_1, \frac{b}{ID^*} + x_2, y_1 b + x_3, y_2 b + x_4, -\frac{a}{w_1} + r', c, \frac{1 - y_1 H(C^*)}{y_2}.$$

由于 x_1、x_2、x_3、x_4、y_1、y_2 都是随机值，因此上述整数以及 $\dfrac{1 - y_1 H(C)}{y_2}$ 是随机且独立的。

模拟的正确性已经在前面说明。模拟的随机性包括主密钥生成、私钥生成以及挑战密文生成过程中的所有随机数。它们是：

$$a, b, -b + x_1, \frac{b}{ID^*} + x_2, y_1 b + x_3, y_2 b + x_4, -\frac{a}{w_1} + r', c, \frac{1 - y_1 H(C^*)}{y_2}.$$

根据上述对解密模拟的分析可知，它们都是随机值。因此，模拟与真实攻击是不可区分的。

成功模拟的概率。除解密询问过程的 $C_5 = \dfrac{1 - y_1 H(C)}{y_2}$，模拟过程中没有其他中止，因此模拟成功的概率为 $1 - \dfrac{q_d}{p - q_d} \approx 1$。这里，$C_5$ 的第 i 个自适应选择等于随机数 $\dfrac{1 - y_1 H(C)}{y_2}$ 的概率为 $1/(p - i + 1)$。

攻破挑战密文的概率。如果 Z 为 True，那么模拟与真实攻击是不可区分的。因此，敌手正确猜测出加密消息的概率为 $1/2 + \varepsilon/2$。如果 Z 为 False，且没有解密询问，那么消息是用随机且敌手不知道的 Z 加密的，该挑战密文是一次一密。在模拟过程中，Z 独立于挑战解密密钥。因此，解密询问不能帮助敌手找到 Z 来攻破挑战密文，敌手正确猜测出加密消息的概率只有 $1/2$。

优势和时间成本。解决 DBDH 问题的优势为

$$P_S(P_T - P_F) = \frac{1}{2} + \frac{\varepsilon}{2} - \frac{1}{2} = \frac{\varepsilon}{2}.$$

令 T_S 表示模拟的时间成本，我们有 $T_S = O(q_k + q_d)$，其主要来自密钥生成和解密过程。因此，模拟器 $\mathcal{B}$ 将以 $(t + T_S, \varepsilon/2)$ 解决 DBDH 问题。

定理 10.2.0.1 的证明完成。

10.3　Waters 基于身份加密方案

系统初始化：系统参数生成算法以安全参数 λ 作为输入，选择一个双线性对群 $\mathbb{PG} = (\mathbb{G}, \mathbb{G}_T, g, p, e)$，随机选择 $g_2, u_0, u_1, u_2, \cdots, u_n \in \mathbb{G}$、$\alpha \in \mathbb{Z}_p$，计算 $g_1 = g^\alpha$，输出一个主公/私钥对 (mpk, msk)，其中

$$mpk = (\mathbb{PG}, g_1, g_2, u_0, u_1, \cdots, u_n), \quad msk = \alpha.$$

密钥生成：密钥生成算法以一个身份 $ID \in \{0,1\}^n$ 和主公/私钥对 (mpk, msk) 作为输入，令 $ID[i]$ 为 ID 的第 i 比特，选择一个随机数 $r \in \mathbb{Z}_p$，计算 ID 的私钥 d_{ID}，其中

$$d_{ID} = (d_1, d_2) = \left(g_2^\alpha \left(u_0 \prod_{i=1}^n u_i^{ID[i]} \right)^r, g^r \right).$$

加密：加密算法以消息 $m \in \mathbb{G}_T$、身份 ID 和主公钥 mpk 作为输入，选择一个随机数 $s \in \mathbb{Z}_p$，输出密文 CT，其中

$$CT = \left(\left(u_0 \prod_{i=1}^n u_i^{ID[i]} \right)^s, g^s, e(g_1, g_2)^s \cdot m \right).$$

解密：解密算法以密文 CT、私钥 d_{ID} 和主公钥 mpk 作为输入。令 $CT = (C_1, C_2, C_3)$，它通过计算下式来解密获得消息：

$$\frac{e(C_1, d_2)}{e(C_2, d_1)} \cdot C_3 = \frac{e\left(\left(u_0 \prod_{i=1}^n u_i^{ID[i]} \right)^s, g^r \right)}{e\left(g^s, g_2^\alpha \left(u_0 \prod_{i=1}^n u_i^{ID[i]} \right)^r \right)} \cdot C_3$$

$$= e(g_1, g_2)^{-s} \cdot e(g_1, g_2)^s m$$

$$= m.$$

定理 10.3.0.1　如果 DBDH 问题是困难的，那么 Waters 基于身份加密方案在 IND-ID-CPA 安全模型下是可证明安全的，归约丢失为 $L = 8(n+1)q_k$，其中 q_k 是进行私钥询问的次数。

证明：假设在 IND-ID-CPA 安全模型下存在一个能以 (t, q_k, ε) 攻破该加密方案的敌手 $\mathscr{A}$，我们拟构建一个模拟器 $\mathscr{B}$ 来解决 DBDH 问题。给定一个双线性对群 $\mathbb{PG}$ 上的问题实例 (g, g^a, g^b, g^c, Z)，$\mathscr{B}$ 运行 $\mathscr{A}$，并进

行如下操作。

初始化。$\mathscr{B}$ 设 $q = 2q_k$，随机选择 $k, x_0, x_1, \cdots, x_n, y_0, y_1, \cdots, y_n$，其中，

$$k \in [0, n],$$

$$x_0, x_1, \cdots, x_n \in [0, q-1],$$

$$y_0, y_1, \cdots, y_n \in \mathbb{Z}_p.$$

计算主公钥

$$g_1 = g^a, \quad g_2 = g^b, \quad u_0 = g^{-kqa + x_0 a + y_0}, \quad u_i = g^{x_i a + y_i},$$

其对应私钥为 $\alpha = a$。主公钥可以由问题实例和所选参数计算。

定义 $F(ID)$、$J(ID)$、$K(ID)$ 为

$$F(ID) = -kq + x_0 + \sum_{i=1}^{n} ID[i] \cdot x_i,$$

$$J(ID) = y_0 + \sum_{i=1}^{n} ID[i] \cdot y_i,$$

$$K(ID) = \begin{cases} 0, & x_0 + \sum_{i=1}^{n} ID[i] \cdot x_i = 0 \bmod q, \\ 1, & \text{其他}. \end{cases}$$

我们有

$$u_0 \prod_{i=1}^{n} u_i^{ID[i]} = g^{F(ID)a + J(ID)}.$$

阶段 1。敌手在此阶段进行私钥询问。$\mathscr{A}$ 询问 ID 的私钥，如果 $K(ID) = 0$，则模拟器中止；否则，模拟器随机选择 $r' \in \mathbb{Z}_p$，计算私钥 d_{ID}，其中

$$d_{ID} = (d_1, d_2) = \left(g_2^{-\frac{J(ID)}{F(ID)}} \left(u_0 \prod_{i=1}^{n} u_i^{ID[i]} \right)^{r'}, g_2^{-\frac{1}{F(ID)}} g^{r'} \right).$$

由上式可知，模拟器可以利用 $g, g_1, F(ID), J(ID), r', ID$ 和主公钥计算出 d_{ID}。

令 $r = -\dfrac{b}{F(ID)} + r'$，我们有

$$g_2^{\alpha} \left(u_0 \prod_{i=1}^{n} u_i^{ID[i]} \right)^{r} = g^{ab} \left(g^{F(ID)a + J(ID)} \right)^{-\frac{b}{F(ID)} + r'}$$

$$= g^{ab} \cdot g^{-ab + r'F(ID)a - \frac{J(ID)}{F(ID)}b + J(ID)r'}$$

$$= g^{-\frac{J(ID)}{F(ID)}b} g^{r'(F(ID)a + J(ID))}$$

$$= g_2^{-\frac{J(ID)}{F(ID)}} \left(u_0 \prod_{i=1}^{n} u_i^{ID[i]} \right)^{r'},$$

$$g^r = g^{-\frac{b}{F(ID)}+r'}$$
$$= g_2^{-\frac{1}{F(ID)}} g^{r'}.$$

因此，d_{ID} 是 ID 对应的一个有效的私钥。

挑战。$\mathcal{A}$ 输出两个等长的消息 $m_0, m_1 \in \mathbb{G}_T$ 和挑战身份 $ID^* \in \{0,1\}^n$。根据加密和模拟过程，如果 $F(ID^*) \neq 0$，就中止；否则，$F(ID^*) = 0$ 且

$$u_0 \prod_{i=1}^n u_i^{ID[i]} = g^{F(ID^*)a+J(ID^*)} = g^{J(ID^*)}.$$

模拟器随机选择 $coin \in \{0,1\}$，计算挑战密文 CT^*，

$$CT^* = (C_1^*, C_2^*, C_3^*) = ((g^c)^{J(ID^*)}, g^c, Z \cdot m_{coin}).$$

式中，C、Z 来自问题实例。令 $s = c$，如果 $Z = e(g,g)^{abc}$，则有

$$\left(u_0 \prod_{i=1}^n u_i^{ID^*[i]}\right)^s = (g^{J(ID^*)})^c = (g^c)^{J(ID^*)},$$

$$g^s = g^c,$$

$$e(g_1, g_2)^s \cdot m_{coin} = Z \cdot m_{coin}.$$

因此，CT^* 是一个正确的挑战密文。

阶段 2。同阶段 1，但本阶段不允许对 ID^* 进行私钥询问。

猜测。$\mathcal{A}$ 输出对 $coin$ 猜测的结果 $coin'$。如果 $coin' = coin$，则模拟器输出 True；否则，模拟器输出 False。

至此，模拟和求解过程完成。接下来，进行正确性分析。

不可区分模拟。模拟的正确性在前面已经说明。模拟的随机性包括主密钥生成、私钥生成以及挑战密文生成过程中的所有随机数。它们是：

$$mpk: a, b, -kqa + x_0a + y_0, x_1a + y_1, x_2a + y_2, \cdots, x_na + y_n,$$

$$d_{ID}: -\frac{b}{F(ID)} + r',$$

$$CT^*: c.$$

由于 a、b、$y_0, y_1, \cdots, y_n$、r'、c 都是随机值，故随机性成立。因此，模拟与真实攻击是不可区分的。

成功模拟的概率。如果在询问阶段和挑战阶段没有发生中止，则模拟是成功的，即

$$K(ID_1) = K(ID_2) = \cdots = K(ID_{q_k}) = 1, F(ID^*) = 0.$$

那么，我们有

$$0 \leqslant x_0 + \sum_{i=1}^{n} ID[i] x_i \leqslant (n+1)(q-1),$$

式中，区间 $[0,(n+1)(q-1)]$ 包含整数 $0q,1q,2q,\cdots,nq(n<q)$。

令 $X = x_0 + \sum_{i=1}^{n} ID[i] x_i$，因为所有 x_i 和 k 都是随机选择的，故我们有

$$\Pr[F(ID_i)=0] = \Pr[X=0 \bmod q] \cdot \Pr[X=kq \mid X=0 \bmod q] = \frac{1}{(n+1)q}.$$

对于任意的 i，(ID_i,ID^*) 至少相差一个比特，那么 $K(ID_i)$ 和 $F(ID^*)$ 至少有一个 x_j 的系数不同，我们有

$$\Pr[K(ID_i)=0 \mid F(ID^*)=0] = \frac{1}{q}.$$

基于以上结果，我们有

$$\Pr[K(ID_1)=1 \wedge \cdots \wedge K(ID_{q_k})=1 \wedge F(ID^*)=0]$$

$$= \Pr[K(ID_1)=1 \wedge \cdots \wedge K(ID_{q_k})=1 \mid F(ID^*)=0] \cdot \Pr[F(ID^*)=0]$$

$$= (1 - \Pr[K(ID_1)=0 \vee \cdots \vee K(ID_{q_k})=0 \mid F(ID^*)=0]) \cdot \Pr[F(ID^*)=0]$$

$$\geqslant \left(1 - \sum_{i=1}^{q_k} \Pr[K(ID_i)=0 \mid F(ID^*)=0]\right) \cdot \Pr[F(ID^*)=0]$$

$$= \frac{1}{(n+1)q} \cdot \left(1 - \frac{q_k}{q}\right)$$

$$= \frac{1}{4(n+1)q_k}.$$

攻破挑战密文的概率。如果 Z 为 True，那么模拟与真实攻击是不可区分的。因此，敌手正确猜测出加密消息的概率为 $1/2 + \varepsilon/2$。如果 Z 为 False，由于消息是用随机且敌手不知道的 Z 加密的，那么该挑战密文显然是一次一密。因此，敌手正确猜出加密消息的概率只有 $1/2$。

优势和时间成本。解决 DBDH 问题的优势为

$$P_S(P_T - P_F) = \frac{1}{4(n+1)q_k}\left(\frac{1}{2} + \frac{\varepsilon}{2} - \frac{1}{2}\right) = \frac{\varepsilon}{8(n+1)q_k}.$$

令 T_S 表示模拟的时间成本，我们有 $T_S = O(q_k)$，其主要来自密钥生成过程。因此，模拟器 $\mathscr{B}$ 将以 $\left(t + T_S, \frac{\varepsilon}{8(n+1)q_k}\right)$ 解决 DBDH 问题。

定理 10.3.0.1 的证明完成。

10.4　Gentry 基于身份加密方案

系统初始化：系统参数生成算法以安全参数 λ 作为输入，选择一个双线性对群 $\mathbb{PG} = (\mathbb{G}, \mathbb{G}_T, g, p, e)$，选择一个哈希函数 $H : \{0,1\}^* \to \mathbb{Z}_p$，随机选择 $\alpha, \beta_1, \beta_2, \beta_3 \in \mathbb{Z}_p$，计算 $g_1 = g^\alpha$、$h_1 = g^{\beta_1}$、$h_2 = g^{\beta_2}$、$h_3 = g^{\beta_3}$，输出一个主公/私钥对 (mpk, msk)，其中

$$mpk = (\mathbb{PG}, g_1, h_1, h_2, h_3, H), \quad msk = (\alpha, \beta_1, \beta_2, \beta_3).$$

密钥生成：密钥生成算法以一个身份 $ID \in \mathbb{Z}_p$ 和主公/私钥对 (mpk, msk) 作为输入，选择随机数 $r_1, r_2, r_3 \in \mathbb{Z}_p$，计算 ID 的私钥 d_{ID}，其中

$$d_{ID} = (d_1, d_2, d_3, d_4, d_5, d_6) = (r_1, g^{\frac{\beta_1 - r_1}{\alpha - ID}}, r_2, g^{\frac{\beta_2 - r_2}{\alpha - ID}}, r_3, g^{\frac{\beta_3 - r_3}{\alpha - ID}}).$$

需要注意的是，相同的 ID 应使用相同的随机数 r_1、r_2、r_3。

加密：加密算法以消息 $m \in \mathbb{G}_T$、身份 ID 和主公钥 mpk 作为输入，选择一个随机数 $s \in \mathbb{Z}_p$，输出密文 CT，

$$CT = (C_1, C_2, C_3, C_4)$$
$$= ((g_1 g^{-ID})^s, e(g,g)^s, e(h_3, g)^s \cdot m, e(h_1, g)^s e(h_2, g)^{sw}),$$

其中，$w = H(C_1, C_2, C_3)$。

解密：解密算法以密文 CT、私钥 d_{ID} 和主公钥 mpk 作为输入。令 $CT = (C_1, C_2, C_3, C_4)$，解密流程如下：

- 计算 $w = H(C_1, C_2, C_3)$。
- 验证

$$e(C_1, d_2 d_4^w) \cdot C_2^{d_1 + d_3 w} = e(g^{(\alpha - ID)} s, g^{\frac{\beta_1 - r_1 + w(\beta_2 - r_2)}{\alpha - ID}}) \cdot e(g,g)^{s(r_1 + r_2 w)} = C_4.$$

- 计算消息 m

$$\frac{C_3}{e(C_1, d_6) \cdot C_2^{d_5}} = \frac{e(h_3, g)^s \cdot m}{e(g^{(\alpha - ID)s}, g^{\frac{\beta_3 - r_3}{\alpha - ID}}) \cdot e(g,g)^{sr_3}} = m.$$

定理 10.4.0.1　如果 q - DABDHE 问题是困难的，那么 Gentry 基于身份加密方案在 IND - ID - CCA 安全模型下是可证明安全的，归约丢失为 $L = 2$。

证明：假设在 IND - ID - CCA 安全模型下存在一个能以 $(t, q_k, q_d, \varepsilon)$ 攻

破该加密方案的敌手 $\mathscr{A}$，我们拟构建一个模拟器 $\mathscr{B}$ 来解决 q – DABDHE 问题。给定一个双线性对群 $\mathbb{PG}$ 上的问题实例 $(g_0, g_0^{a^{q+2}}, g, g^a, g^{a^2}, \cdots, g^{a^q}, Z)$，$\mathscr{B}$ 运行 $\mathscr{A}$，并进行如下操作。

初始化。$\mathscr{B}$ 从 $\mathbb{Z}_p[x]$ 中随机选择三个 q 阶多项式 $F_1(x)$、$F_2(x)$、$F_3(x)$，计算主公钥

$$g_1 = g^a, h_1 = g^{F_1(a)}, h_2 = g^{F_2(a)}, h_3 = g^{F_3(a)},$$

其对应私钥为 $\alpha = a$、$\beta = F_1(a)$、$\beta_2 = F_2(\alpha)$、$\beta_3 = F_3(\alpha)$，并要求 $q = q_k + 1$。因此，主公钥可以由问题实例和所选参数计算。

在以下模拟中，我们假设在私钥询问、解密询问以及挑战过程中，$ID \neq \alpha$，其可通过等式 $g^{ID} = g_1$ 是否成立来验证；否则，我们可以立即使用 a 来解决困难问题。

阶段 1。敌手在此阶段进行私钥询问和解密询问。

私钥询问：$\mathscr{A}$ 询问 ID 的私钥，$f_{ID,i}(x)$ 是一个定义为

$$f_{ID,i(x)} = \frac{F_i(x) - F_i(ID)}{x - ID}$$

的多项式，其中 $i \in \{1, 2, 3\}$。模拟器可以计算私钥 d_{ID}，

$$d_{ID} = (F_1(ID), g^{f_{ID,1}(a)}, F_2(ID), g^{f_{ID,2}(a)}, F_3(ID), g^{f_{ID,3}(a)}).$$

根据上式可知，模拟器可用 $g, g^a, g^{a^2}, \cdots, g^{a^q}, f_{ID,1}(x), f_{ID,2}(x), f_{ID,3}(x)$ 计算私钥。令 $r_1 = F_1(ID)$、$r_2 = F_2(ID)$、$r_3 = F_3(ID)$，我们有

$$r_i = F_i(ID), \quad i \in \{1, 2, 3\},$$

$$g^{\frac{\beta_i - r_i}{\alpha - ID}} = g^{\frac{F_i(\alpha) - F_i(ID)}{\alpha - ID}} = g^{f_{ID,i}(a)}, \quad i \in \{1, 2, 3\}.$$

因此，d_{ID} 是 ID 对应的一个有效的私钥。

解密询问：$\mathscr{A}$ 询问 (ID, CT) 的解密结果，模拟器将按上述方式运行私钥模拟计算 d_{ID}，并使用 d_{ID} 解密 CT。

挑战。$\mathscr{A}$ 输出两个等长的消息 $m_0, m_1 \in \mathbb{G}_T$ 和挑战身份 $ID^* \in \{0, 1\}^n$。令 $d_{ID^*} = (d_1^*, d_2^*, d_3^*, d_4^*, d_5^*, d_6^*)$ 为 ID^* 对应的一个可计算私钥。模拟器随机选择 $c \in \{0, 1\}$，计算挑战密文 $CT^* = (C_1^*, C_2^*, C_3^*, C_4^*)$，

$$C_1^* = g_0^{a^{q+2} - (ID^*)^{q+2}},$$

$$C_2^* = Z \cdot e\left(g_0, \prod_{i=0}^{q} g^{f_i a_i}\right),$$

$$C_3^* = e(C_1^*, d_6^*) \cdot (C_2^*)^{d_5^*} \cdot m_c,$$

$$C_4^* = e(C_1^*, d_2^*(d_4^*)^{w^*}) \cdot (C_2^*)^{d_1^* + d_3^* w^*},$$

式中，$w^* = H(C_1^*, C_2^*, C_3^*)$；$f_i$ 是多项式 $\dfrac{x^{q+2} - (ID^*)^{q+2}}{x - ID^*}$ 中 x^i 的系数。令

$s = (\log_g g_0) \cdot \dfrac{a^{q+2} - (ID^*)^{q+2}}{a - ID^*}$，如果 $Z = e(g_0, g)^{a^{q+1}}$，则有

$$(g_1 g^{-ID^*})^s = (g^{\alpha - ID^*})^{(\log_g g_0) \cdot \frac{a^{q+2} - (ID^*)^{q+2}}{a - ID^*}} = g_0^{a^{q+2} - (ID^*)^{q+2}},$$

$$e(g, g)^s = e(g, g)^{(\log_g g_0) \cdot \frac{a^{q+2} - (ID^*)^{q+2}}{a - ID^*}}$$

$$= e(g_0, g)^{a^{q+1}} \prod_{i=0}^{q} e(g_0, g)^{f_i a^i}$$

$$= Z \cdot e\left(g_0, \prod_{i=0}^{q} g^{f_i a^i}\right),$$

$$e(h_3, g)^s \cdot m_c = e(g^{(\alpha - ID^*)s}, g^{\frac{\beta_3 - d_5^*}{\alpha - ID^*}}) \cdot (e(g, g)^s)^{d_5^*} \cdot m_c$$

$$= e(C_1^*, d_6^*) \cdot (C_2^*)^{d_5^*} \cdot m_c,$$

$$e(h_1, g)^s \cdot e(h_2, g)^{sw^*} = e(g^{(\alpha - ID^*)s}, g^{\frac{\beta_1 - d_1^* + w^* (\beta_2 - d_3^*)}{\alpha - ID^*}}) \cdot (e(g, g)^s)^{(d_1^* + d_3^* w^*)}$$

$$= e(C_1^*, d_2^* (d_4^*)^{w^*}) \cdot (C_2^*)^{d_1^* + d_3^* w^*}.$$

因此，CT^* 是一个正确的挑战密文。

阶段 2。同阶段 1，但既不允许对 ID^* 进行私钥询问，也不允许对 (ID^*, CT^*) 进行解密询问。

猜测。$\mathscr{A}$ 输出对 c 猜测的结果 c'。如果 $c' = c$，则模拟器输出 True；否则，模拟器输出 False。

至此，模拟和求解过程完成。接下来，进行正确性分析。

不可区分模拟。根据模拟过程可知，模拟器可以计算出任何私钥，因此它可以正确执行解密询问。

模拟的正确性已经在前面说明。模拟的随机性包括主密钥生成、私钥生成以及挑战密文生成过程中的所有随机数。它们是：

$$mpk : a, F_1(a), F_2(a), F_3(a),$$
$$r_1, r_2, r_3 : F_1(ID), F_2(ID), F_3(ID),$$
$$s : (\log_g g_0) \cdot \frac{a^{q+2} - (ID^*)^{q+2}}{a - ID^*}.$$

因为 a、$F_1(x)$、$F_2(x)$、$F_3(x)$、$\log_g g_0$ 都是随机值（$F_1(x)$、$F_2(x)$、$F_3(x)$ 是 $(q_k + 1)$ 次多项式），随机性显然成立。因此，模拟与真实攻击是不可区分的。

为了证明随机性成立，我们只需证明 $F_i(ID^*)$、$F_i(a)$ 和 $F_i(ID_j)$ 都是随机且独立的即可，其中 $i \in \{1,2,3\}$、$j \in [1,q_k]$。令 $F_i(x) = F(x)$（$F(x) = x_q x^q + x_{q-1} x^{q-1} + \cdots + x_1 x + x_0$）。因为多项式是随机选择的，所有 x_i 都是随机且独立的。此外，我们有

$$F(a) = x_q(a)^q + x_{q-1}(a)^{q-1} + \cdots + x_1(a) + x_0,$$
$$F(ID^*) = x_q(ID^*)^q + x_{q-1}(ID^*)^{q-1} + \cdots + x_1(ID^*) + x_0,$$
$$F(ID_1) = x_q(ID_1)^q + x_{q-1}(ID_1)^{q-1} + \cdots + x_1(ID_1) + x_0,$$
$$F(ID_2) = x_q(ID_2)^q + x_{q-1}(ID_2)^{q-1} + \cdots + x_1(ID_2) + x_0,$$
$$\cdots$$
$$F(ID_{q_k}) = x_q(ID_{q_k})^q + x_{q-1}(ID_{q_k})^{q-1} + \cdots + x_1(ID_{q_k}) + x_0.$$

上式可以变换为

$$(F(a), F(ID^*), F(ID_1), \cdots, F(ID_{q_k}))$$

$$= (x_q, x_{q-1}, \cdots, x_1, x_0) \cdot \begin{pmatrix} a^q & a^{q-1} & \cdots & a & 1 \\ (ID^*)^q & (ID^*)^{q-1} & \cdots & ID^* & 1 \\ (ID_1)^q & (ID_1)^{q-1} & \cdots & ID_1 & 1 \\ (ID_2)^q & (ID_2)^{q-1} & \cdots & ID_2 & 1 \\ \vdots & \vdots & & \vdots & \vdots \\ (ID_{q_k})^q & (ID_{q_k})^{q-1} & \cdots & ID_{q_k} & 1 \end{pmatrix}^{\perp}.$$

上式右侧矩阵为一个 $(q_k + 2) \times (q_k + 2)$ 矩阵，该矩阵的行列式为

$$\prod_{y_i, y_j \in \{a, ID^*, ID_1, ID_2, \cdots, ID_{q_k}\}} (y_i - y_j) \neq 0.$$

因此，$F_i(ID^*)$、$F_i(a)$ 和 $F_i(ID_j)$ 都是随机且独立的，其中 $i \in \{1,2,3\}$、$j \in [1, q_k]$。

成功模拟的概率。模拟过程中没有中止，因此成功模拟的概率为 1。

攻破挑战密文的概率。如果 Z 为 True，那么模拟与真实攻击是不可区分的。因此，敌手正确猜测出加密消息的概率为 $1/2 + \varepsilon/2$。如果 Z 为 False，则敌手猜测加密消息的成功率只有 $\dfrac{1}{2} + \dfrac{q_d}{p - q_d}$，分析如下。

对于某个随机且非零整数 z，令 $Z = e(g_0, g)^{a^{q+1}} \cdot e(g, g)^z$。挑战密文中 C_1^*、C_2^*、C_3^* 可以写为

$$C_1^* = g^{s(\alpha - ID^*)}, C_2^* = e(g, g)^{s+z}, C_3^* = e(g, g)^{zd_5^*} \cdot e(h_3, g)^s \cdot m_c.$$

此外，只有 C_3^* 包含随机数 d_5^*。因此，如果敌手不能从询问中获取 d_5^*，那么从敌手的角度来看，该挑战密文为一次一密。

由随机性可知，敌手只能从对 (ID^*, CT) 的解密询问中获取 d_5^*。对 (ID^*, CT) 的解密询问，令 $CT = (C_1, C_2, C_3, C_4)$，其中 $C_1 = (g_1 g^{ID^*})^{s'}$、$C_2 = e(g, g)^{s'}$、$w = H(C_1, C_2, C_3)$。如果 $s' = s''$，该密文为正确密文，则模拟器输出

$$\frac{C_3}{e(C_1, d_6^*) \cdot C_2^{d_5^*}} = \frac{C_3}{e(h_3, g)^{s'}},$$

敌手无法从解密结果中获得 d_5^*。否则，$s' \neq s''$，该密文为不正确密文，我们证明这样的不正确密文将被拒绝。

* 如果 $(C_1, C_2, C_3) = (C_1^*, C_2^*, C_3^*)$，且 $H(C_1, C_2, C_3) = w = w^*$。为了使不正确的密文通过验证，我们需要保证 $C_4 = C_4^*$。但是，该密文是挑战密文，它是没有被询问过的。

* 如果 $(C_1, C_2, C_3) \neq (C_1^*, C_2^*, C_3^*)$。因为哈希函数是安全的，我们有 $H(C_1, C_2, C_3) = w \neq w^*$。为了使不正确的密文通过验证，敌手需要计算出满足下式的 C_4，

$$\begin{aligned} C_4 &= e(C_1, d_2^* (d_4^*)^w) \cdot C_2^{d_1^* + d_3^* w} \\ &= e(g^{(\alpha - ID^*)s'}, g^{\frac{\beta_1 - d_1^* + w(\beta_2 - d_3^*)}{\alpha - ID^*}}) \cdot (e(g, g)^{s''})^{(d_1^* + d_3^* w)} \\ &= e(g, g)^{s'(\beta_1 + w\beta_2)} \cdot e(g, g)^{(d_1^* + d_3^* w)(s'' - s')}, \end{aligned}$$

这要求计算能力无限的敌手知道 $d_1^* + d_3^* w$。另外，根据挑战密文的模拟过程，敌手根据 C_4^* 可以获取 $s(\beta_1 + w^* \beta_2) + (d_1^* + d_3^* w^*)z$，从敌手的角度来看，等式 $s(\beta_1 + w^* \beta_2) + (d_1^* + d_3^* w^*)z = d_1^* + d_3^* w^*$ 成立。此外，与 d_5^* 类似，d_1^* 和 d_3^* 是随机的且独立于主公钥和私钥。因此，我们只需证明无法根据 $d_1^* + d_3^* w^*$ 计算出 $d_1^* + d_3^* w$。事实上，$d_1^* + d_3^* w$ 和 $d_1^* + d_3^* w^*$ 显然是随机且独立的。

因此，敌手没有任何优势去生成一个可以通过验证的正确 C_4。假设敌手用一个随机选择 C_4 生成不正确的密文来进行解密询问。第一次 C_4 为自适应选择的概率为 $1/p$，第二次概率为 $1/(p-1)$。因此，对 q_d 次解密询问，成功生成一个可以通过验证的不正确密文的概率至多为 $\frac{q_d}{p - q_d}$。此外，敌手从加密中正确猜测出 c 的概率为 $1/2$。因此，敌手猜测出加密消息的

成功概率至多为 $\dfrac{1}{2} + \dfrac{q_d}{p - q_d}$。

优势和时间成本。 解决 q – DABDHE 问题的优势为

$$P_S(P_T - P_F) = \left(\frac{1}{2} + \frac{\varepsilon}{2}\right) - \left(\frac{1}{2} + \frac{q_d}{p - q_d}\right) \approx \frac{\varepsilon}{2}.$$

令 T_S 表示模拟的时间成本，我们有 $T_S = O(q_k^2 + q_d)$，其主要来自密钥生成和解密过程。因此，模拟器 $\mathscr{B}$ 将以 $(t + T_S, \varepsilon/2)$ 解决 q – DABDHE 问题。

定理 10.4.0.1 的证明完成。

参 考 文 献

1. Abdalla, M., Bellare, M., Rogaway, P.: The oracle Diffie-Hellman assumptions and an analysis of DHIES. In: D. Naccache (ed.) CT-RSA 2001, LNCS, vol. 2020, pp.143-158. Springer(2001)

2. Adj, G., Canales-Martínez, I., Cruz-Cortés, N., Menezes, A., Oliveira, T., Rivera-Zamarripa, L., Rodríguez-Henríquez, F.: Computing discrete logarithms in cryptographically-interesting characteristic-three finite fields. IACR Cryptology ePrint Archive 2016, 914(2016)

3. Adleman, L.M.: A subexponential algorithm for the discrete logarithm problem with applications to cryptography. In: FOCS 1979, pp.55-60. IEEE Computer Society(1979)

4. An J.H., Dodis, Y., Rabin, T.: On the security of joint signature and encryption. In: L.R. Knudsen (ed.) EUROCRYPT 2002, LNCS, vol.2332, pp.83-107. Springer(2002)

5. Atkin, A.O.L., Morain, F.: Elliptic curves and primality proving. Mathematics of computation 61(203), 29-68(1993)

6. Attrapadung, N., Cui, Y., Galindo, D., Hanaoka, G., Hasuo, I., Imai, H., Matsuura, K., Yang, P., Zhang, R.: Relations among notions of security for identity based encryption schemes. In: J.R. Correa, A. Hevia, M.A. Kiwi (eds.) LATIN 2006, LNCS, vol.3887, pp.130-141. Springer(2006)

7. Bader, C., Hofheinz, D., Jager, T., Kiltz, E., Li, Y.: Tightly-secure authenticated key exchange. In: Y. Dodis, J.B. Nielsen(eds.) TCC 2015, LNCS, vol.9014, pp. 629-658. Springer(2015)

8. Bader, C., Jager, T., Li, Y., Schäge, S.: On the impossibility of tight cryptographic reductions. In: M. Fischlin, J. Coron (eds.) EUROCRYPT 2016, LNCS, vol. 9666, pp.273-304. Springer(2016)

9. Barker, E., Barker, W., Burr, W., Polk, W., Smid, M.: Recommendation for key management part 1: General(revision 3). NIST special publication 800(57),

1–147(2012)

10. Bellare,M.,Boldyreva,A.,Micali,S.:Public–key encryption in a multi–user setting:Security proofs and improvements.In:B.Preneel(ed.) EUROCRYPT 2000,LNCS,vol.1807,pp.259–274.Springer(2000)

11. Bellare,M.,Desai,A.,Pointcheval,D.,Rogaway,P.:Relations among notions of security for public–key encryption schemes.In:H.Krawczyk(ed.) CRYPTO 1998,LNCS,vol.1462,pp.26–45.Springer(1998)

12. Bellare,M.,Miner,S.K.:A forward–secure digital signature scheme.In:M.J. Wiener(ed.)CRYPTO 1999,LNCS,vol.1666,pp.431–448.Springer(1999)

13. Bellare, M., Namprempre, C.:Authenticated encryption:Relations among notions and analysis of the generic composition paradigm.In:T.Okamoto(ed.) ASIACRYPT 2000,LNCS,vol.1976,pp.531–545.Springer(2000)

14. Bellare,M.,Rogaway,P.:Random oracles are practical:A paradigm for designing efficient protocols.In:D.E.Denning,R.Pyle,R.Ganesan,R.S.Sandhu,V.Ashby (eds.) CCS 1993,pp.62–73.ACM(1993)

15. Bellare,M.,Rogaway,P.:Optimal asymmetric encryption.In:A.D.Santis(ed.) EUROCRYPT 1994,LNCS,vol.950,pp.92–111.Springer(1994)

16. Bernstein,D.J.,Engels,S.,Lange,T.,Niederhagen,R.,Paar,C.,Schwabe,P., Zimmermann,R.:Faster elliptic–curve discrete logarithms on FPGAs.Tech.rep, Cryptology ePrint Archive,Report 2016/382(2016)

17. Blake,I.,Seroussi,G.,Smart,N.:Elliptic Curves in Cryptography, London Mathematical Society Lecture Note Series, vol. 265. Cambridge University Press(1999)

18. Blake,I.,Seroussi,G.,Smart,N.:Advances in Elliptic Curve Cryptography, London Mathematical Society Lecture Note Series,vol.317.Cambridge University Press(2005)

19. BlueKrypt:Cryptographic Key Length Recommendation.Available at:https:// www.keylength.com

20. Boneh,D.,Boyen,X.:Efficient selective–ID secure identity–based encryption without random oracles. In: C. Cachin, J. Camenisch (eds.) EUROCRYPT 2004,LNCS,vol.3027,pp.223–238.Springer(2004)

21. Boneh,D.,Boyen,X.:Short signatures without random oracles.In:C.Cachin, J.Camenisch(eds.) EUROCRYPT 2004,LNCS,vol.3027,pp.56–73.Springer

（2004）

22. Boneh, D., Boyen, X., Goh, E.: Hierarchical identity based encryption with constant size ciphertext.In: R.Cramer(ed.) EUROCRYPT 2005, LNCS, vol. 3494, pp.440–456.Springer(2005)

23. Boneh, D., Boyen, X., Shacham, H.: Short group signatures.In: M.K.Franklin (ed.) CRYPTO 2004, LNCS, vol.3152, pp.41–55.Springer(2004)

24. Boneh, D., Franklin, M.K.: Identity–based encryption from the Weil pairing. In: J. Kilian (ed.) CRYPTO 2001, LNCS, vol.2139, pp.213–229. Springer (2001)

25. Boneh, D., Franklin, M.K.: Identity–based encryption from the Weil pairing. SIAM J.Comput.32(3), 586–615(2003)

26. Boneh, D., Lynn, B., Shacham, H.: Short signatures from the Weil pairing.In: C. Boyd (ed.) ASIACRYPT 2001, LNCS, vol. 2248, pp. 514–532. Springer (2001)

27. Canetti, R., Halevi, S., Katz, J.: A forward–secure public–key encryption scheme.In: E.Biham(ed.) EUROCRYPT 2003, LNCS, vol.2656, pp.255–271. Springer(2003)

28. Canetti, R., Halevi, S., Katz, J.: Chosen–ciphertext security from identity–based encryption.In: C.Cachin, J.Camenisch(eds.) EUROCRYPT 2004, LNCS, vol. 3027, pp.207–222.Springer(2004)

29. Cash, D., Kiltz, E., Shoup, V.: The twin Diffie–Hellman problem and applications. In: N.P.Smart(ed.) EUROCRYPT 2008, LNCS, vol.4965, pp.127–145.Springer (2008)

30. Chen, L., Cheng, Z.: Security proof of Sakai–Kasahara's identity–based encryption scheme.In: N. P. Smart (ed.) IMA 2005, LNCS, vol. 3796, pp. 442–459. Springer(2005)

31. Costello, C.: Pairings for beginners.Available at: http://www.craigcostello.com. au/pairings/PairingsForBeginners.pdf

32. Cramer, R., Shoup, V.: A practical public key cryptosystem provably secure against adaptive chosen ciphertext attack. In: H. Krawczyk (ed.) CRYPTO 1998, LNCS, vol.1462, pp.13–25.Springer(1998)

33. Delerablée, C.: Identity–based broadcast encryption with constant size ciphertexts and private keys.In: K.Kurosawa(ed.) ASIACRYPT 2007, LNCS,

vol.4833,pp.200–215.Springer(2007)

34. Diffie, W., Hellman, M. E.: New directions in cryptography. IEEE Trans. Information Theory 22(6),644–654(1976)

35. Dodis, Y., Franklin, M.K., Katz, J., Miyaji, A., Yung, M.: Intrusion–resilient public–key encryption.In:M.Joye(ed.) CT–RSA 2003,LNCS,vol.2612,pp. 19–32.Springer(2003)

36. Dodis,Y.,Katz,J.,Xu,S.,Yung,M.:Key–insulated public key cryptosystems.In: L.R.Knudsen(ed.) EUROCRYPT 2002,LNCS,vol.2332,pp.65–82.Springer (2002)

37. Dolev,D.,Dwork,C.,Naor,M.:Non–malleable cryptography(extended abstract). In:ACM STOC,pp.542–552(1991)

38. Dolev, D., Dwork, C., Naor, M.: Non–malleable Cryptography. Weizmann Science Press of Israel(1998)

39. Dutta, R., Barua, R., Sarkar, P.: Pairing–based cryptographic protocols: A survey.IACR Cryptology ePrint Archiv 2004,64(2004)

40. Freeman, D., Scott, M., Teske, E.: A taxonomy of pairing–friendly elliptic curves.J.Cryptology 23(2),224–280(2010)

41. Frey,G.,Rück,H.G.:A remark concerning m–divisibility and the discrete logarithm in the divisor class group of curves.Mathematics of computation 62 (206),865–874(1994)

42. Fujisaki, E., Okamoto, T.: Secure integration of asymmetric and symmetric encryption schemes.In:M.J.Wiener(ed.) CRYPTO 1999,LNCS,vol.1666, pp.537–554.Springer(1999)

43. Galbraith, S.D., Gaudry, P.: Recent progress on the elliptic curve discrete logarithm problem.Des.Codes Cryptography 78(1),51–72(2016)

44. Galbraith, S.D., Paterson, K.G., Smart, N.P.: Pairings for cryptographers. Discrete Applied Mathematics 156(16),3113–3121(2008)

45. Gay, R., Hofheinz, D., Kiltz, E., Wee, H.: Tightly CCA–secure encryption without pairings.In:M.Fischlin,J.Coron(eds.) EUROCRYPT 2016,LNCS, vol.9665,pp.1–27.Springer(2016)

46. Gay,R.,Hofheinz,D.,Kohl,L.:Kurosawa–Desmedt meets tight security.In:J. Katz,H.Shacham(eds.) CRYPTO 2017,LNCS,vol.10403,pp.133–160. Springer(2017)

47. Gentry,C.:Practical identity–based encryption without random oracles.In:S. Vaudenay(ed.) EUROCRYPT 2006, LNCS, vol.4004, pp.445–464.Springer (2006)

48. Goh, E., Jarecki, S.:A signature scheme as secure as the Diffie–Hellman problem.In:E.Biham(ed.) EUROCRYPT 2003,LNCS,vol.2656,pp.401–415. Springer(2003)

49. Goldwasser,S.,Micali,S.:Probabilistic encryption.J.Comput.Syst.Sci.28(2), 270–299(1984)

50. Goldwasser, S., Micali, S., Rivest, R.L.:A digital signature scheme secure against adaptive chosen–message attacks.SIAM J.Comput.17(2),281–308 (1988)

51. Gordon,D.M.:A survey of fast exponentiation methods.J.Algorithms 27(1), 129–146(1998)

52. Grémy,L.:Computations of discrete logarithms sorted by date.Available at: http://perso.enslyon.fr/laurent.gremy/dldb

53. Guo, F., Chen, R., Susilo, W., Lai, J., Yang, G., Mu, Y.:Optimal security reductions for unique signatures:Bypassing impossibilities with a counterexample.In:J.Katz, H.Shacham(eds.) CRYPTO 2017, LNCS, vol.10402, pp. 517–547.Springer(2017)

54. Guo, F.,Mu,Y.,Susilo,W.:Short signatures with a tighter security reduction without random oracles.Comput.J.54(4),513–524(2011)

55. Guo, F., Susilo, W., Mu, Y., Chen, R., Lai, J., Yang, G.:Iterated random oracle:A universal approach for finding loss in security reduction.In:J.H. Cheon, T.Takagi(eds.) ASIACRYPT 2016, LNCS, vol.10032, pp.745–776 (2016)

56. Hanaoka, Y., Hanaoka, G., Shikata, J., Imai, H.:Identity–based hierarchical strongly keyinsulated encryption and its application. In:B. K. Roy(ed.) ASIACRYPT 2005,LNCS,vol.3788,pp.495–514.Springer(2005)

57. Hankerson,D.,Menezes,A.J.,Vanstone,S.:Guide to Elliptic Curve Cryptography. Springer Professional Computing.Springer(2004)

58. Hellman,M.E.,Reyneri,J.M.:Fast computation of discrete logarithms in GF (q).In:D.Chaum,R.L.Rivest,A.T.Sherman(eds.) CRYPTO 1982,pp.3–13. Plenum Press,New York(1982)

59. Herzberg, A., Jakobsson, M., Jarecki, S., Krawczyk, H., Yung, M.: Proactive public key and signature systems.In:R.Graveman,P.A.Janson,C.Neuman,L. Gong(eds.) CCS 1997,pp.100-110.ACM(1997)

60. Hofheinz,D.,Jager,T.:Tightly secure signatures and public-key encryption. In:R.SafaviNaini,R.Canetti(eds.) CRYPTO 2012,LNCS,vol.7417,pp.590-607.Springer(2012)

61. Hohenberger, S., Waters, B.: Realizing hash - and - sign signatures under standard assumptions.In:A.Joux(ed.) EUROCRYPT 2009,LNCS,vol.5479, pp.333-350.Springer(2009)

62. Itkis,G., Reyzin, L.:Sibir:Signer-base intrusion-resilient signatures.In:M. Yung(ed.)CRYPTO 2002,LNCS,vol.2442,pp.499-514.Springer(2002)

63. Kachisa, E.J.:Constructing suitable ordinary pairing-friendly curves:A case of elliptic curves and genus two hyperelliptic curves.Ph.D.thesis,Dublin City University(2011)

64. Katz,J.:Digital Signatures.Springer(2010)

65. Katz,J., Wang,N.:Efficiency improvements for signature schemes with tight security reductions.In:S.Jajodia, V.Atluri, T.Jaeger (eds.) CCS 2003, pp. 155-164.ACM(2003)

66. Kleinjung, T.:The Certicom ECC Challenge.Available at:https://listserv. nodak.edu/cgibin/wa.exe? A2 = NMBRTHRY;256db68e.1410(2014)

67. Kleinjung,T., Diem, C., Lenstra, A.K., Priplata, C., Stahlke, C.:Computation of a 768-bit prime field discrete logarithm.In:J.Coron, J.B.Nielsen (eds.) EUROCRYPT 2017,LNCS,vol.10210,pp.185-201(2017)

68. Knuth, D. E.: The art of computer programming. Vol. 2. Seminumerical algorithms.Addison-Wesley(1997)

69. Koblitz,N.:Elliptic curve cryptosystems.Mathematics of Computation 48(177), 203-209(1987)

70. Koblitz,N.,Menezes,A.:Pairing-based cryptography at high security levels.In: N.P.Smart(ed.) IMA International Conference on Cryptography and Coding, LNCS,vol.3796,pp.13-36.Springer(2005)

71. Lamport, L.:Constructing digital signatures from a one-way function.Tech. rep.,Technical Report CSL-98,SRI International Palo Alto(1979)

72. Lenstra,A.K., Lenstra, H.W.:Algorithms in number theory.In:Handbook of

Theoretical Computer Science, Volume A: Algorithms and Complexity (A), pp.673–716(1990)

73. Lenstra, A.K., Verheul, E.R.: Selecting cryptographic key sizes.J.Cryptology 14(4),255–293(2001)

74. Lidl, R., Niederreiter, H.: Finite Fields (2nd Edition). Encyclopedia of Mathematics and its Applications.Cambridge University Press(1997)

75. Lim, C.H., Lee, P.J.: A key recovery attack on discrete log–based schemes using a prime order subgroupp.In: B.S.Kaliski Jr.(ed.) CRYPTO 1997, LNCS, vol.1294, pp.249–263.Springer(1997)

76. Lynn, B.: On the implementation of pairing–based cryptosystems.Ph.D.thesis, Stanford University(2007)

77. Lysyanskaya, A.: Unique signatures and verifiable random functions from the DH–DDH separation.In: M.Yung(ed.) CRYPTO 2002, LNCS, vol.2442, pp. 597–612.Springer(2002)

78. McCurley, K.S.: The discrete logarithm problem.Cryptology and computational number theory 42,49(1990)

79. McEliece, R.J.: Finite Fields for Computer Scientists and Engineers. The Kluwer International Series in Engineering and Computer Science.Springer (1987)

80. Menezes, A., Okamoto, T., Vanstone, S.A.: Reducing elliptic curve logarithms to logarithms in a finite field.IEEE Trans.Information Theory 39(5),1639– 1646(1993)

81. Menezes, A., van Oorschot, P., Vanstone, S.: Handbook of applied cryptography. Discrete Mathematics and Its Applications.CRC Press(1996)

82. Menezes, A., Smart, N.P.: Security of signature schemes in a multi–user setting.Des.Codes Cryptography 33(3),261–274(2004)

83. Miller, V.S.: Use of elliptic curves in cryptography.In: H.C.Williams(ed.) CRYPTO 1985, LNCS, vol.218, pp.417–426.Springer(1985)

84. Naor, M., Yung, M.: Public–key cryptosystems provably secure against chosen ciphertext attacks.In: H.Ortiz(ed.) ACM STOC, pp.427–437.ACM(1990)

85. Nielsen, J.B.: Separating random oracle proofs from complexity theoretic proofs: The noncommitting encryption case.In: M.Yung(ed.) CRYPTO 2002, LNCS, vol.2442, pp.111–126.Springer(2002)

86. Park, J.H., Lee, D.H.: An efficient IBE scheme with tight security reduction in the random oracle model.Des.Codes Cryptography 79(1),63–85(2016)

87. Pollard, J.M.: Monte Carlo methods for index computation(mod p).Mathematics of computation 32(143),918–924(1978)

88. Rackoff, C., Simon, D.R.: Non–interactive zero–knowledge proof of knowledge and chosen ciphertext attack.In: J.Feigenbaum(ed.) CRYPTO 1991, LNCS, vol.576, pp.433–444.Springer(1991)

89. Rosen, K.H.: Elementary Number Theory and Its Applications(5th Edition). Addison–Wesley(2004)

90. Rotman, J.J.: An Introduction to the Theory of Groups. Graduate Texts in Mathematics.Springer(1995)

91. Sakai, R., Kasahara, M.: ID based cryptosystems with pairing on elliptic curve.IACR Cryptology ePrint Archive 2003,54(2003)

92. Shacham, H.: New paradigms in signature schemes. Ph. D. thesis, Stanford University(2006)

93. Shamir, A.: Identity–based cryptosystems and signature schemes.In: G. R. Blakley, D.Chaum(eds.) CRYPTO 1984, LNCS, vol.196, pp.47–53.Springer (1984)

94. Shamir, A., Tauman, Y.: Improved online/offline signature schemes.In: J. Kilian(ed.) CRYPTO 2001, LNCS, vol.2139, pp.355–367.Springer(2001)

95. Shanks, D.: Class number, a theory of factorization and genera.In: Proc.Symp. Pure Math, vol.20, pp.415–440(1971)

96. Shoup, V.: A computational introduction to number theory and algebra(2nd Edition).Cambridge University Press(2009)

97. Silverman, J.H.: The Arithmetic of Elliptic Curves(2nd Edition).Graduate Texts in Mathematics.Springer(2009)

98. Vasco, M.I., Magliveras, S., Steinwandt, R.: Group Theoretic Cryptography. Cryptography and Network Security Series.CRC Press(2015)

99. Washington, L.C.: Elliptic Curves: Number Theory and Cryptography(2nd Edition).Discrete Mathematics and Its Applications.CRC Press(2008)

100. Watanabe, Y., Shikata, J., Imai, H.: Equivalence between semantic security and indistinguishability against chosen ciphertext attacks. In: Y. Desmedt (ed.) PKC 2003, LNCS, vol.2567, pp.71–84.Springer(2003)

101. Waters, B.: Efficient identity-based encryption without random oracles. In: R.Cramer(ed.) EUROCRYPT 2005, LNCS, vol.3494, pp.114-127. Springer (2005)

102. Wenger, E., Wolfger, P.: Solving the discrete logarithm of a 113-bit Koblitz curve with an FPGA cluster. In: A.Joux, A.M.Youssef(eds.) SAC 2014, LNCS, vol.8781, pp.363-379. Springer(2014)

103. Yao, D., Fazio, N., Dodis, Y., Lysyanskaya, A.: ID-based encryption for complex hierarchies with applications to forward security and broadcast encryption. In: V.Atluri, B.Pfitzmann, P.D.McDaniel(eds.) CCS 2004, pp. 354-363. ACM(2004)

104. Zhang, F., Safavi-Naini, R., Susilo, W.: An efficient signature scheme from bilinear pairings and its applications. In: F.Bao, R.H.Deng, J.Zhou (eds.) PKC 2004, LNCS, vol.2947, pp.277-290. Springer(2004)

附录　部分专有词汇中英文对照

字母

L 比特安全性　L – bit security

N 比特字符串　N – bit strings

A

安全参数　security parameter

安全的　secure

安全丢失　security loss

安全归约　security reduction

安全级别　security levels

安全模型　security model

安全证明　security proofs

B

标准模型　standard model

不安全的　insecure

不等式　inequations

不经意传输　oblivious transfer

不可否认　non – repudiation

不可忽略的　non – negligible

不可区分模拟　indistinguishable simulation

不可区分性　indistinguishability（IND）

不可约二进制多项式　an irreducible binary polynomial

不正确的密文　incorrect ciphertext

C

测试证明　proof by testing

成功攻击　successful attack

成功模拟　successful simulation

成员证明　membership proof

乘法逆元　multiplicative inverse

乘法子群　multiplicative subgroup

初始化　setup

次指数时间算法　sub – exponential – time algorithms

存在性不可伪造　existential unforgeability（EU）

D

带有状态的签名　stateful signature

单向哈希函数　one – way hash function

等式　equations

抵抗次指数攻击　resist sub – exponential attacks

底层困难假设　underlying hardness assumption

点乘　point multiplication

丢失因子　loss factor

对称双线性对　symmetric pairing

多项式等价类　equivalence classes of polynomials

多项式时间　polynomial time

多项式时间求解算法　polynomial – time solution algorithm

多用户环境　multi – user setting

多重攻击　multiple attacks

E

恶意敌手 malicious adversary

F

反证法 proof by contradiction
方案构造 scheme construction
方案算法 scheme algorithm
非对称双线性对 asymmetric pairing
非适应性选择密文攻击 non – adaptive chosen – ciphertext attacks（CCA1）
非延展性 non – malleability（NM）

G

概率 probability
概率多项式时间的敌手 probabilistic polynomialtime（PPT）adversary
概率性算法 probabilistic algorithms
隔离 partition
公/私钥对 key pair（pk, sk）
公钥加密 public – key encryption
公钥密码学 public – key cryptography
攻击算法 attack algorithm
攻破假设 break assumption
共谋攻击 collusion attack
归约成本 reduction cost
归约丢失 reduction loss
归约技术 reduction technique
归约算法 reduction algorithm

H

哈希函数 hash functions
哈希列表 hash list
哈希询问 H – query
哈希元组 hashing tuple
合数阶群 the composite – order groups

黑盒敌手 black – box adversary
混合加密 hybrid encryption

J

基于群的方案 group – based scheme
基于群的密码学 group – based cryptography
基于身份的密码学 identity – based cryptography
基于身份加密 identity – based encryption
计算无效的 computationally inefficient
计算性攻击 computational attacks
计算性简单问题 computational easy problems
计算性困难问题 computational hard problems
计算性问题 computational problems
计算有效的 computationally efficient
加法逆元 additive inverse
加密器 encryptor
结构性问题 structured problem
解决困难问题 solving a hard problem
解密模拟 simulation of decryption
解密询问 decryption queries
紧归约 tight reduction

K

抗碰撞哈希函数 collision – resistant hash function
抗泄露安全性 leakage – resistant security
可归约的 reducible
可忽略的 negligible
可模拟的 simulatable
可区分模拟 distinguishable simulation
可证明安全 provably secure
困难假设 hardness assumptions
困难问题 hard problems

扩展域　extension field

M

秘密信息　secret information
密码哈希函数　cryptographic hash function
密码系统　cryptosystems
密码学概念　cryptographic notion
明文可意识性　plaintext awareness（PA）
明文消息　plaintext message
模乘　modular multiplication
模乘逆元　modular multiplicative inverse
模乘群　modular multiplicative group
模加　modular addition
模拟　simulation
模拟方案　simulated scheme
模拟器　simulator
模指数　modular exponentiation

N

难解的　intractable

P

判定性攻击　decisional attacks
判定性简单问题　decisional easy problems
判定性困难问题　decisional hard problems
判定性问题　decisional problems
平凡攻击　trivial attacks
平凡询问　trivial query
平方 – 乘算法　square – and – multiply algorithm

Q

签名询问　signature queries
嵌入度　embedding degree
强不可伪造性　strong unforgeability（SU）
强假设　strong assumption

求解算法　solution algorithm
确定性算法　deterministic algorithms
群　group
群阶　group order
群空间　space of the group
群幂　group exponentiation
群生成元　group generator
群元素　group element
群运算　group operation

R

弱假设　weak assumption

S

上限　upper bound
失败攻击　failed attack
时间成本　time cost
数据机密性　data confidentiality
数学原语　mathematical primitive
数字签名　digital signatures
双线性对　bilinear pairing
双线性对群　pairing group
双线性映射　bilinear map
松归约　loose reduction
素数　prime numbers
素数 p 阶循环群　a cyclic group of prime order p
素数 p 阶一般循环群 g　a general cyclic group g of prime order p
素数 p 阶子群 g　a subgroup g of prime order p
素数阶群　a group of prime order
素数阶循环群　cyclic groups of prime order
素数阶循环子群　cyclic subgroup of prime order
随机且独立地　random and independent

随机消息攻击　random – message attacks
随机盐　random salt
随机预言机　random oracles
所提方案　the proposed scheme

T

特殊构造　specific construction
挑战密文　challenge ciphertext
挑战者　challenger
条件等式　conditional equations
通用群　generic group
同构性　isomorphic property
椭圆曲线群　elliptic curve group

W

完全困难问题　absolutely hard problems
伪造　forgery
问题答案　problem solution
问题实例　problem instances
无效密文　invalid ciphertext
无用攻击　useless attack
无状态签名　stateless signature

X

下限　lower bound
线性系统　linear system
消息空间　message space
消息 – 签名对　message – signature pair
虚拟实体　virtual party
选择密文攻击　chosen – ciphertext attacks
　（CCA）
选择明文攻击　chosen – plaintext attacks
　（CPA）
选择身份安全模型　selective – id security
　model

选择消息攻击　chosen – message attacks
　（CMA）
选择性安全　selective security
询问 – 应答　query – respond
循环群　cyclic group

Y

一般群　general group
一次签名　one – time signature
一次一密　one – time pad
已知消息攻击　known – message attacks
优势　advantage
优势计算　advantage calculation
有限域　finite field
有效密文　valid ciphertext
有效伪造签名　valid forged signature
有用攻击　useful attack
语义安全　semantic security（SS）
约化模运算　an operation of reduction
　modulo

Z

在 IND – CCA 安全模型中是 (t, q_d, ε) 安全
　的　(t, q_d, ε) – secure in the IND – CCA
　security model
真实方案　real scheme
真实攻击　real attack
正确猜测　correct guess
正确的密文　correct ciphertext
证书系统　certificate system
指数时间　exponential time
重放攻击　replay attack
自适应攻击　adaptive attack
自适应性安全　adaptive security
自适应选择　adaptively choose